安徽省高等学校“十一五”省级规划教材

地下水污染控制

（第2版）

主　编　钱家忠

副主编　许光泉　赵卫东

编　委　钱家忠　许光泉　赵卫东
马　雷　刘　咏　胡淑恒
汪家权

合肥工业大学出版社

内容提要

本书综合编者多年的教学、科研实践，以地下水污染预防、控制和修复为中心，将地下水及其运动规律、地下水污染调查、地下水污染物运移、数值模拟与修复有机结合，系统地阐述了地下水及其运动规律、地下水污染调查与评价、地下水污染物运移机理与模型、地下水污染数值模拟以及地下水污染修复等方面的基本概念、基本理论、基本模型、技术方法特点及其应用。

本书可作为环境科学与工程、地质资源与地质工程、地下水科学与工程以及水利工程等专业本科生教材，也可供相关专业研究生、高校教师、科研工作者及生产人员使用和参考。

图书在版编目(CIP)数据

地下水污染控制/钱家忠主编．—2版．—合肥：合肥工业大学出版社，2018.8
ISBN 978-7-5650-4081-8

Ⅰ.①地…　Ⅱ.①钱…　Ⅲ.①地下水污染—污染控制　Ⅳ.①X523.06

中国版本图书馆CIP数据核字(2018)第176279号

地下水污染控制
(第2版)

主编　钱家忠　　　　责任编辑　陆向军　刘　露

出　版	合肥工业大学出版社	版　次	2009年8月第1版
地　址	合肥市屯溪路193号		2018年8月第2版
邮　编	230009	印　次	2018年8月第2次印刷
电　话	综合编辑部：0551-62903028	开　本	787毫米×1092毫米　1/16
	市场营销部：0551-62903198	印　张	16　　字　数　390千字
网　址	www.hfutpress.com.cn	印　刷	合肥现代印务有限公司
E-mail	hfutpress@163.com	发　行	全国新华书店

ISBN 978-7-5650-4081-8　　　　定价：32.00元

第二版说明

本书系安徽省高等学校“十一五”规划教材，于 2009 年 8 月首版，经过合肥工业大学、河海大学、安徽理工大学等多个专业教学使用，表明本书能够满足勘查技术与工程专业、地下水科学与工程专业以及地质工程专业教学需求。

本书在使用过程中也发现了一些问题，特别是近年来，随着国民经济的高速发展，伴随人类大规模工程活动，对地下水环境造成了严重影响，甚至引发灾难性后果，导致地下水污染呈上升态势。

为了保证本书的先进性和实用性，进行修订是十分必要的。为此，我们对初版进行了认真讨论，修改了部分章节，增加了一些参考文献和图表，对教材配套的电子文档进行了完善，力求使本书趋于完美。此间，合肥工业大学赵卫东、马雷老师对教材的修订做了许多工作，被增加进入编委。

虽然经我们认真的修订、补充和校正，但由于我们理论水平、研究能力和知识深广度的限制，书中难免还存在缺点和错误，真诚希望同行专家和广大读者指教和帮助。

编　者

2018 年 8 月于合肥

前　言

地下水是人类生活的重要水源，近年来，地下水污染问题越发突出。地下水污染与地表水环境污染相比，具有隐蔽性、长期性、复杂性以及难治理等特点。为了有效地防治地下水环境污染问题，保障人民安全用水，地下水污染控制越来越受到社会各界的高度关注。

污染控制(pollution control)一般是指人类在生产和生活过程中所产生的废水、废料以及化学物质等，在它们被释放到环境中之前，将其捕获或改变其形式，从而达到有效控制的目的。目前污染控制有更广泛的意义：除上述传统的含义之外，还包含两种含义，一种是指在污染没有产生之前，人类设法知道处理污染的方法，利用清洁生产技术，从源头进行污染控制即污染预防(pollution prevention)，显然这种方法最经济；另外一种是指对人类在生产和生活过程中排放到环境中的污染物进行污染清除，即污染修复(pollution remediation)。地下水污染修复就是对人类生活和生产过程中造成的污染的地下水进行修复。地下水污染修复是我国水环境污染控制中一项重要内容。基于此，本书编写时，我们根据多年教学实践，以污染预防、控制和修复为中心，将污染调查、模拟与修复有机结合起来，进行组材和编辑；同时，本书还吸收了编者近年来在地下水污染模拟和防治方面的研究成果。

本书共分为六章。第1章为绪论，着重介绍地下水污染概念和地下水污染修复方法；第2章主要介绍地下水及其运动规律；第3章阐述地下水污染调查与评价；第4章为地下水污染物运移，包括机理和模型；第5章陈述地下水污染数值模拟技术和应用实例；第6章着重介绍地下水污染控制的污染修复技术。为了便于学生理解所学内容、查找相关文献来源及文献内容，在每章之后，安排有思考题和参考文献；在书后附有专业英语词汇与术语。本书第1章由钱家忠、武君编写；第2章由许光泉编写；第3章由刘咏编写；第4章由钱家忠编写；第5章由汪家权、武君、胡淑恒编写；第6章第1节由武君编写，第2节由刘咏编写，第3节、第4节由胡淑恒编写；全书由钱家忠、胡淑恒统稿。

本书有关的科研工作得到了国家自然科学基金(编号:40872166,40672154)以及新世纪优秀人才计划项目(NCET-06-0541)的资助；中国矿业大学韩宝平教授、南京大学吴吉春教授、吴剑锋教授以及同济大学周念清教授对本书的编写给予了极大的鼓励和支持；博士生单兰波以及马雷、王志平、周小平、张春雷、林曼利、叶良涛等研究生参加了部分文字的录入和电子图件的绘制工作，在此一并感谢！

本书内容涉及环境科学与工程、地下水科学与工程、地质资源与地质工程以及生物技术与工程等领域。书中既有经典内容，也有编者相关研究成果，我们期待在本教材的使用过程中，能得到广大师生和同行专家的批评指正，以便本教材能够不断完善，从而共同推动地下水污染控制技术的进一步发展。

编　者

2009年8月于合肥

目 录

第1章 绪 论

1.1 概述(Introduction)

地下水污染控制是水文地质学与环境工程交叉形成的一门新兴分支学科,已经逐渐成为地下水科学与工程、环境工程、地质工程、岩土工程和水文水资源研究的重要领域。

改革开放以来,随着国民经济的高速发展,特别是大规模的人类工程活动,对地下水环境造成严重影响,有时甚至引发灾难性后果,导致地下水污染不断加剧。据统计,目前全国绝大部分城市的地下水遭受污染,呈现出由点向面的扩散趋势,而我国的地下水污染控制与治理技术刚刚起步,因此,加强对地下水污染的防治迫在眉睫。

1.2 地下水污染(Groundwater Contamination)

1.2.1 地下水污染的概念(Conception of Groundwater Contamination)

地下水是水环境系统的一个重要组成部分,是人类赖以生存的物质基础条件之一。地下水污染是指地下水受到人类活动的影响,从而导致地下水水质变差,以至于不再适合使用。关于地下水污染的概念,目前国内外尚无明确的定义,但是随着地下水污染的不断加剧,明确地下水污染概念,对于地下水污染研究是十分必要的。

有关英文文献中污染一词有两种词汇。一种是"pollution",用以描述污染物质浓度超标后的污染情况;另一种是"contamination",用以说明污染物质浓度虽然增高,但水质尚未明显恶化时的污染情况。而国外文献一般对地下水污染的划分也分为两种概念——污染和沾染(或传染)。其中污染一词是通用术语,包括作为一种污染类型的沾染在内,认为:水质在化学物质、热能或细菌影响下恶化到即使对人体健康不经常构成威胁,也对其在日常生活、市政公用、农业和工业利用方面有不利影响的程度者就是污染;而沾染(或传染)则是指水质由于化学物质或细菌污染而变坏,在居民中间造成中毒或疾病传播的情况。

我国1984年制定的《水污染防治法》中,对"水污染"定义为:"水污染是指水体因某种物质介入,而导致其物理、化学、生物及放射性等方面特征的改变,从而影响水的有效利用,危害人体健康或者破坏生态环境,造成水质恶化的现象。"

王秉忱等(1985)认为,地下水污染是整个水体污染的一部分,三水(地表水、地下水与大气降水)转化关系密切,应从水资源污染的总体观念出发阐述有关问题。基于此,对水污染所下的定义应是某些污染物质、微生物或热能以各种形式通过各种途径进入水体,使水质恶化,并影响其在国民经济建设与人民生活中正常利用,危害个人健康,破坏生态平衡,损害优美环境的现象。林年丰等(1990)的《环境水文地质学》一书中,对地下水污染的定义为:凡是在人类活动影响下,地下水水质变化朝着水质恶化方向发展的现象,统称为"地下水污染"。

根据这一定义,可以理解为:不管此种现象是否使水质恶化达到影响使用的程度,只要这种现象发生,就应该视为污染。至于在天然环境中所产生的某些组分相对富集及贫化而使水质恶化现象,应视为“天然异常”。所以,判断地下水是否污染必须具备两个条件:一是水质朝着恶化的方向发展;二是这些变化是由人类活动所引起的。

沈继方等(1995)认为在实际工作中判断地下水是否污染及其污染程度,往往比较复杂。首先需要有一个判断标准,这个标准最好是地区背景值(或本底值)。该值是指区域在未受或很少受到人类活动影响条件下,环境要素本身(在此仅指地下水)固有的化学成分和含量,它反映在自然发展过程中环境要素的物质组成和特征结构,表征一个地区环境的原有状态,但现今人类活动的影响遍及全球,未受污染的区域环境难以找到,该值很难获得,因此,地区背景值只是一个相对概念。实践中常用历史水质数据或无明显污染来源的水质对照值来判断地下水是否受到污染。

综上所述,国内外学术界对水污染以及地下水污染的定义存在一些分歧,但主体含义是一致的。地下水污染一方面受人类社会经济活动影响较大;另一方面,它的污染对生态环境,尤其是生态安全包括人类生命安全产生严重威胁。因此,加强地下水污染研究,意义重大。

1.2.2　地下水中的污染物质(Contaminants of Groundwater)

引起地下水污染的物质称为地下水污染物。地下水受人类活动影响较大,其污染物质种类繁多,主要包括:合成有机化合物、碳氢化合物、无机阴阳离子、病原体、热量以及放射性物质等。这些物质中,大部分溶解于水,具有不同的溶解度,这类物质被称为溶质;但是有些有机化合物溶解度非常小,几乎不溶于水,被称为非水相。根据其密度是否大于水的密度,非水相可分为重的非水相(DNAPLs, Dense Non Aqueous Phase Liquids)和轻的非水相(LNAPLs, Lihgt Non Aqueous Phase Lquids)。通常说的地下水污染一般是指溶解的污染物质所造成的污染,但目前,随着现代工农业的发展,非水相污染物质所引起的污染也越来越严重。溶质随地下水运移,而非水相物质和水组成二相流或多相流。

地下水中的污染物含量多少可以通过取样分析检测出来。当浓度较低时,大部分污染物质无色、无味、无臭。许多污染物质潜于地下水中,由于没有相对应的检测技术,因此,仍有一些污染物质尚未被发现。

目前,地下水中污染物浓度的检测下限在十亿分之几的水平,如果仔细检测,有些污染物能够被量化到万亿分之几的水平。为了便于理解这一数量大小,我们可以借助于合乎透视原理的例子:地球至月球距离的万亿分之一约为0.4mm。

1.2.3　地下水污染类型(Types of Groundwater Pollution)

关于地下水污染类型的划分问题,一般根据物质成分及其对人体的影响划分为地下水细菌污染与地下水化学污染两大类。随着社会经济的发展以及人类对核能的开发利用程度加大,地下水的热污染以及地下水的放射性污染成为地下水污染的另外两种不同类型。比较而言,细菌污染、热污染以及放射性污染的时间和范围均有限;而化学污染则常常具有区域性分布特点,稳定性强,难以消除。

1. 地下水的细菌污染

地下水的细菌污染对人体健康构成严重威胁。世界上曾由于地下水细菌污染而多次暴发传染病流行事件。这种污染是指水体中出现了病原体。判断地下水是否遭到细菌污染的主要方法是大肠杆菌总数或细菌指数方法。按卫生部颁布的现行标准,1升水中大肠杆菌的数量(菌度)不超过3个或者1个大肠杆菌所占有的毫升水量(菌值)大于333时即为净水。细菌总数是指水样在相当于人体温度(37℃)下经24小时培养后,每毫升水中所含各种细菌簇的总个数。饮用水规定,细菌总数在1毫升水中不超过100个,游离性余氯在接触30分钟后不低于0.3毫克/升(对于集中式供水,管网末端水的游离性余氯还应不低于0.05毫克/升)的水称为净水。

鉴于病原体在地下水中的生存时间有限,可知细菌污染扩散面积不大,而且属于暂时性污染。在大多数情况下,受细菌污染的含水层部位很浅,常常只是潜水受污染。平原地区地下水埋藏浅,受到污染的可能性很大。

2. 地下水的化学污染

地下水的化学污染是指地下水中出现了新的污染组分或已有的活性组分含量增大而构成污染。在地下水化学污染情况下对人体健康的影响程度可能是直接的(水中化学物质导致人体中毒或疾病)或间接的(水因污染而使气味、味道、颜色等变坏,不利于饮用)。判断水体是否遭到化学污染往往采用化学分析手段测定水中化学组分含量。当这些污染物质在含水层内的运移过程中不能自净时,就会长期存在于地下水中。地下水的化学污染给人们带来的危害是很大的。

3. 地下水的热污染

地下水热污染是指城镇工业企业或热电站的冷却循环热水进入地下水而引起的污染。从20世纪60年代始,国外对热污染进行研究,做了许多工作。一般认为热水进入含水层后会形成固定的增温带,破坏了原有的水热动力平衡状态。在增温带,对地表水体有较多的研究资料。水温升高到27℃~30℃,会使绿苔丛生,水生植物迅速增长,水由于热污染而过分加热时,则会造成水生生物的灾难——水中缺氧使水生生物全部死亡。与地表水的热污染相比,地下水的热污染却从未被看作是个大问题,然而,由于世界性的水资源危机,地下水库的调节作用越来越被看重,因此,地下水的热污染机理、热污染后果等将会越来越受到人们的高度重视。

4. 地下水的放射性污染

地下含水层的放射性污染根据放射性核素来源不同可以分为两种不同的形式:一种是自然的形式,其放射性核素是天然来源的,如放射性矿床;另一种是人为的形式,其放射性核素是人为的,如核电厂、核武器试验的散落物,以及实验室和医院等部门使用的含有放射性同位素的物质。特别是近年来世界各国对核废料地质处置的关注,因此,放射性污染物进入地下含水层的概率日益增大。一般来说,放射性核废料的地质处置场地往往选在山区,但山区是平原区地下水的补给区,因此,地下水放射性污染将成为地下水污染的主要形式之一。

需要说明的是,上述四种污染类型有时会相伴发生。例如,由工业"三废"所造成的地下水化学污染,有时与城镇居民点、牲畜圈的生活污水导致的地下水细菌污染结合,成为两种类型污染并存的形式。此外,生活污水也可以造成持久的地下水化学污染。因为它们含有大量的在日常生活中广泛应用的表面活性物质。在工业企业地区,由于公开储存的废水废渣与大气降水渗滤溶解或存在水管泄流,固体废物以及某些原料和废水可以渗入含水层并直接污染含水层。

1.2.4 地下水污染源及污染途径(Sources of Groundwater Contamination)

1. 地下水污染源分析

引起地下水污染的物质称为地下水污染物,其来源称为污染源。按照污染源成因的不同,基本上可将污染源划分为天然污染源和人为污染源两种。根据美国国会技术评估办公室(OTA)和 Fetter(1992)的分类,总共可将其分为下面六类:

(1)排放废物的污染源

这类污染源包括化粪池、注水深井以及土地利用。

化粪池用来存放生活污水。化粪池的水来自盥洗室、洗澡、洗碗以及洗衣用水等,当这些污水进入化粪池后,经过沉淀和厌氧分解,然后通过排放系统排放到土壤中。这一过程不仅给土壤带来大量的有机和无机污染物,同时也把含有如三氯乙烯、苯等合成有机化合物的化粪池清洁物等排放到地下,从而构成地下水污染来源。

注水深井用来将液体废物或其他液体注入地下水面以下某个区域。被注入的液体一般包括:危险废物、源自油井的盐水、雨水、市政污水、矿山废水等。如果被注入的废水进入饮用水含水层,就会导致地下水污染。

用处理的或未经处理的市政和工业污水灌溉土地,或用污泥肥田,这样会带来大量有机污染物,也会构成地下水污染来源。

(2)贮藏、处理与处置废物的污染源

这类污染源包括垃圾填埋场、露天垃圾堆、贮藏物贮藏地、住宅区的垃圾堆、地表污水坑、矿山开采废物、固体物料堆、坟场、动物埋藏场所、地表储藏箱、地下储藏箱、各种容器、露天火葬场、爆炸试验场以及放射性废物处理堆等。

(3)运输过程中的污染源

这类污染源来自运输管道渗漏以及材料的运输和运移过程。

运输管道主要包括输油管道及输气管道,一般在断面和接头处发生渗漏;另外,钢管容易产生锈蚀,由开始的锈蚀逐渐可能发展成为管道渗漏。由于石油中含有多种有害的有机物,而且不易降解,所以常常成为地下水污染来源。

物质材料的运输和运移污染源常常是由产品和废物的运输产生的。卡车和火车的运输通道以及载重设备的副作用通常构成污染场所。特别是交通事故或者设备故障常引起地下水污染。

(4)人类活动所导致的污染源

这些污染源来自人类有计划的各种活动,主要包括农业灌溉、杀虫剂的使用、肥料的使用、农家肥的使用、高速公路上盐的使用、大气污染物的渗透以及矿山排水等。上述污染源有一个共同特点,即通过人类有计划的活动对地下水造成污染。需要指出的是,上述污染源通常只是地下水体的间接污染源,除非具有直接的补给通道,如钻孔、天然陷落柱等情况,一般通过包气带或地表水体,作用于地下水。

(5)污染水体进入含水层的通道

污染水体进入含水层的通道也可以视为污染源。这类污染源主要有生产井、监测井、开采孔以及工程开挖的基坑。

生产井主要是指石油、天然气、地热能以及地下水的开采井。在开采期间，污染物被引入地下，进入含水层。监测井和勘探孔是为探矿和设计开采而设置的。这些井和钻孔使含水层存在交叉污染的危险。而开挖基坑由于开挖出表层天然的隔水保护层，导致地下水污染。

(6)人类活动产生或加剧的自然污染源

这类污染源有地表水与地下水的相互作用、自然溶滤以及海水入侵等。

地表水与地下水相互作用是指地表水在一定条件下可以补给地下水，而地下水也可以在一定的条件下补给地表水。地表水与地下水的相互作用，从而使天然污染物质相互扩散。

自然溶滤是指地下水在天然条件下，将岩石或土壤中的矿物质溶解使之进入水中，其中包含一些不为人们期望的阴阳离子。由于受人类活动影响，大气中发生酸沉降，酸雨的形成加剧了地下水的溶滤作用。

海水入侵也是一种由人类活动而导致的自然污染源。天然条件下，海岸带含水层中的淡水和咸水间维持着一种平衡，它们之间有一个界面。界面以上的淡水向海洋流动。由于滨海地区社会经济的高速发展，地下淡水开采量逐年增大，而抽取淡水后，会引起潜水位下降。如果淡水抽水量超过了它的补给量，会使海岸带附近的潜水位下降到出现淡水水体的水头低于附近海水楔形体的水头时，界面就要向陆地推进，直至达到新的平衡，这种现象称为海水入侵。海水中含有大量的有毒有害物质，因此构成一种由人类活动而加剧的污染源。

2. 地下水污染入渗类型

根据地下水污染的入渗特点，可将地下水污染分为4种类型，下面简要说明。

(1)间歇入渗型

间歇入渗型的特点是：污染物通过大气降水或灌溉水的淋滤，从污染源(固体废物或表土层)中周期性地通过包气带渗入含水层，其渗入形式多半呈非饱和状态的淋滤状渗流，或者呈短时间的饱水状态连续渗流。这种途径的污染组分是固态的，来自固体废物或土壤，因此，研究时要分析固体废物或土壤的成分，最好能取得包气带的淋滤液，才能查明污染来源。其主要污染对象为潜水。

(2)连续入渗型

连续入渗型的特点是：污染物随污水或污染溶液连续不断地渗入含水层，其污染组分是液态的。常见的有污水积聚地(如污水池、污水渗坑、污水快速处理场和污水管道等)的渗漏。其主要污染对象是潜水。

(3)越流型

越流型的特点是：被污染的含水层的污染物通过层间越流形式转入其他含水层。转移途径可以是天然的或是人为的。人工开采下部承压水，引起水动力条件的变化而改变越流方向，使上部已受污染潜水层中的污染物通过弱透水层转移到下部承压层。该类的研究难点是要查清越流地点及地质部位。

(4)侧向补给型

侧向补给型的特点是：污染物通过地下水径流的形式进入含水层。各种污水或被污染的地表水，通过废水处理井或巨大岩溶通道进入含水层，并对地下径流在各含水层中迁移而形成污染带。其污染物有人为的和天然的来源，污染对象是潜水或承压水。污染范围可能不是很大,但污染程度由于缺乏自然净化作用而十分严重。海水入侵是海岸区地下淡水超量开采而造成海水向陆地流动的径流型污染途径之一。

1.3 地下水污染修复(Pollution Remediation)

1.3.1 地下水污染修复概述(Introduction to Groundwater Pollution Remediation)

广义上看,地下水污染修复、地下水污染控制及地下水污染预防是人类处理污染的三种方式。地下水污染预防是指从源头上使用不至于产生污染的理想设施或环境友好材料的污染处理方式;地下水污染控制是指人类在生产、生活中产生的污染,在污染物被释放到环境之前,捕获或改变污染物结构形态,达到净化目的的污染处理方式;地下水污染修复是指人类在生产、生活中产生的污染,先释放到环境,然后再实施净化的污染处理方式。地下水污染修复代价极其昂贵。

伴随着与地下水污染有关的事件广泛地发生,污染地下水修复技术的研发已势在必行。由于很难获取评价地下水污染的环境影响所需的必要资料以及对某些修复技术的应用范围知之甚少,所以在特定地区要选择出究竟哪一种修复技术最适合或者是否有必要去修复都是很困难的。正如图 1-1 所描述的那样,是否有进行修复的必然要取决于以下三种情况:第一,必须要知道污染物是否已经释放到环境中。第二,必须关注的是污染物从释放点到暴露至人群点的可能迁移路径。第三,决定要不要在某地进行地下水修复,必要条件是此地是否具备潜在的暴露人群。如果检查完污染物的迁移路径后,发现在生物圈的各个迁移终点都没有潜在的暴露人群,那也就是对人群不构成风险,则可能就要质疑修复的必要性。

图 1-1 地下水污染过程示意框图

1.3.2 地下水污染修复技术分类(Types of Groundwater Pollution Remediation)

第一类是最简单、最便宜的修复方法,即自然修复法或称被动修复法,其依赖于自然的过程作用,包括生物降解、挥发和吸附。

自然修复的机制很复杂,而且重要的物理化学特征极其多变。这就使得通过自然净化来提高地下水质量改善程度是很困难的。尽管存在不确定性,但还是可以证实自然修复可以起到保护环境的目的。

第二类最简单的应用型修复技术是挖出土壤并将其运往适宜场所处理的技术。该类技术主要发展于 20 世纪 80 年代中期。由于垃圾场地有限以及处理成本高和长期负债运营等因素,尽管这项技术简单,但已经被人们所抛弃。这项技术是将问题转移他处,而非像最新法规鼓励的那样,即把污染物就地处理或控制在原地。

第三类地下水主要修复技术包括地下水的抽出-处理系统和土壤的气相抽提系统等。

总的说来,最常见的地下水修复系统是抽出-处理系统。污染的地下水通过生产井得到修复。在地表使用吹脱、活性炭吸附、生物处理或其他方法来处理废水。若存在碳氢化合物，则可能需要油水分离器。通过注射井或由表面排水处置过的废水可能会再次回到含水层。已有经验表明对于地下水污染物的去除，抽出-处理系统效果明显。然而这种修复方法，代价高昂且耗时，所以常对整个修复所需的时间估计不足。

此外，生物处理因其适用范围广，处理成本低廉等优势，近年来被广泛应用于地下水污染修复。地下水修复强化生物修复(Enhanced bioremediation)技术是利用自然环境中生息的微生物或投加的特定微生物，通过提供适宜的营养物质、电子受体及改善其他限制生物修复速度的因素，分解污染物，修复受污染的环境，目前主要分为原位生物修复和异位生物修复两种。

PRB(Permeable Reactive Barrier)技术是近年来兴起的一种地下水原位修复技术，采用一个填充有活性反应材料的被动反应区，当污染地下水通过时污染物能被降解或固定。其中，当污染物靠自然水力传输通过预先设计好的介质时，溶解的有机物、金属、核素等污染物被降解、吸附、沉淀或去除。PRB技术作为污染地下水的原位修复技术，其主要优点是不需泵抽和地面处理系统，且反应介质消耗很慢，有几年甚至几十年的处理能力，除需长期监测外，几乎不需运行费用，能够长期有效运作，不影响生态环境，是一种很有远景的污染治理技术。

土壤气提法(也有称作真空抽提法、原位挥发法或土壤通风法)指的是通过在渗流区强迫通风将挥发性有机物驱赶出土壤的方法。这项技术类似于原位抽出-处理系统，除了有两点不同，即被去除的流体是气体和排出物可能进行处理或不处理(使用活性炭进行空气吹脱)。土壤通风法是一种取决于化合物类型和基质多孔介质性的高效和高性价比的修复方法。

许多其他修复技术，包括原位修复技术中的浸出处理、玻璃固化、污染物分离，以及异位修复技术，如土地处理、热处理、沥青掺入法、凝固法或稳定法、化学提取法和开挖法等，也都在地下水污染修复中有一定的应用。

原位浸出是指用水(通常混有表面活性剂)淋洗或冲洗土壤，旨在将现存于土壤基质中化合物淋洗出使其进入地下水。然后在地下水通过位于淋洗位置的正下方或下游设置收集系统，污染物就会被捕获。收集到的污染物被运往地表系统进行处理和处置。

原位玻璃固化技术是将土壤通电而固化的一种热处理技术。由电流产生的热量穿过污染的土壤将其转变成一种具有化学惰性、稳定的玻璃化和水晶化产物。在玻璃固化过程中，最初存在于土壤中的化合物的主要成分同原存在于硬化土中的残余物一起挥发掉。原位玻璃固化技术最初由西北太平洋实验室研究出，旨在固定化原位高放射性废物。这是一项比较新的技术，要耗费大量的能量，所以成本相对较高。

原位隔离污染物技术指的是通过使用诸如这样的装置——桩帽.帷幕灌浆、隔离水泥墙来将污染地同其他环境分开。隔离的目的是将污染物固定在某一确定区域防止污染物移往别处。有经验表明隔离污染物系统非常有效，但并没有彻底完成去除污染物的要求。

异位修复技术包括污染土壤的去除和对要处理的紧邻污染场所的受污染地下水的去除。土地处理就是这样一项可操作技术，它包括人为将废物移往地表和将废物运入上部土壤区。对污染地动用工程方法来促进废物降解和降低其迁移。

在热处理或焚烧过程中，土壤污染物从原地被去除和在接触高温后，通过挥发或其他热去除反应使有机物降低。现在有低温焚烧炉和高温焚烧炉两种。焚烧处理对去除土壤中的碳氢化合物是很有效的。然而,相应的处理费用也较高。

化学抽提或土壤冲洗方法是通过将开挖土壤用含有溶剂或表面活性剂的水冲洗来去除目标化合物。这项技术与原位淋洗处理法很相似。土壤冲洗对重金属、放射性核素和较大分子有机物的去除方面显示了良好的前景。

本书将在第6章中详细阐述抽出-处理技术、生物修复技术和PRB技术,其他技术如气提法、屏蔽法等也将在第6章中有所介绍。

1.3.3 地下水污染修复的发展趋势(Tendency of Groundwater Pollution Remediation)

为了保护地下水资源,国内外学者对污染物在土壤及地下水中迁移转化规律的研究高度重视,并开展了这方面的实验和理论研究,研究成果较多。但是由于土壤及地下水污染具有隐蔽性,以及地下溶质运移的不确定性,人们对溶质在地下水中的弥散机理和各种化学反应过程都了解不够。通过分析国内外对污染物在地下水中迁移转化研究的现状,发现存在的主要问题有:对污染物在非饱和-饱和土壤中迁移转化的整体模拟不多,大多数是对这一系统的分散的零碎的研究,并没有将这些过程联系起来综合研究;对污染物在非饱和带的实验和理论研究还不成熟,参数的尺度及其率定方法还需进一步研究。此外,已有的模型过分理想化,应用时难以达到精度要求。因此,对地下水污染问题的研究还有许多需要进一步探索的地方。未来,地下水污染修复应继续加强以下方面的研究:

1. 污染物在地下水中迁移机理的理论研究

各种含水介质(如孔隙、裂隙、岩溶)的存在使得地下水及溶质在其间的运动很复杂,目前与地下水污染有关的理论和模型一般是在一定的简化条件下建立起来的,如忽略各种溶质间的复杂化学反应、忽略或简化弥散的尺度效应等,所以模拟结果往往与实测值之间还有一定的差距。因此,污染物在地下水中迁移机理的理论研究、弥散"尺度效应"存在原因的分析研究工作还有待进一步开展。另外,现有模型从应用角度来衡量,过分理想化,应用时精度难以达到要求,因此还需要通过对室内、室外精密的实验研究,检验传统的对流弥散方程,动水-不动水体模型及随机传输函数模型等各种各样描述溶质运移的模型,并对它们的准确性、灵活性、通用性和可操作性做出科学的评价,更进一步地说,计算模型还有待向高效、准确、实用的方向发展。

2. 多相介质的存在对地下水中污染物迁移的影响研究

地下水环境存在固、液二相物质,这二相的溶质吸附机理和吸附参数的确定也是目前需要研究的内容之一。目前大多数的地下水溶质迁移模拟研究都是针对非吸附性溶质,如Cl^-、Br^-等离子进行的,而对吸附性溶质的水动力弥散试验研究还不多。与地表水溶质迁移不同,地下水中的溶质同时受到固、液两相的影响,在非饱和带还受到气体的影响,多相介质对溶质的吸附和反应,以及对溶质浓度分布和溶质迁移的影响都很大,因此应加强对存在的各种吸附和化学反应的机理的研究。

3. 参数确定的准确性和参数尺度效应的研究

参数估计是污染物在地下水迁移转化规律模拟计算的关键问题。目前,地下水质模型中参数的确定大都是采用示踪实验或经验参数来实现,而室内试验结果与野外实际结果往往相差几个数量级,且野外试验限于人力和物力有限,实验的范围较小,不能真实地反映研究区域的地质参数变化情况,因此模型参数测定过程中的许多技术问题,参数确定的准确性和可靠度，以及参数的尺度效应等都有待于进一步探索。

4. 多组分溶质迁移模型的研究

在考虑污染物迁移转化的模型中，一般只考虑水流对溶质迁移的影响，把溶质在地质介质中的迁移仅仅看作随水的流动，基本不考虑水化学的作用。而污染物在地质介质中的运动除了受地下水中对流弥散作用影响外，还受到地下水多组分系统中络合作用、吸附解吸作用、溶解沉淀作用、氧化还原作用和酸碱作用的制约，仅考虑水动力因素是片面的。目前水动力迁移模型中处理固液界面发生的吸附反应都是利用经验公式来表达的，如利用 K_d 值综合了发生于固液界面的所有化学反应，却无法揭示发生在系统内部化学反应的机制，且这一类模型仅适用于以吸附解吸反应为主、K_d 值变化不大、地球化学环境较均匀的地区，而实际这种条件比较少见。因此，在模拟污染物迁移过程中，将对流弥散模型与多组分水化学模型结合起来，是非常必要的。

5. 污染物在非饱和带中的运移转化规律的研究

由于一般污染物并非直接接触地下含水层，而是经过非饱和带向下迁移的，而非饱和带由气、液、固三相组成，现有模型一般都忽略气相，对于易挥发性元素的迁移，如铵态氮，必然涉及气体在非饱和带中的运移问题。另外，研究非饱和带溶质运移时应考虑不流动水的影响，特别在溶质为核素或有毒有害物质时，该研究可以降低因预测不精确而带来的负面效应，但目前不流动水的范围划分还比较模糊，在建立模型时，对于实验条件及方程求解的假设条件过多，不能反映整个非饱和带的共性，尤其是非饱和带中影响水文地球化学和动力学作用的因素很多，污染物在非饱和带运移时，还会发生各种复杂的物理、化学和生物反应，导致各种物质浓度发生变化，因此对污染物在非饱和带的迁移机理研究则应进一步加强，并将非饱和带与饱和带联系起来，建立更为合理的整体模型。

6. 随机方法研究

随机模型在模拟多孔介质地下水流及污染物运移方面在国外发展迅速，在国内基本上还是空白。近二三十年来，由于一些国家对高放射性核废料进行地质处置的关注，部分学者对基岩裂隙介质地下水流及溶质运移模型研究取得了重要突破。但这方面研究用于解决实际问题，成功解决的还很少。因此要进一步加强随机模型的理论研究和实践应用。

思考题(Questions)

1. 什么是地下水污染？哪些物质可污染地下水？地下水污染途径有哪些？
2. 地下水污染如何分类？怎样防治？
3. 地下水污染修复常用技术有哪些？
4. 污染的地下水如何进行修复？
5. 地下水污染修复主要研究方向有哪些？

参考文献(References)

[1] 王秉忱，杨天行，王保金，等．地下水污染地下水水质模拟方法[M]. 北京：北京师范大学出版社，1985.

[2] 朱学愚，钱孝星．地下水水文学[M]. 北京：中国环境科学出版社，2005

[3] 王焰新．地下水污染与防治[M]. 北京：高等教育出版社，2007.

[4] 林年丰，李昌静，田春生，等．环境水文地质学[M]. 北京：地质出版社，1990.

[5] 沈继方,高云福．地下水与环境[M]. 武汉:中国地质大学出版社,1995.

[6] 汪家权,钱家忠．水环境系统模拟[M]. 合肥:合肥工业大学出版社,2005.

[7] Fetter C W. Contaminant Hydraogeology[M]. New York: Macmillan Publishing Company, 1992.

[8] 苑文颖,丁庭华．地下水及土壤污染现场强化生物恢复技术[J]. 中国给水排水,16(7):46 - 49.

[9] 孙讷正．地下水污染——数学模型和数值方法[M]. 北京:地质出版社,1989.

[10] 钱家忠,汪家权．中国北方型裂隙岩溶水模拟及水环境质量评价[M]. 合肥:合肥工业大学出版社,2003.

[11] Charbeneau RJ, Bedient PB, Loehr RC. Water quality management library-volume 8: Groundwater Remediation[M]. Technomic Publishing Compony, Inc. , 1992.

[12] 中国地下水科学战略研究小组．中国地下水科学的机遇与挑战[M]. 北京:科学出版社,2009.

[13] 束龙仓,陶月赞．地下水水文学[M]. 北京:中国水利水电出版社,2009.

[14] 余钟波,黄勇,Franklin W. Schwartz. 地下水文学原理[M]. 北京:科学出版社,2008.

[15] 郑西来,王秉忱,佘宗莲．土壤—地下水系统石油污染原理与应用研究[M]. 北京:地质出版社,2004.

[16] 中国科学院．中国学科发展战略·地下水科学[M]. 北京:科学出版社,2018.

[17] He Xiaorui, Qian Jiazhong, Zufa Liu, et al. . Temporal-Spatial Variation of Groundwater Nitrogen Pollution Over 7 Years in a Highly Urbanized City in the Southern China[J]. Bulletin of Environmental Contamination and Toxicology. 2017,99(6):753 - 759.

[18] 王文科,杨泽元,程东会,等．面向生态的干旱半干旱地区区域地下水资源评价的方法体系[J]. 吉林大学学报(地球科学版),2011,41(1):159 - 167.

[19] 钱家忠,周杨,李福林,等．多孔介质中溶质 non-Fickian 运移模型与实验研究[J]. 中国科学技术大学学报,2017,(5):421 - 425.

[20] 骆乾坤,吴剑锋,杨运,等．参数空间变异性下地下水污染监测网多目标优化化机制研究[J]. 地质论评,2015,61(3):570 - 578.

[21] 陈梦雄,马凤山．中国地下水资源与环境[M]. 北京:地震出版社,2002.

第 2 章　地下水及其运动规律

2.1　概述(Introduction)

地球上的水以不同的物质状态(固态、液态、气态)存在于地球大气圈、生物圈、水圈和岩石圈中。通常把大气圈中降落到地面的水称为大气降水;地表上的江河、湖泊、海洋中的水称为地表水;而把埋藏于地表以下岩土的孔隙、裂隙、溶隙中的各种状态的水,统称为地下水。全球地下水分布面积为 $1.3\times10^{8}\ km^{2}$,总水量为 $8.3\times10^{6}\ km^{3}$,占全球总水量的 0.59%,是重要的淡水来源之一,占全球淡水量的 22%。

含水岩土分为两个带,上部是包气带,即非饱和带,在此带中除水以外,还存在气体;下部为饱水带,即饱和带,饱和带岩土中的空隙充满水。狭义的地下水是指饱和带中的水。饱含地下水的透水层称为含水层,含水层是能够透过并给出相当数量水的岩土层,不但可以贮水,而且水可以在其中运动。相反,隔水层是不透水的岩层,它可以含水也可以不含水,隔水性能比较高。

2.2　地下水的赋存(Storage of Groundwater)

2.2.1　岩石的空隙和水分(Space and Water in Rock)

地下水存在于岩土的空隙之中,地壳表层 10km 范围内三大类岩石(沉积岩、岩浆岩、变质岩),都不同程度地存在一定的空隙,特别是浅部 1.2km 范围内,空隙分布较为普遍,这就为地下水的形成、储存、运动和发展提供了必要的空间条件。因此,研究岩土骨架空隙分布及其特征是研究地下水的重要基础。

1. *岩石中的空隙*

岩石空隙是地下水的储存场所和运动通道。空隙的多少、大小、形状、连通情况和分布规律,都对地下水的分布和运动有重要影响。

由于岩石性质和受力作用的不同,岩土体中各种空隙的形状、多少及其连通与分布具有很大的差别。根据岩土空隙的成因不同,可把空隙分为三大类(如图 2-1 所示):①松散岩石中的孔隙;②坚硬岩石中的裂隙;③可溶岩石中的溶隙。

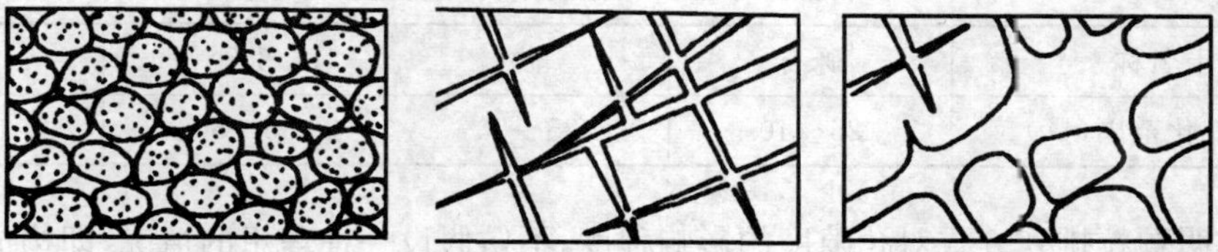

(a)松散岩石中的孔隙　(b)坚硬岩石中的裂隙　(c)可溶岩石中的溶隙

图 2-1　空隙的分类

(1)孔隙(Pore)

松散岩石由大小不等的颗粒组成,颗粒或颗粒集合体之间的空隙呈小孔状,故称为孔隙。岩石中孔隙体积的大小是影响其储容地下水能力强弱的重要因素。孔隙体积的大小可用孔隙度表示。孔隙度是指某一体积岩石(包括孔隙在内)中孔隙体积所占的比例。

若以 n 表示岩石的孔隙度,V 表示包括孔隙在内的岩石体积,V_n 表示岩石中孔隙的体积,则:

$$n=\frac{V_n}{V} \quad 或 \quad n=\frac{V_n}{V}\times 100\% \tag{2-1}$$

孔隙度(n)是一个比值,可用百分数表示。

孔隙比(ε)是指某一体积岩石内孔隙的体积(V_n)与固体颗粒体积(V_S)之比。两者之间的关系为:

$$\varepsilon=n/(1-n) \tag{2-2}$$

影响孔隙度大小的主要因素包括:①颗粒排列情况;②颗粒分选程度;③颗粒形状;④胶结充填程度。对于粘性土,结构及次生孔隙也常常是影响孔隙度的一个重要因素。其一般规律是:岩土越松散,分选越好,浑圆度和胶结程度越差时,孔隙度就越大;反之,孔隙度就越小(如图2-2所示)。表2-1为自然界中主要松散岩土孔隙度的参考数值。

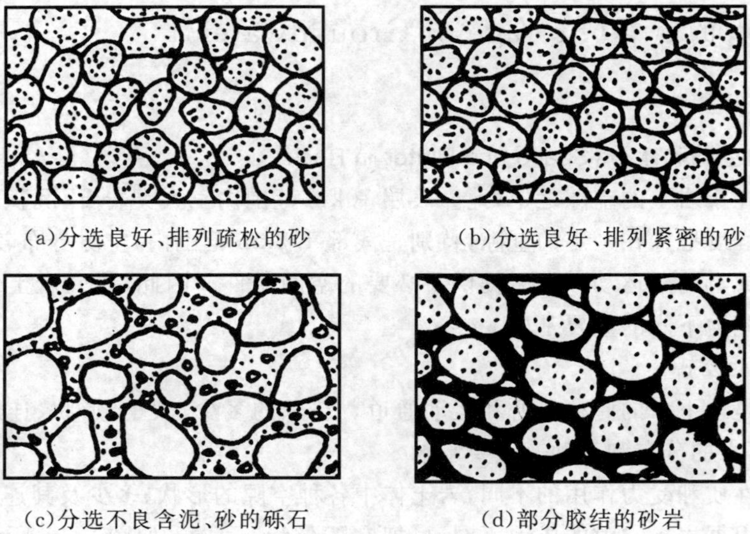

(a)分选良好、排列疏松的砂　(b)分选良好、排列紧密的砂

(c)分选不良含泥、砂的砾石　(d)部分胶结的砂岩

图2-2　不同的孔隙度

表2-1　自然界中主要松散岩土孔隙度的参考数值

岩土名称	砾石	砂	粉砂	黏土
孔隙度变化范围(%)	25～40	25～50	35～50	40～70

为了说明颗粒排列方式对孔隙度的影响程度,不妨假设一种理想的情况,即构成松散岩石的颗粒均为等粒圆球。当其为立方体排列时,如图2-3(a)所示,可算得孔隙度为47.64%;为四面体排列时,如图2-3(b)所示,孔隙度仅为25.95%。由几何学可知,六方体排列为最松散

排列，四面体排列为最紧密排列，自然界中松散岩石的孔隙度大多介于此两者之间。

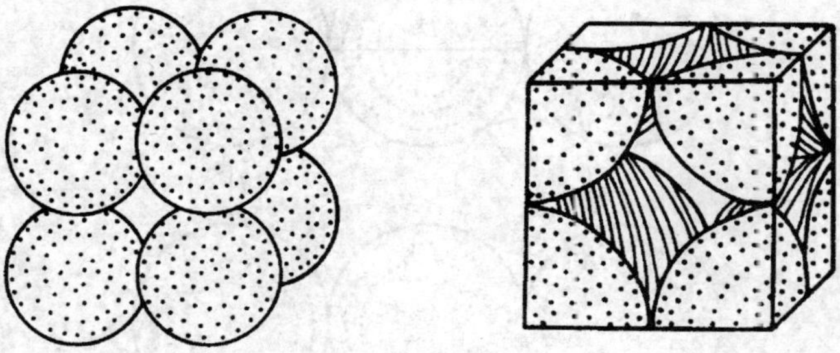

（a）立方体排列

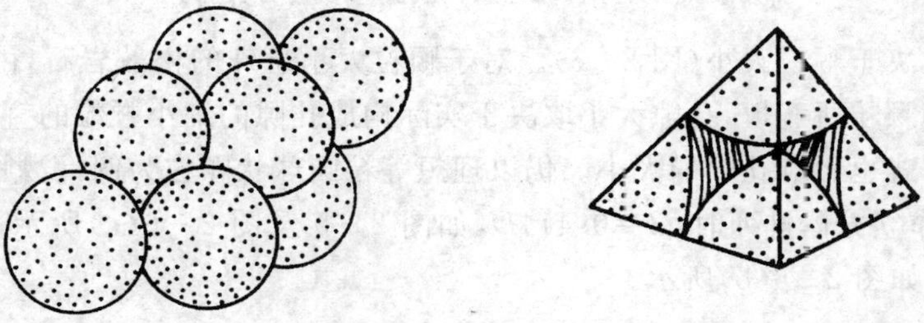

（b）四面体排列

图 2－3　颗粒的排列形式

应当注意，上述讨论并未涉及圆球的大小。如图 2－4 所示，三种颗粒直径不同的等粒岩石，排列方式相同时，孔隙度完全相同。

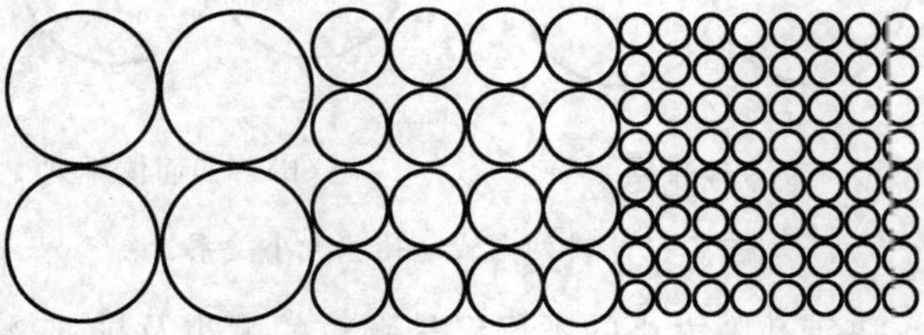

图 2－4　不同粒度等粒岩石的孔隙度与孔隙大小

自然界中并不存在完全等粒的松散岩石。分选程度愈差，颗粒大小愈悬殊的松散，孔隙度便愈小。细小颗粒充填于粗大颗粒之间的孔隙中，自然会大大降低孔隙度。当某种岩石由两种大小不等的颗粒组成，且粗大颗粒之间的孔隙完全为细小颗粒充填时，则此岩石的孔隙度等于由粗粒和细粒单独组成时的岩石的孔隙度的乘积。

自然界中岩石的颗粒形状多是不规则的。组成岩石的颗粒形状愈不规则，棱角愈明显，通常排列就愈松散，孔隙度也愈大。

粘土的孔隙度往往会超过上述理论中的最大孔隙度值，这是因为粘土颗粒表面常带有电荷，在沉积过程中粘粒聚合，构成颗粒聚合体，可形成直径比颗粒还大的结构孔隙。此外，粘性土中往往还发育虫孔、根孔、干裂缝等次生空隙。

孔隙度大小对地下水运动影响很大。孔隙通道最细小的部分称作孔喉，最宽大的部分称作孔腹，如图 2－5 所示。孔喉对水流动的影响更大，讨论孔隙大小时可以用孔喉直径进行比较。

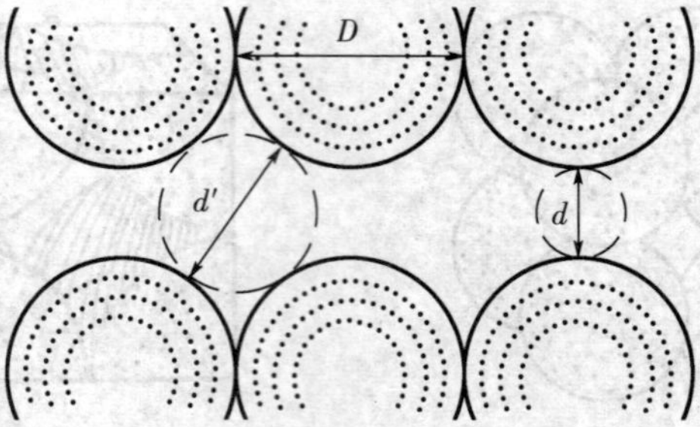

图 2-5　孔喉(直径为 d)与孔腹(直径为 d')通过孔隙通道中心切面图
假定颗粒为等粒球体(直径为 D)作立方体排列

孔隙大小取决于颗粒大小(图 2-6)。对于颗粒大小悬殊的松散岩石,由于粗大颗粒形成的孔隙被细小颗粒所充填,孔隙大小取决于实际构成孔隙的细小颗粒的直径。

颗粒排列方式也影响孔隙的大小。仍以理想等粒圆球状颗粒为例,设颗粒直径为 D,孔喉直径为 d,则作立方体排列时,$d=0.414D$,如图 2-5 及图 2-6(a)所示;作四面体排列时,$d=0.155D$,如图 2-6(b)所示。

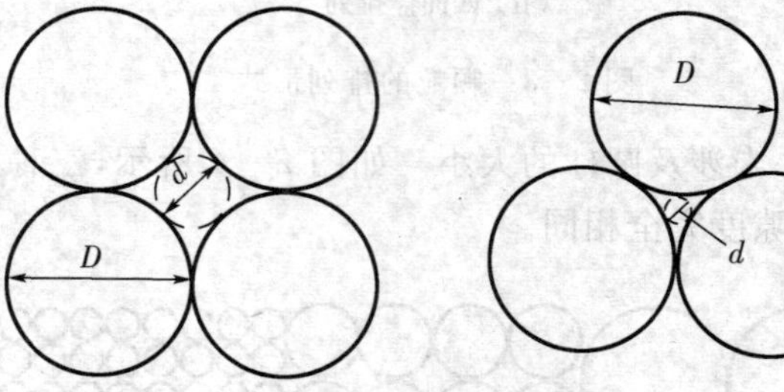

(a)　立方体排列　　　　(b)　四面体排列

图 2-6　排列方式与孔隙大小关系

显然,对于粘性土,决定孔隙大小的不仅仅是颗粒的大小及排列,结构孔隙及次生空隙的影响也是不可忽视的。

(2)裂隙(Fracture)

固结的坚硬岩石,包括沉积岩、岩浆岩和变质岩,基本上不存在或只保留一部分颗粒之间的孔隙,而主要发育由于地壳运动及内、外地质营力作用下岩石破裂变形产生的空隙,称为裂隙。岩石的裂隙一般呈裂缝状,其长度、宽度、数量、分布及连通性等在空间上差异很大,与孔隙相比,具有明显的不均匀性。

裂隙按成因可分为:①成岩裂隙;②构造裂隙;③风化裂隙。

成岩裂隙是岩石在成岩过程中由于冷凝收缩(岩浆岩)或固结干缩(沉积岩)而产生的。岩浆岩中成岩裂隙比较发育,尤以玄武岩中柱状节理最有意义。

构造裂隙是岩石在构造变动中受力而产生的。这种裂隙具有方向性,大小悬殊(由隐蔽的节理到大断层),分布不均。

风化裂隙是在风化营力作用下,岩石破坏产生的裂隙,主要分布在地表附近。

裂隙的多少以裂隙率表示。裂隙率(K_t)是裂隙体积(V_t)与包括裂隙在内的岩石体积(V)的比值,即:

$$K_t = \frac{V_t}{V} \tag{2-3}$$

除了这种体积裂隙率,实际应用时还会用到面裂隙率或线裂隙率的概念。野外研究裂隙时,应注意测定裂隙的方向、宽度、延伸长度、充填情况等对水的运动具有重要影响的因素。

常见岩石的裂隙率见表 2-2 所列。要注意的是,表中所列各值是指岩石的平均值,对局部岩石来说裂隙发育可能有很大的差别,如同一种岩石,有的部位裂隙率可能小于 1%,而有的部位可达百分之几十。

表 2-2　常见岩石裂隙率的参考值

岩石名称	裂隙率(%)	岩石名称	裂隙率(%)
砂岩	3.2～15.2	正长岩	0.5～2.8
石英岩	0.008～3.4	辉长岩	0.6～2.0
片岩	0.5～1.0	玢岩	0.4～6.7
片麻岩	0.3～2.4	玄武岩	0.6～1.3
花岗岩	0.02～1.9	玄武岩流	4.4～5.6

(3)溶隙(Karst)

可溶的沉积岩,如岩盐、石膏、石灰岩和白云岩等,在地下水溶蚀下产生空隙,这种空隙称为溶隙(穴)。溶隙的体积(V_k)与包括溶隙在内的岩石体积(V)的比值即为溶隙率(K_k),即:

$$K_k = \frac{V_k}{V} \tag{2-4}$$

溶隙的规模悬殊,大的溶洞可宽达数十米,高数十米乃至百余米,长达几千米至几十千米,而小的溶孔直径仅几毫米。因此溶隙率的变化范围极大,而且在相邻很近处溶隙的发育程度可能完全不同,也可能在同一地点的不同深度上有很大的变化。在地下水的长期作用下,溶隙可发展为溶洞、暗河、竖井、落水洞等多种形式,可见溶隙与裂隙相比在形状、大小等方面显得更加千变万化。因此,赋存于可溶岩石中的地下水分布与流动极不均匀。

自然界岩石中空隙的发育状况远较上述复杂。例如,松散岩石固然以孔隙为主,但某些粘土干缩后可产生裂隙,而这些裂隙的水文地质意义,甚至远远超过其原有的孔隙。固结程度不高的沉积岩,往往既有孔隙,又有裂隙。可溶岩石,由于溶蚀不均一,有的部分发育为溶隙,而有的部分则为裂隙,有时还可保留原生的孔隙与裂缝。因此,在研究岩石空隙时,必须注意观察、收集实际资料,在事实的基础上分析空隙的形成原因及控制因素,查明其发育规律。

岩石中的空隙,必须以一定方式连接起来构成空隙网络,才能成为地下水有效的储容空间和运移通道。松散岩石、坚硬基岩和可溶岩石中的空隙网络具有不同的特点。

松散岩石中的孔隙分布于颗粒之间，连通良好，分布均匀，在不同方向上，孔隙通道的大小和多少都很接近，赋存于其中的地下水分布与流动都比较均匀。

坚硬基岩的裂隙是宽窄不等、长度有限的线状缝隙，往往具有一定的方向性。只有当不同方向的裂隙相互穿切连通时，才在某一范围内构成彼此连通的裂隙网格。就连通性而言，裂隙远比孔隙差。因此，赋存于裂隙基岩中的地下水相互联系较差，分布与流动往往不均。

可溶岩石的溶隙是一部分原有裂隙与原生孔缝溶蚀扩大而成的，空隙大小悬殊且分布极不均匀。因此，赋存于可溶岩石中的地下水分布与流动通常极不均匀。

可见，研究岩石的空隙时，不仅要研究空隙的多少，还要研究空隙的大小、空隙间的连通性和分布规律。松散岩土孔隙的大小和分布都比较均匀，且连通性好，所以孔隙度可表征一定范围内孔隙的发育情况；岩石裂隙无论其宽度、长度和连通性差异均很大，分布也不均匀，因此裂隙率只能代表被测定范围内裂隙的发育程度；溶隙大小相差悬殊，分布很不均匀，连通性更差，所以溶隙率的代表性更差。

赋存于不同岩层中的地下水，由于其含水介质特征不同，具有不同的分布与运动特点。因此，按岩层的空隙类型，人们常把存在于松散砂、砾、卵石及砂岩等孔隙中的地下水称为孔隙水；把存在于坚硬岩石裂隙中的地下水称为裂隙水；把存在于可溶岩溶隙中的地下水称为岩溶水。

2. *岩石中的水分*

地壳岩石中的地下水有气态、液态和固态三种形态。根据水在空隙中的物理状态，水与岩石颗粒的相互作用等特征，可将地下水存在的形式分为五种，即：气态水、结合水、重力水、毛细水、固态水，如图2-7所示。

- 岩石中的水
  - 组成岩石矿物中的水(矿物结合水)
    - 结构水
    - 结晶水
    - 沸石水
  - 岩石空隙中的水
    - 结合水
    - 液态水
      - 重力水
      - 毛细水
    - 气态水
    - 固态水

图2-7　岩石中水的存在形式

(1)结合水

松散岩石的颗粒表面及坚硬岩石空隙壁面均带有电荷，水分子又是偶极体，由于静电吸引，固相表面具有吸附水分子的能力(图2-8)。根据库仑定律，电场强度与距离平方成反比。因此，离固相表面很近的水分子受到的静电引力很大。随着距离增大，吸引力减弱，而水分子受自身压力的影响就愈显著。受固相表面的引力大于水分子自身重力的那部分水，称为结合水。此部分水束缚于固相表面，不能在自身重力影响下运动。

由于固相表面对水分子的吸引力自内向外逐渐减弱，结合水的物理性质也随之发生变化。因此，将最接近固相表面的结合水称为强结合水，其外层称为弱结合水(图2-8)。

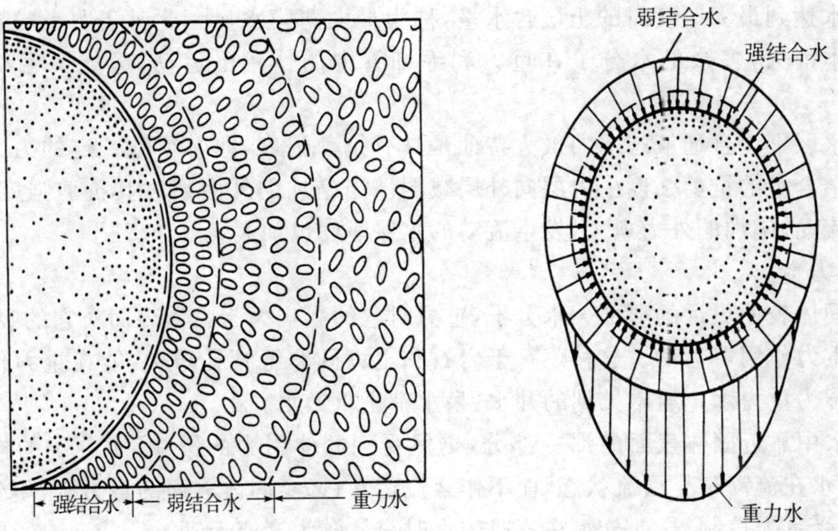

图 2-8　结合水与重力水

① 强结合水(吸着水)

由于受分子引力和静电引力的影响,紧密地吸附在岩石颗粒表面、不受重力影响、不被植物吸收的水称为吸着水,也称强结合水。它的厚度,不同研究者说法不一,一般认为相当于几个水分子的厚度;也有人认为,可达几百个水分子厚度。它所受到的引力可相当于 $101\ 325\times10^{4}$ Pa,水分子排列紧密,其密度平均达 $2g/cm^3$ 左右。

由于这种水处在非常强大的压力下,它的许多性质起了变化。例如,吸着水形成时放出湿润热,密度大于 1,在 -78℃时不结冻,无导电性和不能溶解盐分,不受重力作用,不传递静水压力等。吸着水在一般情况下不能运动,只有当土壤为干燥或在 105℃～110℃的高温下,加热数小时后,使它变成气态水时才能移动。因此它是植物生理上不能利用的水。

吸着水的数量和空气湿度有关。在完全干燥的空气中,吸着水数量等于零,在湿度饱和的空气中,吸着水的数量达到最大。此时表明土粒不能再由空气中吸取水分,但它还有力量从液态水中吸取水分子,增厚水膜。这种在吸着水层以外的液态水膜即为弱结合水或薄膜水。

② 弱结合水(薄膜水)

包围在吸着水外层,受到固相表面的引力比吸着水弱,但仍受范德华引力与吸着水最外层水分子静电引力合力影响的结合水,称为薄膜水,又称弱结合水。不同学者认为其厚度为几十、几百或成几千个水分子厚度。水分子排列不如强结合水规则和紧密,溶解盐类的能力较低。弱结合水的外层能被植物吸收利用。

这种水的形成是由于颗粒吸引水分子达到最大吸着含水量以后,虽然消耗了颗粒大部分的分子引力,但是分子引力并没有完全消失,因此当液体水分子和含有最大吸着含水量的颗粒接触时,剩余的分子引力将继续吸附水分子形成薄膜水。显然当水分子距离颗粒表面愈远时,静电引力场的强度愈小,而分子引力愈小,水分子的自由活动能力愈强。所以,水分子在颗粒表面上的排列比较疏松,不整齐,仅有轻微的动向。薄膜水并不受重力作用的影响,又因它未充满整个空隙,所以也不能传递静水压力,但薄膜水可以在分子力的作用下,由薄膜较厚的地方向薄膜较薄的地方运动。

薄膜水达到最大厚度时的土壤含水量,称为最大薄膜水量。此时表明土粒对水分子的引力已基本消失,多余的水分子在重力和毛细管力的作用下运动,形成了毛细管水和重力水。

结合水区别于普通液态水的最大特征是具有抗剪强度,即必须施一定的力方能使其发生变形。结合水的抗剪强度由内层向外层减弱。当施加的外力超过其抗剪强度时,外层结合水发生流动,施加的外力愈大,发生流动的水层厚度也加大。

(2)重力水

距离固体表面更远的那部分水分子,重力对它的影响大于固体表面对它的吸引力,因而能在自身重力作用下运动。这种赋存于岩石和土壤的非毛管孔隙中,能在重力作用下自由运动的水称为重力水。通常见到的井水、泉水都是重力水。

重力水中靠近固体表面的那一部分,仍然受到固体引力的影响,水分子的排列较为整齐,这部分水在流动时呈层流状态,而不作紊流运动;远离固体表面的重力水,不受固体引力的影响,只受重力控制,这部分水在流速较大时容易转为紊流运动。

岩土空隙中的重力水能够自由流动。当降水或其他水体渗入岩石的空隙中并达到饱和状态时,渗入的水在重力作用下作自上而下的垂直运动,称渗入的重力水。饱和带地下水因重力作用自高处向低处运动,并传递静水压力,这时的重力水称地下径流。

(3)毛细水

将一根玻璃毛细管插入水中,毛细管内的水面即会上升到一定高度,这便是发生在固、液、气三相界面上的毛细现象。松散岩石中细小的孔隙通道构成毛细管,毛细水即是指受毛细管力支配存在于毛细管孔隙中的水分,其广泛存在于地下水面以上的包气带中。

毛细水根据它的形成和存在的形式,可以分成三类:支持毛细水(毛细上升水)、悬挂毛细水和孔角毛细水。

① 支持毛细水(毛细上升水)

由于毛细力的作用,水从地下水面沿着小孔隙上升到一定高度(表2-3),形成一个毛细水带,此带中的毛细水下部有地下水面支持。这种赋存于饱水带地下水面以上的岩石或土壤毛细管孔隙中的毛细水,称为支持毛细水或毛细上升水,如图2-9(a)所示。它与饱水带的地下水直接相连。当地下水面上升或下降时,毛细水的位置也相应变动,这一特点在农业生产上有重要意义。赋存支持毛细水的地带称为毛细边缘带。

表2-3 松散岩石毛细管上升高度

岩石名称	颗粒尺度(mm)	毛细管上升高度(mm)
细砂砾岩	2～5	2.5
极粗砂	1～2	0.65
粗砂	0.5～1	13.5
中砂	0.2～0.5	24.6
细砂	0.1～0.2	42.8
淤泥	0.05～0.1	105.5

注:用几乎相同的孔隙度(40%)的样品,全部测定于72天完成(据 Robert Bowen)。

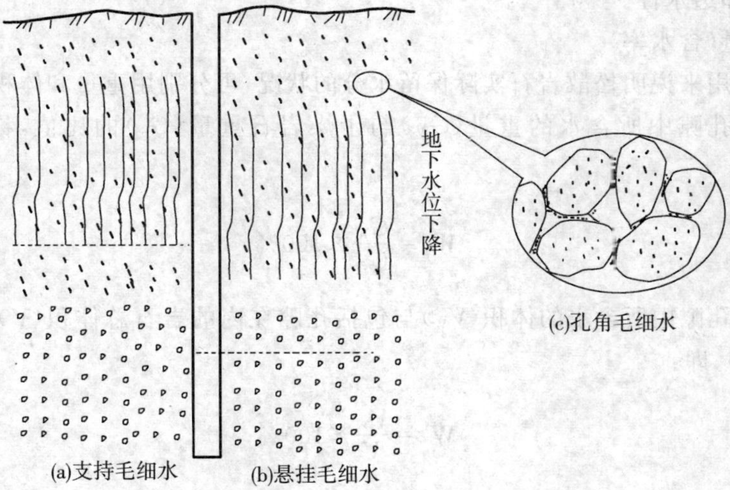

图2-9　土壤中的毛细水示意图

② 悬挂毛细水

如图2-9(b)所示，细粒层次与粗粒层次交互成层时，在一定条件下，由于上下弯液面毛细力的作用，在细土层中会保留与地下水面不相连接的毛细水。这种赋存在包气带岩石或土壤的毛细管中，并与饱水带的地下水没有水力联系，呈“悬挂”状态的毛细水，称为悬挂毛细水。

③ 孔角毛细水

在包气带中颗粒接触点上还可以悬留孔角毛细水(触点毛细水)，即使是粗大的卵砾石，颗粒接触处孔隙大小也总可以达到毛细管的程度而形成弯液面，将水滞留在孔角上。这种赋存于岩石毛细管和岩石颗粒接触处的许多孔角狭窄的地方，呈个别的点滴状态，与孔壁形成弯液面，结合紧密，很难移动的毛细水，称为孔角毛细水，如图2-9(c)所示。

(4)气态水、固态水及矿物中的水

气态水指呈水汽状态贮存和运动于未被饱和的岩石空隙中的水。它可以随空气流动而运动，即使空气不流动，它也能从水汽压力(绝对湿度)高的地方向低的地方迁移，具有很大的活动性。气态水很容易被吸附在岩石颗粒表面，形成结合水。在一定温度、压力条件下，气态水与液态水相互转化，两者之间保持动平衡。

以固体冰的形式存在于岩石空隙中的水称为固态水。当岩石的温度低于0℃时，空隙中的液态水便冻结成固态水，一般分布于多年冻结区或季节冻结区。例如：我国北方冬季常形成冻土；东北及青藏高原，有一部分岩石赋存其中的地下水多年中保持固态，这就是所谓的多年冻土。

除了存在于岩石空隙中的水，还有存在于矿物结晶内部及其间的水，这就是沸石水、结晶水及结构水。如方沸石($Na_2Al_2Si_4O_{12} \cdot nH_2O$)中就含有沸石水，这种水在加热时可以从矿物中分离出去。

3. 岩石的水理性质

岩石空隙大小、多少、连通程度及其分布的均匀程度，都对其储存、滞留、释出及透水能力有影响。岩石的水理性质是指岩石与水作用时所具有的特征,主要有含水量、容水性、持水性、给水性和透水性。

(1)含水量(含水率)

含水量常用来说明松散岩石实际保留水分的状况,可分别用重量和体积来表征。

松散岩石孔隙中所含水的重量(G_W)与干燥岩石重量(G_S)的比值,称为重量含水量(W_g),即:

$$W_g = \frac{G_W}{G_S} \times 100\% \tag{2-5}$$

松散岩石孔隙中所含水的体积(V_V)与包括孔隙在内的岩石总体积(V)之比值,称为体积含水量(W_v),即:

$$W_v = \frac{V_V}{V} \times 100\% \tag{2-6}$$

当水的比重为1,岩石的干容重(单位体积干燥岩石的重量)为 γ_a 时,重量含水量与体积含水量的关系为:

$$W_v = W_g \cdot \gamma_a \tag{2-7}$$

孔隙充分饱水时的含水量称作饱和含水量(W_s)。饱和含水量与实际含水量之间的差值称作饱和差。实际含水量与饱和含水量之比称为饱和度。

(2)容水性

岩土的容水性是指岩土能够容纳一定水量的性能。容水性用容水度(K_r)来表示,容水度是指岩土空隙完全被水充满时的含水量,可表示为岩石所能容纳的水的体积(V_r)与岩石总体积(V)之比:

$$K_r = \frac{V_r}{V} \times 100\% \tag{2-8}$$

显然,当岩土中空隙全部被水饱和时,水的体积就等于岩土中空隙的体积,容水度在数量上与孔隙度、裂隙率和岩溶率相当。但当具有膨胀性的粘土饱水后,其体积增大,此时容水度大于孔隙度。容水性较强的岩土是黏土,较差的为卵石。

(3)持水性

岩土的持水性是指重力释水后,岩土依靠分子力和毛细力,能够保持一定液态水量的性能。常用持水度(K_c)来表示,持水度是指受重力作用时岩土仍能保持的水的体积(V_c)与岩土总体积(V)之比,即:

$$K_c = \frac{V_c}{V} \tag{2-9}$$

前已述及,存在于岩石空隙中的结合水(包括吸着水和薄膜水)是不受重力作用影响的。因此,受重力作用时,岩土空隙中所保持的主要是结合水,持水度实际上说明了岩土中结合水含量的多少。当用岩石能够保持的最大结合水的体积或重量和岩石总体积或重量之比来表示时,则称最大分子持水度。其大小取决于颗粒大小。颗粒越小,其表面积越大,表面吸附的结合水越多，持水度也越大。包气带充分重力释水而又未受到蒸发、蒸腾消耗时的含水量称作残留含水量(W_0)，数值上相当于最大持水度。松散岩石最大分子持水度数值见表 2-4 所列：

表 2-4　松散岩石持水度数值表

岩土名称	粗砂	中砂	细砂	极细砂	亚粘土	粘土
颗粒大小(mm)	2～0.5	0.5～0.25	0.25～0.1	0.1～0.05	0.05～0.002	<0.002
最大分子持水度(%)	1.57	1.6	2.73	4.75	10.8	44.85

若以吸着水、薄膜水、部分孔角水和悬着水的体积或重量和岩石总体积或重量之比来表示时，则称田间持水度。田间持水度在农业生产上很有意义，在水文学上也有一定意义。表 2-5 给出了不同土质田间持水度的数据。

表 2-5　不同土质田间持水度数据表

质地	地区和土壤	<0.01mm 颗粒(%)	田间持水度
细砂土	辽西风砂土	2.8	4.5
面砂土	辽西风砂土	2.7	11.7
砂粉土	嫩江黑土	12.8	12.0
粉土	晋西黄绵土	25.0	17.4
粉壤土	蒲城垆偻土	—	20.7
粘壤土	武功油土	50.8	19.4
粘壤土	武功油土	57.2	20.0
粉粘土	嫩江黑土	67.8	23.8

(4)给水性

岩土的给水性指岩土中保持的水在重力作用下能够自由流出一定数量水的性能，用给水度(K_g)表示。给水度是指岩土给出的水量与岩土体积之比值：

$$K_g=\frac{V_g}{V}\times 100\% \tag{2-10}$$

给水度在数值上等于容水度减去持水度。岩土的给水性和持水性显然与岩土的容水性直接相关，在容水性相同的岩土中，如果重力作用超过岩土对水的引力，则给水性强，持水性弱；反之，则给水性弱，持水性强。给水性还与岩土颗粒直径成正比，如卵石给水度大，黏土给水度小。

给水度是指地下水位下降一个单位深度，从地下水面延伸到地表面的单位水平面积的岩石柱体，在重力作用下所释放出的水的体积。饱和差(自由孔隙率)是指当水位上升一个单位深度时，单位面积的含水层柱体中，所需补充的水的体积。或者说，给水度是指单位面积的潜水含水层柱体中，当潜水位下降一个单位时，所排出的重力水的体积。饱和差是指单位面积的潜水含水层柱体中，当潜水位上升一个单位时，所需补充的水的体积。

显然给水度和饱和差的概念，一个适用于水位下降的情况，一个适用于水位上升的情况。当求降水入渗补给量时要用饱和差,而求地下水的蒸发时应该用给水度。但在一般情况下,两者在数值上是相同的,所以并不加以区分。

国内外许多学者研究表明,给水度不仅与包气带的岩性有关,而且随着排水时间的长短、潜水面埋深和水位变化幅度的大小而变化,如图 2-10 所示。

在图 2-10(a)中,初始潜水面埋深为 Δ_1,此时埋深足够大,潜水面以上的毛管边缘带影响不到地面,包气带的水分分布为曲线 A。当水位下降时,潜水面埋深为 Δ_2,其包气带水分分布曲线为 A',毛管边缘带也影响不到地面,故排出的水体积为图 2-10(a)中曲线 A 和 A' 之间所夹的阴影部分的面积 V_d。

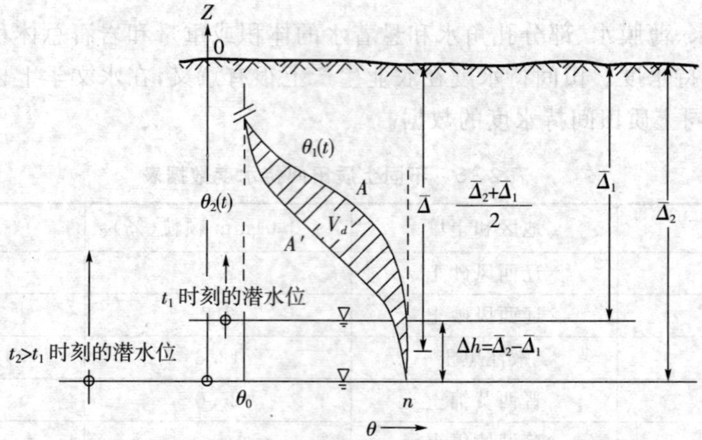

(a)地下水面埋藏深度足够大时对给水度的影响

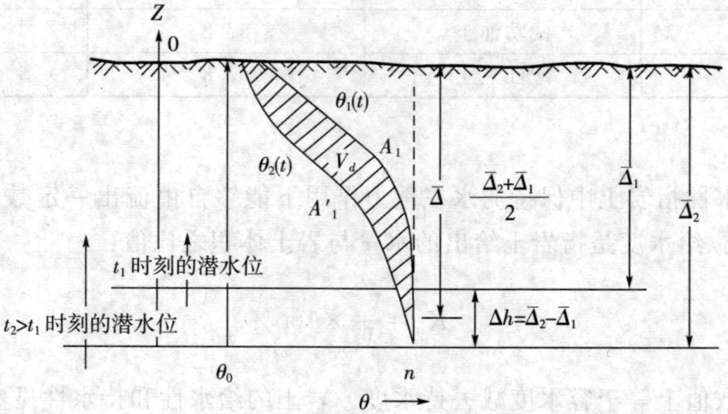

(b)地下水面埋藏深度较小时对给水度的影响

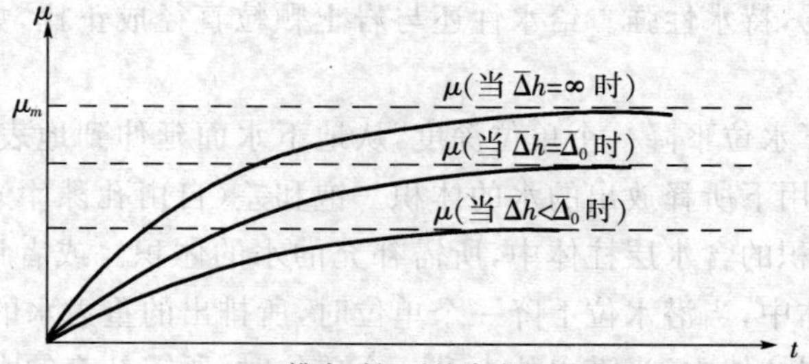

(c)排水时间对给水度的影响

图 2-10 不同条件影响下的给水度

图2-10(b)是潜水面较浅的情况。当初始潜水面埋深为Δ_1时，潜水面以上的毛管边缘带已影响到地面，此时包气带水分分布的曲线A_1的上部被地面截断。当潜水面下降Δh时，潜水面埋深为Δ_2，水分分布曲线为A_1'，A和A_1'两条曲线的形状不再相同。A和A_1'所夹的阴影部分仍为所排出的水的体积V_d，显然图2-10(a)和图2-10(b)的给水度是不同的。

由于重力排水的滞后，给水度μ也是时间t的函数，长时间排水后趋近于某一水平渐近线，如图2-10(c)所示。实践证明，随排水时间长短不同，测出的给水度值也不同，这种给水度称为瞬时给水度，它不是常数(表2-6)。排水时间愈长，给水度愈大，并逐渐趋于一个固定值，它是重力疏干时期终了时的给水度值，当地下水埋深充分大时，这一给水度称为完全给水度(μ_m)。它就是我们通常定义的用作参数的给水度，也就是说我们通常用作参数的给水度μ指的是μ_m。

表2-6 常见松散岩石的给水度

岩石名称	给水度(%)		
	最大	最小	平均
粘土	5	0	2
亚粘土	12	3	7
粉砂	19	3	18
细砂	28	10	21
中砂	32	15	26
粗砂	35	20	27
砾砂	35	20	25
细砾	35	21	25
中砺	26	13	23
粗砾	26	12	22

由以上介绍可知，给水度(μ)、持水度(K_c)与孔隙度(n)的关系可表示为：$n=\mu+K_c$，显然，它们三者是相互影响的。任何影响其中一个指标的因素必定同时影响其他两个因素。

(5)透水性

岩石透水性是指岩石能使水下渗、允许水透过的能力。表征岩石透水性的定量指标是渗透系数。岩石透水性的好坏，首先取决于岩石空隙的大小和连通程度，其次与空隙的多少和空隙的形状有关。孔隙度与透水性并没有直接的关系。

岩土空隙愈小，结合水所占据的空间比例愈大，实际透水断面就愈小。而且，由于结合水对于重力水，以及重力水质点之间存在着摩擦阻力，最靠近边缘的重力水，流速趋近于零，向中心流速逐渐变大，中心部分流速最大。因此，空隙愈小，重力水所能达到的最大流速便愈小，透水性也越差。当空隙直径小于两倍结合水的厚度，在通常条件下便不透水。另一方面，在空隙透水、空隙大小相等的前提下，孔隙度越大，能够透过的水量愈多，岩土层的透水性也愈好。

总之,空隙的大小和多少决定着岩土透水性的好坏,但两者的影响并不相等,空隙大小经常起主要作用。例如,粘土的孔隙小,不易透水;砂土的孔隙大,透水性好;砂岩、砂砾岩等的孔隙较大,透水性好;而板岩、页岩和辉长岩的透水性能很差,属不透水岩石。砂土的孔隙度(30%左右)小于粘土的孔隙度(30%~60%),但其透水性大大超过粘土的透水性。

2.2.2 饱和带与非饱和带(Saturated Zone and Unsaturated Zone)

地表以下一定深度上存在着连续的具有自由表面的地下水。该地下水面以上的部分称为包气带或非饱和带,地下水面以下称为饱水带或饱和带(图 2-11)。包气带是饱水带与大气圈、地表水圈联系的必经通道。饱水带通过包气带获得大气降水和地表水的入渗补给,同时又通过包气带蒸发与蒸腾作用,排泄到大气圈参与水循环。

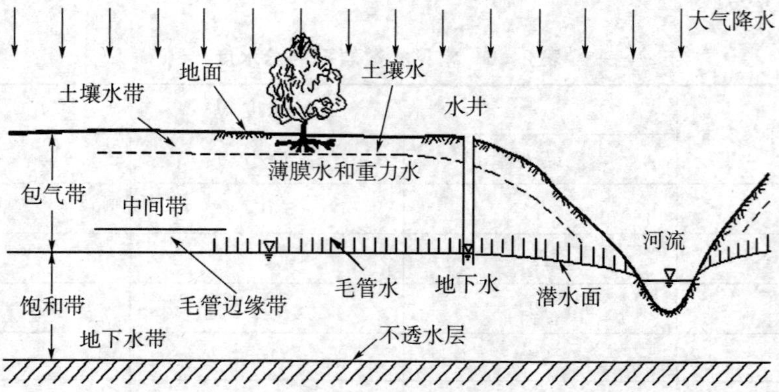

图 2-11 包气带和饱水带(据 J. Bear)

饱水带中岩石空隙全部为液态水充满,有重力水,也有结合水。饱水带中的水体是连续分布的,能够传递静水压力,并且在水头差的作用下,能够发生连续运动。饱水带中的重力水是开发利用或排除的主要对象。

包气带中,因为岩石空隙没有充满液态水,还包含有空气及气态水。在该带主要分布有气态水、结合水、毛管水以及过路或下渗的重力水。包气带中空隙壁面吸附有结合水,细小空隙中含有毛细水,未被液态水占据的空隙中包含空气及气态水。空隙中的水超过吸附力和毛细力所能支持的量时,空隙中的水便以过路重力水的形式向下运动。上述以各种形式存在于包气带中的水统称为包气带水。当有局部隔水层存在时,也可能形成暂时的含水层。

包气带按不同的水文地质情况,可分为三种情况:

(1)当地下水面埋藏很浅时,即使地下水面变动较大,毛管上升水总能达到地面,地下水面和地面之间有毛管作用存在。

(2)当地下水面埋藏足够深时,即使地下水面变动很大,毛管上升高度总不能达到地表。这样从地面到潜水面之间,自上而下可分为:

① 含水量强烈变化带(土壤水带)

包气带顶部植物根系发育与微生物活动的带为土壤层,其中含有土壤水构成土壤水带。土壤富含有机质,具有团粒结构,能以毛细水形式大量保持水分。该带土壤含水量沿深度和随时间做急剧变化,其变化取决于气温、水气压力,同时也取决于降水和土壤蒸发之间的对比关系。

② 含水量稳定带(中间带)

包气带底部由地下水面支持的毛细水构成毛细水带。毛细水带的高度与岩性有关。毛细水带的下部也是饱水的,但因受毛细负压的作用,压强小于大气玉强,故毛细饱水带的水不能进入井中。此带一般保持最大薄膜水量。当有悬挂毛细水时.一般保持土壤极限含水量,即田间持水量。

③ 毛细上升水带(毛细边缘带)

包气带厚度较大时,在土壤水带与毛细水带之间还存在中间带。若中间带由粗细不同的岩性构成时,在细粒层中可含有成层的悬挂毛细水。细粒层之二部还可以滞留重力水。此带土壤含水量相当于毛细含水量。

(3)当地下水面的埋深介于以上两者之间时,随着地下水面的变动,毛细上升水有时能到达地表,有时则不能到达地表。这种情况属于一种过渡类型。

2.2.3　含水层和隔水层(Aquifer and Aquiclude)

岩层按其渗透性可分为透水层和不透水层。如砂岩、砾岩及裂隙发育的岩石可构成透水层,泥岩、粘土层等组成不透水层。根据岩土含、透地下水的相对状况可将岩层含水层、隔水层和半隔水层(弱透水层)。

1. 含水层

含水层是指能够透过并给出相当数量水的岩层,即饱含水的透水层。含水层不但可贮水而且水还可以在其中自由运动,如砾石、砂土、裂隙和岩溶发育的坚硬岩石。

含水层首先应该是透水层,若该透水层为地下水所饱和则为含水层。若该透水层不含水或未被水饱和则为透水不含水层。所以,透水层可以是含水层,也可以是透水而不含水的地层。

含水层形成的必要条件是:

(1)岩层必须具有相当的空隙空间。岩石的空隙越大,数量越多,连通性越好,储存和通过的重力水就越多,就越有利于形成含水层,如沙砾层等。

(2)必须具备储存地下水的地质结构。一个含水层的形成必须要有透水层和不透水层组合在一起,才能形成含水地质结构。如在大部分松散沉积物和基岩裸露地区,透水层大面积出露地表。接受降水补给后,水沿空隙往下渗透直到隔水层,这时水便在透水的空隙中积聚,储存并形成含水层。其上未饱和的部分成为透水不含水层。

(3)必须具有充足的补给水源。若缺乏补给水源,即使该岩层具有很好的空隙空间和储水结构,也充其量只是一个透水岩层而不能形成良好的含水层。

2. 隔水层

有含水层就必然有隔水层。隔水层是指在常压条件下,由于重力作用不能透过并给出一定数量水,或是透过与给出的水量微不足道的岩层,通常由粘土、粉质粘土和页岩、泥灰岩等透水性能差的岩石组成的岩层构成。隔水层对地下水的运动起着阻碍作用。

需要注意的是,含水层与隔水层只是相对而言(相对性),并不存在截然的界限,二者是通过比较而存在的。如河床冲积相粗砂层中夹粉砂层,粉砂层由于透水性小,可视为相对隔水层;但是该粉砂层若夹在粘土中,粉砂层因其透水性较大则成为含水层,粘土层则作为隔水层。由此可见,同样是粉砂层在不同地质条件下可能具有不同的含水意义。

3. 弱透水层(半隔水层)

介于含水层与隔水层两者之间的,还有一种半隔水层或称弱透水层。与含水层相比,它能透过并给出的水量较少,而与隔水层相比它又不是完全不透水,也能透过一定量的水,如果它和某一含水层相邻,则该含水层称漏含水层或称越流含水层,如粉质粘土、粉质砂土等。

一些矿区和水利工程地区,通常位于基岩区,由于岩性变化大,或被断层切割,无法用含水层的含义加以区别。因此经常用含水带、含水(岩)段和含水岩组等来区分。

含水带指空间延伸长度较大,而宽度有限的狭长条状地带。含水带裂隙岩溶发育,富水性强,与周围弱透水或不透水围岩成逐渐过渡状态,并可切穿不同成因和不同深度的岩体。如断层破碎带、岩溶径流带、岩脉含水带、侵入岩与围岩接触带等。

含水(岩)段指某一含水层厚度很大,但由于岩性差异,不同层段裂隙或岩溶发育程度不一,致使不同层段之间透水性差异较大,但其间并无明显隔水层存在,或通过断裂各段之间仍有较密切的水力联系。故可按其富水性可将其分为强富水段和弱富水段或相对隔水段等。

含水岩组指具有统一的水力联系和一定的水化学特征的多个含水层的空间组合。同一含水岩组必须是各含水层之间具有明显的水力联系。与相邻含水层比较,水化学成分差异明显,内部各含水层是由同一水文地球化学场形成的,含水岩组中各含水层、隔水岩层均属于某一地层单位,即均属于同一地质时期同一成因类型的岩层。

2.2.4 地下水分类(Types of Groundwater)

1. 地下水的分类方法

地下水的分类至今没有统一的方法,归纳起来不外乎两类方法:

(1)根据地下水的单一特征进行分类

① 按地下水起源不同,将地下水分为渗入水、凝结水、初生水和埋藏水;

② 按矿化程度不同,可分为淡水、微咸水、咸水、盐水及卤水;

③ 按地下水的埋藏条件不同可将地下水分为包气带水、潜水及承压水;

④ 按含水介质类型,可将地下水分为孔隙水、裂隙水及岩溶水。

(2)根据地下水的综合特征进行分类

从狭义上来说,地下水仅指赋存于饱水带岩土空隙中的水。而地下水文学中常把包气带和饱水带作为一个整体来看待,因此地下水研究从广义上来说既要研究包气带的水又要研究饱水带中的地下水。从这个观点出发,在此我们介绍两种分类:

第一种分类是以地下水的埋藏条件为主要特征,综合考虑地下水的成因和水动力条件进行的分类(表2-7),这里埋藏条件指含水岩层在地质剖面中所处的部位及受隔水层(弱透水层)限制的情况。这种分类比较繁琐。

另一种分类是按照地下水埋藏条件和含水层介质类型的两者组合进行的分类。根据埋藏条件,地下水可分为包气带水、潜水和承压水三类。不论是哪种类型的地下水,均可按其含水层的空隙性质又分为孔隙水、裂隙水和岩溶水。因此,地下水可以组合成9种不同的类型,如孔隙上层滞水、裂隙潜水、岩溶承压水等(表2-8)。这种分类方法最为常见。

2. 按埋藏条件分类

包气带是指位于地面以下至丰水期潜水面之间的地带,水流受重力作用,由上往下渗流,故又称为垂直循环带。饱水带位于枯水期潜水面之下,直至可溶岩的底板之上。此带终年呈饱水状态，具有自由水面，水流方向近水平，故又称为水平循环带（图 2-12）。

表 2-7　地下水分类及其主要特征

地下水类型主要特征	包气带水	饱水带水	
		潜水	承压水
埋藏特征	地下水面以上	处于地下水面以下	
	地表水与地下水转化的过渡带	具有自由表面的重力水	具承压性质的重力水
水力特征	水压小于气压	水压力大于大气压力	
	受分子力和负的静水压力作用	受重力和正的静水压力作用	
水头特征	毛管上升水头与孔隙直径成反比	属无压水头	具隔水顶板，属承压水头
水面特征	无连续的水面，上层滞水水面受局部隔水层或弱透水层起伏支配	具有自由潜水面，形状受多种因素影响	为假想的压力水面，形状与补给区和排泄区之间相对位置有关
补给区与排泄区的关系	因其与地表大气相通，使补给区与排泄区分布一致		补给区与排泄区分布一般不一致
动态特征	受气候变化影响，其动态具有季节性和暂时性	受当地气候和水文条件控制	水位变化取决于水的压力传导作用，相对稳定

表 2-8　地下水综合分类二

按含水介质类型分 / 按埋藏条件分	孔隙水（松散沉积物孔隙中的水）	裂隙水（坚硬基岩裂隙中的水）	岩溶水（可溶岩溶隙中的水）
包气带水	土壤水 局部粘性土隔水层上季节性存在的重力水（上层滞水） 过路及悬留毛细水及重力水	出露于地表的裂隙岩层浅部季节性存在的重力水及毛细水	裸露岩溶化岩层上部岩溶通道中季节性存在的重力水
潜水	上部无连续完整隔水层存在的各类松散沉积物浅部的水	裸露于地表的各类裂隙岩层中的水	裸露于地表的岩溶化岩层中的水
承压水	山间盆地及平原松散沉积物深部的水	组成构造盆地、向斜构造或单斜断块的被掩覆的各类裂隙岩层中的水	组成构造盆地、向斜构造或单斜断块的被掩覆的岩溶化岩层中的水

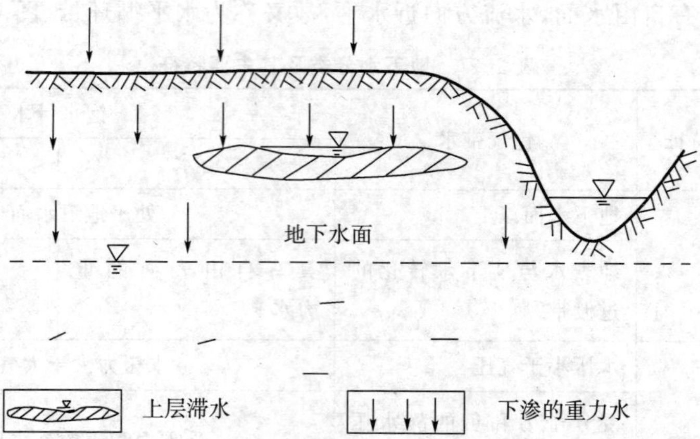

图 2－12　上层滞水示意图

(1)包气带水(Groundwater in Vadose Zone)

包气带水是存在于包气带中以各种形式出现的水,它是一种局部的、暂时性的地下水。其中既有分子水、结合水、毛细水等非重力水,也有属于下渗的水流和存在于包气带中局部隔水层上的重力水(又称上层滞水,如图 2－13 所示)。

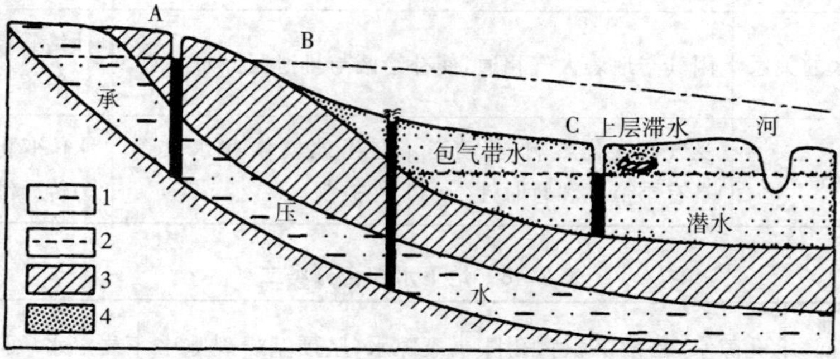

图 2－13　地下水埋藏示意图

1－承压含水层;2－潜水层;3－隔水层;4－上部含水层

包气带水的特征是:完全依靠大气降水或地表水流直接下渗补给,因而多位于距地表不深的地方,以蒸发或逐渐下渗的形式排泄;分布范围有限;补给区与分布区一致;水量随季节变化,雨季出现,旱季消失,极不稳定。包气带水因接近地表,对建筑物基础的施工有影响,应考虑排水的措施。

当包气带存在局部隔水层(弱透水层)时,局部隔水层(弱透水层)上就会积聚具有自由水面的重力水,称为上层滞水。上层滞水可存在于包气带的岩土层孔隙、裂隙或空洞中,因而有孔隙、裂隙和岩溶上层滞水的区别。上层滞水分布最接近地表,接受大气降水或地表水体的补给,通过蒸发或向隔水底板的边缘下渗排泄。它不能终年保持有水,同时由于其水量小,动态变化显著,因此只有在缺水地区才将其作为小型或暂时性的供水水源。上层滞水极易遭受污染,利用它作为饮用水源时尤需注意。另外,上层滞水因其隔水底板而对下部潜水的补给和蒸发排泄,起到一定的滞后调节作用(图 2－12)。

(2)潜水(Phreatic Water)

潜水是指埋藏在地表以下第一层较稳定的隔水层以上具有自由水面的重力水(图 2-14)。它的上部没有连续完整的隔水顶板,潜水的水面为自由水面,称为潜水面。从地面至潜水面的距离称为潜水的埋藏深度。潜水面至下伏隔水层顶板之间均充满重力水,称为潜水含水层,其距离称为含水层厚度(H),潜水面的绝对高程称潜水位(A),如图 2-14 所示。潜水主要分布于第四纪松散沉积物中,出露地表的裂隙岩层或岩溶岩层中也有潜水分布。

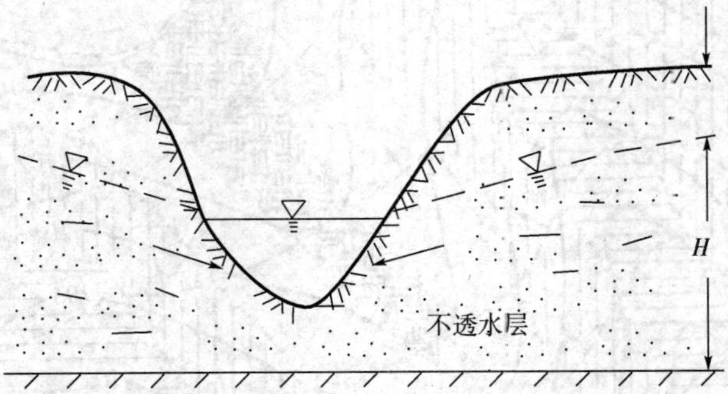

图 2-14　潜水含水层示意图

潜水的埋藏条件决定了如下主要特征:

① 潜水的基本特征是具有自由表面。在重力作用下,由潜水位较高处向较低处流动,其流动的快慢取决于含水层的渗透性和潜水面的水力坡度。

② 潜水面的形状与地形有一定程度的一致性,即地面坡度越大,潜水面的坡度也越大,但比地形的起伏要平缓得多。此外,潜水面的形状也和含水层的透水性及隔水层底板形状有关。在潜水流动的方向上,含水层的透水性增强或含水层厚度较大的地方,潜水面就变得平缓;隔水层底板隆起处,潜水厚度减小,潜水面就变得狭窄。

③ 其动态变化大,资源调节性差;动态受气候影响较大,具有明显的季节性变化特征。

④ 潜水易受地面污染的影响。

潜水主要由大气降水、地表水和凝结水补给,当承压水与潜水有联系时,承压水也能补给潜水。大气降水是补给潜水的主要来源,因此在大多数情况下,潜水的分布区与补给区是一致的。降水补给潜水的数量多少,取决于降水的特点及程度、包气带上层的透水性及地表的覆盖情况等。一般来说,时间短的暴雨,对补给地下水不利,而连绵细雨则能大量地补给潜水。在干旱地区,大气降雨很少,潜水的补给只靠大气凝结水。地表水也是地下水的重要补给来源,当地表水水位高于潜水水位时,地表水就补给地下水。如果深层地下水位较潜水位高,深层地下水会通过构造破碎带或导水断层补给潜水。总之,潜水的补给来源是多种多样的,某个地区的潜水可以有一种或几种来源补给。

潜水的排泄方式主要有两种,即垂直排泄与水平排泄,前者是平原地区与干旱地区潜水排泄的主要方式——蒸发排泄;后者主要出现在地势比较陡峻的河流中、上游地区,直接流入地表水体。在地形有利的情况下,潜水则以泉的形式出露地表。

潜水面常以潜水等水位线图(潜水面等高线图)表示,其绘制方法与绘制地形等高线图一样,即在同一时间内(同步)测定研究区的潜水人工露头(钻孔、探井、水井)和天然露头(泉等)的潜水位,然后把这些井、泉、钻孔的位置和相应的潜水位按一定的比例标于底图上,再按一定的等高距连接潜水位等高的各点，这些连线就叫作潜水等水位线，该图就叫作潜水等水位线图或潜水面等高线图(图 2－15)。

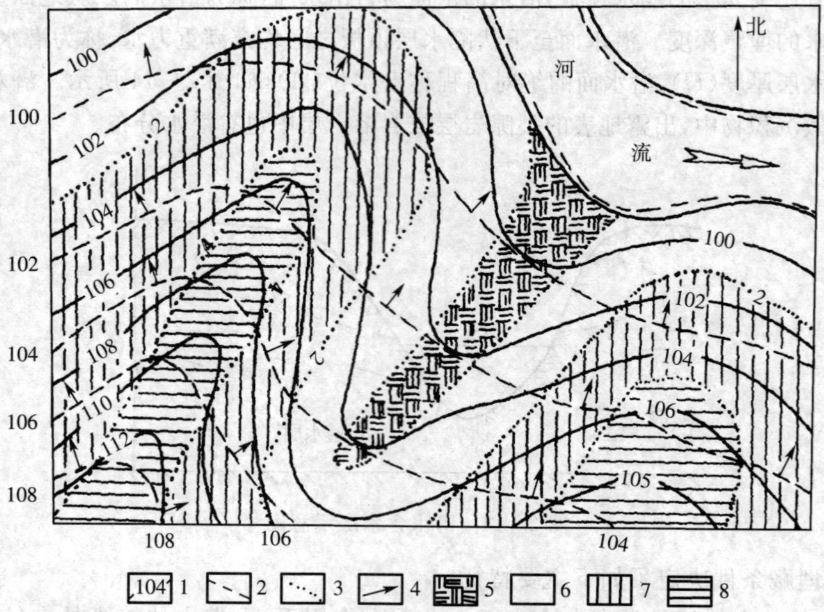

图 2－15　潜水等水位线图(比例尺 1∶10000)

1—地形等高线；2—等水位线；3—等埋深线；4—潜水流向；5—埋深为零区(沼泽)；6—埋深为 0～2m 区；7—埋深为 2～4m 区；8—埋深大于 4m 区

潜水等水位线图的用途如下：

① 确定潜水的流向及水力坡度。垂直于等水位线，自高等水位线指向低等水位线的方向即为流向。在流动方向上，取任意两点的水位高差，除以两点间在平面上的实际距离，即为此两点间的平均水力坡度。

② 确定潜水与河水的互补关系。如果潜水流向指向河流，则潜水补给河水如图 2－16 所示；如果潜水流向背向河流，则潜水接受河水补给。

图 2－16　潜水与河流间不同关系的等水位线图

③ 确定潜水面埋藏深度。潜水面的埋藏深度等于该点的地形标高减潜水位。根据各

点的埋藏深度值，可绘出潜水等埋深线，如图 2－15 所示。

④ 确定含水层厚度，推断含水层岩性和厚度的变化。当等水位线图上有隔水层顶板等高线时，同一测点的潜水水位与隔水层顶板标高之差即为含水层厚度。

⑤ 确定给水和排水工程的位置。合理布置水井和其他集水建筑物，水井应布置在地下水流汇集的地方，排水沟(截水沟)应布置在垂直水流的方向上。

潜水对建筑物的稳定性和施工均有影响。建筑物的地基最好选在潜水位深的地带或使基础浅埋，尽量避免水下施工。如潜水对施工有危害，宜用排水、降低水位、隔离(包括冻结法)等措施处理。

(3)承压水(Confined Water)

承压水是指充满于地表以下任意两个隔水层或弱透水层之间，具有承压性质的重力水，如图 2－17 所示。承压含水层的上下两个隔水层(或弱透水层)分别叫作隔水顶板和隔水底板，两者之间的距离称为承压含水层的厚度。

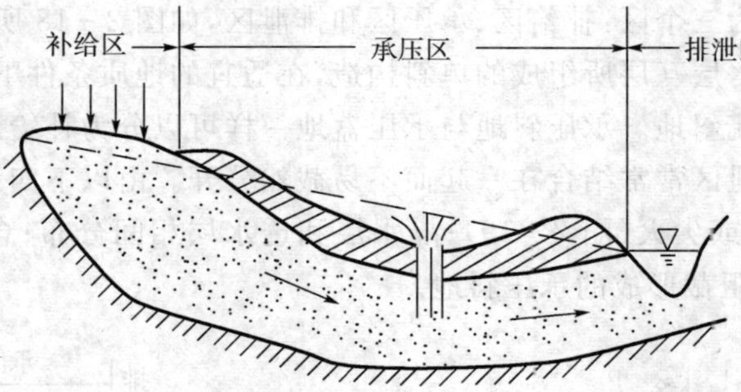

图 2－17　承压含水层示意图

① 承压水的埋藏条件及特征

承压水的特征是：上下都有隔水层；具有明显的补给区、承压区和泄水区，补给区与泄水区相距很远；由于具有隔水顶板，埋藏深度一般都大于潜水，在水位、水量、水温、水质等方面受水文气象因素、人为因素及季节变化的影响较小，不易被污染。因此，富水性好的承压含水层是理想的供水水源。

承压性是承压含水层的一个重要特征。当钻孔凿穿上部隔水层至含水层时，地下水在静水压力的作用下上升到含水层顶板以上某一高度，此时水面的标高称为承压水位(承压水头)。从含水层顶板到承压水位的距离称承压水头高度或承压高度。承压水头高出地表的称正水头，低于地面的称负水头。承压水头高于地表高程的范围称为承压水的自溢区。因此在地形地貌条件和水文地质条件有利结合的条件下，地下水可溢出地表，称为自流，如图 2－18 所示。

根据承压水的埋藏条件，可将其特点概括如下：其一，承压水承受静水压力的作用，不具自由水面；其二，承压水的分布区与补给区不一致(图 2－18)；其三，由于隔水顶板的隔离，承压水各要素动态变化不显著，受水文气象因素的影响较小；其四，承压含水层的厚度不受季节变化的影响，对于同一地点其厚度为定值；其五，承压水的水质不易遭受污染，但是一旦受到污染，治理将会更加困难。

承压水的埋藏条件，主要决定于地质构造。在适宜的地质构造条件下，孔隙水、裂隙水和岩溶水均可形成承压水。最适宜于形成承压水的地质构造是向斜构造和单斜构造。

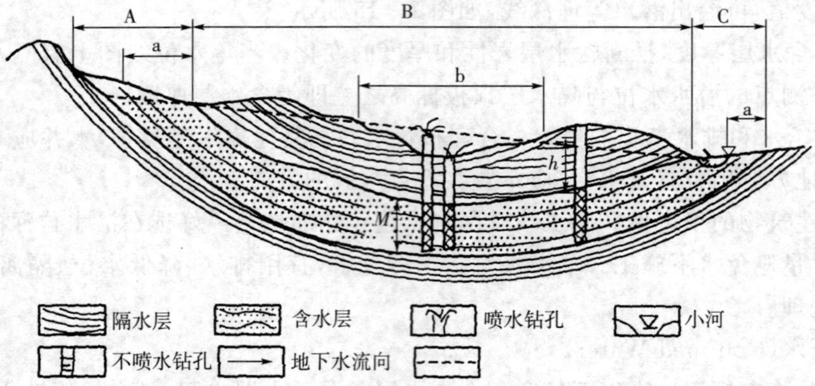

图 2-18　向斜构造中的承压水

A—补给区;B—承压区;C—排泄区;a—潜水区;b—自流水区

向斜构造是承压水形成和埋藏最有利的地方,又称为承压盆地或自流盆地。一个完整的自流盆地一般可分为三个区:补给区、承压区和排泄区,如图 2-18 所示。

由透水岩层和隔水层互层所组成的单斜构造,在适宜的地质条件下可能埋藏有承压水,常称为承压斜地或自流斜地。承压斜地与承压盆地一样可以分为补给区、承压区和排泄区,但由于其补给区和排泄区常常结合在一起而不易截然分开。由以下四种情况可以形成承压斜地:含水层发生相变或尖灭(图 2-19);隔水层和透水层相间分布;含水层被断层所阻形成(图 2-20);侵入体阻截形成的承压斜地。

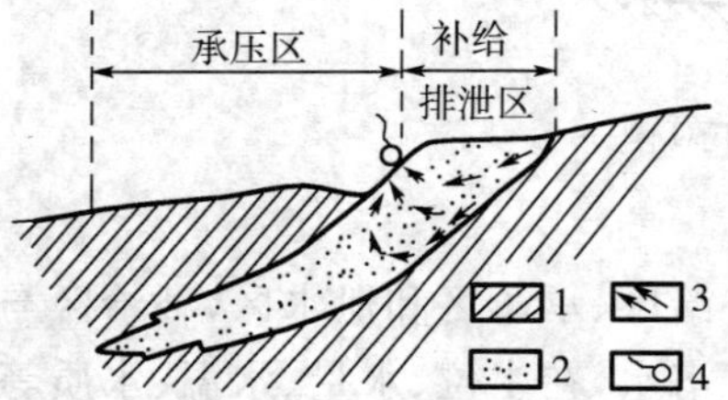

图 2-19　岩性变化形成的承压斜地

1—隔水层;2—含水层;3—地下水流向;4—泉

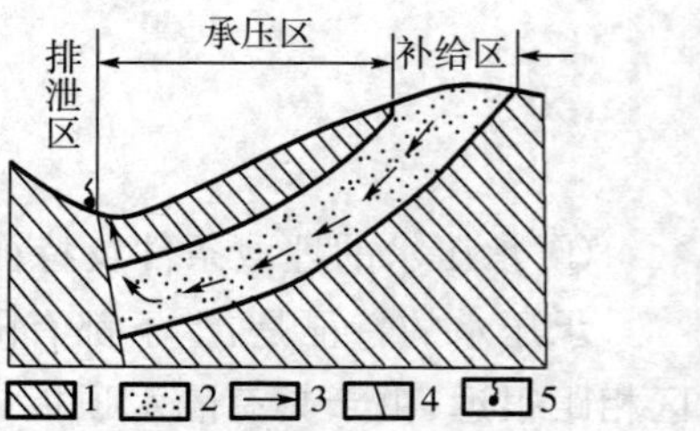

图 2-20　断层构造形成的承压斜地

1—隔水层;2—含水层;3—地下水流向;4—导水断层;5—泉

承压水的补给方式:当承压水补给区直接露出于地表时,大气降水是主要的补给来源;当补给区位于河床或湖沼地带时,地表水可以补给承压水;当补给区位于潜水含水层之下,潜水位高于承压水位时,潜水便可直接补给到承压含水层中。此外,在适宜的地形和地质构造条件下,承压水之间还可以互相补给。

承压水的排泄有多种形式:当含水层或其排泄区出露在地表时,承压水泄流成泉或者补给地表水(图 2-19);当含水层被断层切割且断层导水时,则沿断层线承压水以泉的方式排出(图 2-20)。

承压水径流条件决定于地形、含水层透水性和地质构造,以及补给区与排泄区的承压水位差。补给区与排泄区的地形高差和水位差越大,含水层透水性越好,构造挠曲程度越小,承压水径流便越通畅,水交替便越强烈;相反,承压水径流缓慢,水交替微弱。承压水径流条件的好坏、水交替强弱,决定了水矿化度高低及水质好坏。

② 等水压线图

等水压线图即承压水测压水位等高线图(图 2-21),其编制方法和潜水等水位线图相似，即根据承压水水面上测压水位标高相同各点的连线绘制而成。值得注意的是，对于潜水等水位线既表示地下水面，又表示含水层的顶面。而对于承压水，只有当井孔穿透上覆隔水层达到含水层时，才会在井孔中出现测压水位。在测压水位高度上，并不存在实际的地下水面。等测压水位面是一个虚构的面，钻孔打到这个高度是取不到承压水的，必须穿过含水层的顶板才能见水。因此，等水压线图通常要与含水层顶板等高线一起绘制。

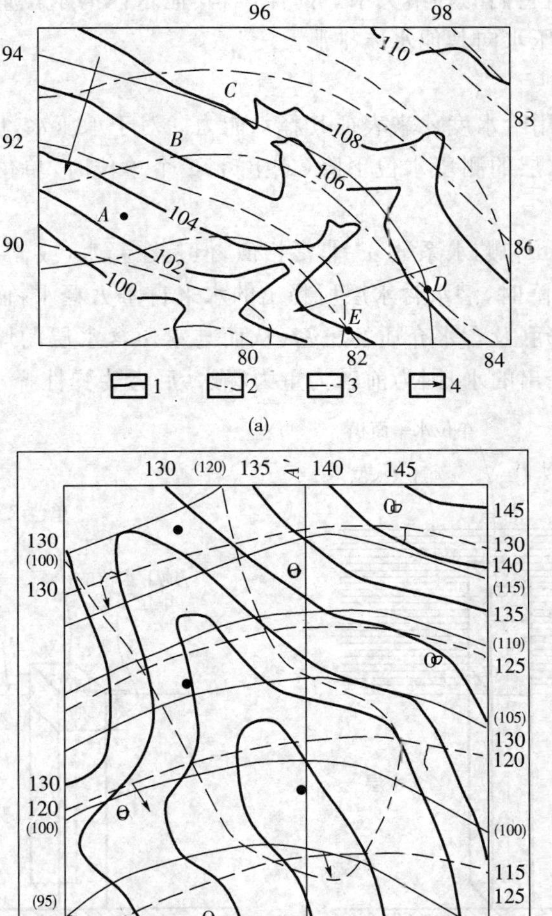

图 2-21　等水压线图

1—地形等高线；2—含水层顶板等高线；3—等水位线；4—地下水流向；5—地形等高线；6—含水层顶板等高线；7—等测压水位线；8—地下水流向；9—承压水自溢；10—钻孔；11—自喷孔；12—含水层；13—隔水层；14—测压水位线；15—钻孔；16—自喷孔

根据等水压线图可确定:承压水的流向,并可计算水力梯度;承压水位的埋深;承压含水层的埋深、厚度和透水性变化;承压水水头大小、与其他含水层或地表水之间的水头关系等,但是却无法判断承压含水层和其他水体的补给关系。因为任何一个承压含水层,必须具备以下两个条件才能接受其他水体的补给:第一,其他水体的水位必须高出承压水的测压水位;第二,其他水体与含水层必须有联系通道。因此,仅仅根据其他水体与承压含水层之间的水头关系并不能判断它们的补给关系。同样,当其他水体的水位低于承压水的测压水头且有联系通道时,则承压水向其他水体排泄。

③贮水系数

对于潜水含水层,用给水度 μ 来表征其释水能力。对于承压水,用贮水系数 μ^* 来表示。贮水系数是指承压含水层的测压水位下降(或上升)1个单位时,单位水平面积含水层释出(或储存)的水的体积。

在形式上,给水度 μ 和贮水系数 μ^* 非常相似,但是在释水(或储存水)机理方面很不相同(图2-22)。水位下降时,潜水含水层所释出的水来自重力释水,而承压含水层所释出的水来自含水层体积的膨胀及含水介质的压密(从而与承压含水层的厚度有关)。显然,前者释出的水远大于后者释出的水,因为前者为重力释水,后者为弹性释水。

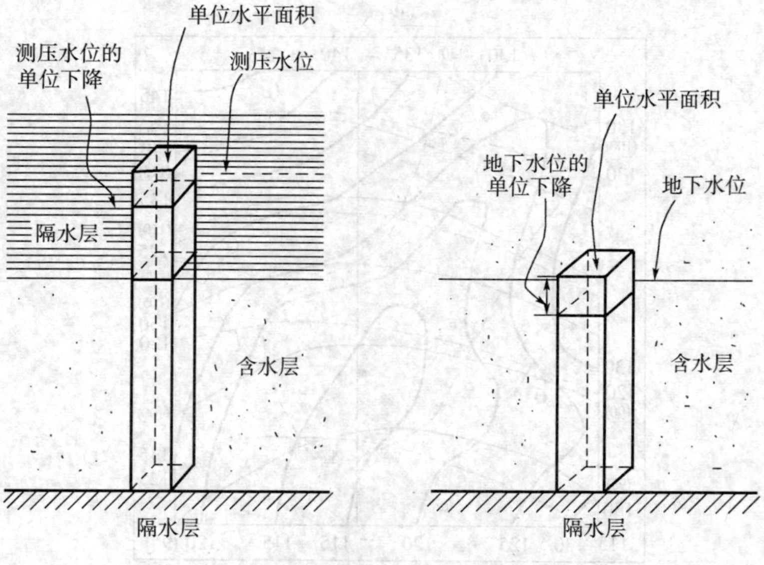

图2-22 贮水系数 μ^*(左)与给水度 μ(右)的比较

3. 按贮水介质分类

根据含水层空隙性质的不同,可将地下水分为孔隙水、裂隙水和岩溶水三类。

(1)孔隙水

孔隙水是储存和运动于岩土体孔隙中的地下水,多呈均匀且连续的层状分布。岩石的孔隙情况决定了孔隙水的存在条件和特征,因为岩石孔隙的大小和多少关系到岩石的透水性并直接影响到岩石中地下水含量,以及地下水在岩石中的运动条件和地下水的水质。一般情况下,岩土的颗粒大而均匀,则含水层孔隙大、透水性好,地下水水量大、运动快、水质好;反之,则含水层孔隙小、透水性差,地下水运动慢、水质差、水量也小。

孔隙水多分布于第四系松散沉积层和坚硬基岩的风化壳中。孔隙水由于埋藏条件不同，可形成包气带水、潜水或承压水。

(2)裂隙水

裂隙水是指储存和运动于岩层裂隙中的地下水。岩石裂隙的发育情况决定地下水的分布情况和能否富集。岩石的裂隙按成因可分为风化裂隙、成岩裂隙和构造裂隙三种类型，相应地也将裂隙水分为风化裂隙水、成岩裂隙水和构造裂隙水。

① 风化裂隙水

风化裂隙水是指分布在岩石风化裂隙中的地下水，多数为层状裂隙水。风化裂隙是由岩石的风化作用形成的，无一定方向，延伸短，发育密集而均匀，彼此连通，因此在一定范围内形成的地下水也是相互连通的水体，具有统一的水面，多属潜水(图 2－23)，有时也存在上层滞水。当风化壳上部的覆盖层透水性很差时，其下部的裂隙带有一定的承压性。

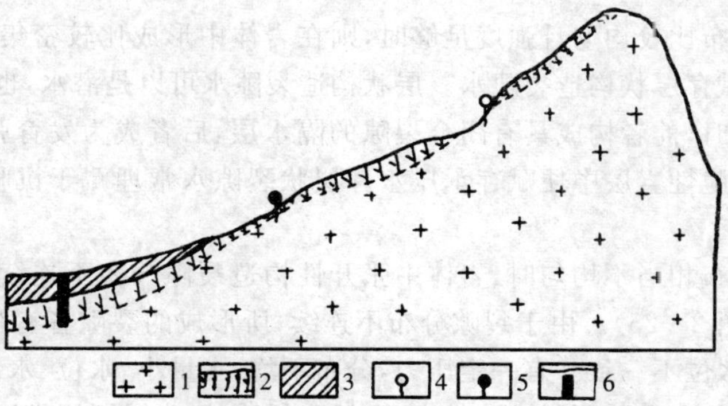

图 2－23　风化裂隙水示意图

1—新鲜基岩；2—风化带；3—粘土；4—暂时性泉；5—常年性泉；6—水井

风化裂隙水多分布于出露基岩的表层，其下新鲜的基岩为含水层的下限。水平方向透水性均匀，垂直方向随深度而减弱。

风化裂隙水的补给来源主要为大气降水，其补给量的大小受气候及地形因素的影响，有明显季节性的循环交替性，气候潮湿多雨和地形平缓的地区，风化裂隙水较丰富，常以泉的形式排泄于河流中。

② 成岩裂隙水

成岩裂隙水常赋存于具有成岩裂隙的岩层中。成岩裂隙为岩石在形成过程中所产生的空隙，一般常见于岩浆岩中。喷出岩类——玄武岩经常发育柱状节理及层面节理，裂隙均匀密集，张开性好，贯穿连通，常形成贮水丰富、导水畅通的潜水含水层。成岩裂隙水多呈层状，在一定范围内相互连通。具有成岩裂隙的岩体在后期地层覆盖时，也可构成承压含水层，在一定条件下可以具有很大的承压性。

成岩裂隙水与风化裂隙中的潜水相似，但其分布范围小，而水量往往较大，裂隙不随深度减弱。

③ 构造裂隙水

分布于构造裂隙中的地下水称为构造裂隙水。构造裂隙是在地壳的构造运动，岩石受挤压、剪切等应力作用下形成的。由于构造裂隙较为复杂，因而构造裂隙水的分布和运动也相当复杂(图 2－24)。按岩石中裂隙分布的产状，可将构造裂隙水分为层状裂隙水和脉状裂隙水两类。

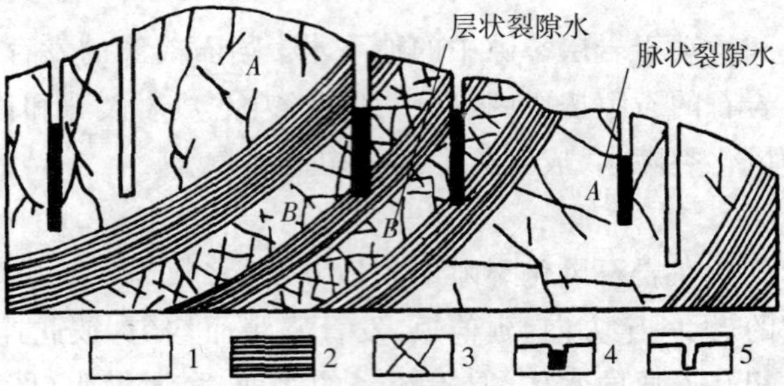

图2-24　构造裂隙水示意图

1—脆性岩石;2—柔性岩石;3—张开裂隙;4—有水的井;5—干井

当构造应力分布比较均匀且强度足够时,则在岩体中形成比较密集均匀且相互连通的张开性构造裂隙,赋存层状构造裂隙水。层状构造裂隙水可以是潜水,也可以是承压水。柔性与脆性岩层互层时,前者构成具有闭合裂隙的隔水层,后者成为发育张开裂隙的含水层。柔性岩层覆盖下的脆性岩层中便赋存承压水。层状裂隙水常埋藏于沉积岩、变质岩的节理及片理等裂隙中。

当构造应力分布相当不均匀时,岩体中张开性构造裂隙分布不连续,互不沟通,则赋存脉状构造裂隙水(图2-25)。由于裂隙分布不连续,所形成的裂隙各有自己独立的系统、补给源及排泄条件,水位不一致。有一定压力,分布不均,水量小,水位、水量变化大,多为承压水。脉状裂隙水往往存在于断层破碎带中,在地形低洼处,常沿断层带以泉的形式排泄。

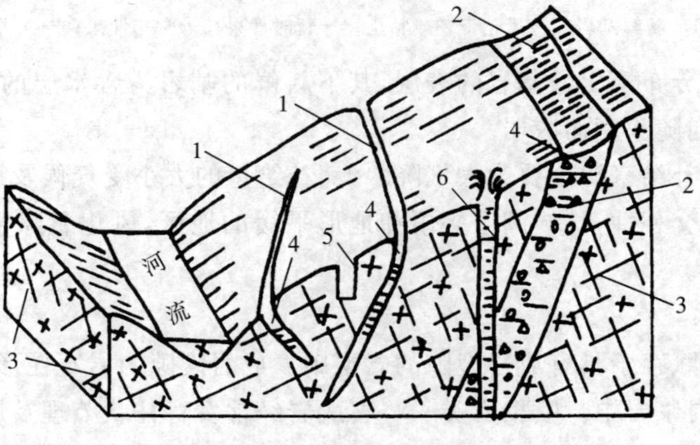

图2-25　脉状承压裂隙水示意图

1—大裂隙;2—断层破碎带;3—闭合裂隙;4—脉状承压水水面;5—干孔;6—喷水孔

具有同一岩性的岩层,由于构造应力的差异,一些地方可能赋存层状裂隙水,另一些地方则可能赋存脉状裂隙水。反之,当构造应力大体相同时,由于岩性变化,裂隙发育不同;张开裂隙密集的部位赋存层状裂隙水,其余部位则为脉状裂隙水。但是,不论是层状裂隙水还是脉状裂隙水,其渗透性常常显示各向异性。这是因为,不同方向的构造应力性质不同,某些方向上裂隙张开性好,另一些方向上的裂隙张开性差,甚至是闭合的。

(3)岩溶水

岩溶水又称喀斯特水,是指储存和运动于可溶性岩层溶隙、溶穴中的地下水。岩溶水,可以是潜水，也可以是承压水。根据岩溶水的埋藏条件不同可将其分为：岩溶上层滞水、岩溶潜水及岩溶承压水。

岩溶的发育特点决定了岩溶水的特征。岩溶水在空间的分布变化很大，甚至比裂隙水更不均匀。有的地方地下水汇集于溶洞孔道中，形成地下水很丰富的地区；而另一些地方水可沿溶洞孔隙流走，形成在一定范围内严重缺水的现象。岩溶水具有水量大、运动快、在垂直和水平方向上分布不均匀的特性，其动态变化受气候影响显著。

大气降水是岩溶水的主要补给来源，它通过各种岩溶通道迅逗地补给地下水。它的排泄多以泉的形式出露地表。

实践证明，在岩溶地区进行地下工程和地面建筑工程时，必须弄清岩溶水的分布和运动规律，用排除、截源、改道等方法处理，避免工程事故的发生。

2.3　地下水的化学成分(Chemical Component of Groundwater)

2.3.1　地下水的化学成分特征(Chemical Characteristics of Groundwater)

地下水的化学成分包括各种离子成分、气体成分、胶体成分和有机物等。几乎自然界中存在的元素都可在地下水中找到，只是含量不同而已。地下水中各元素的含量主要取决于其周围岩石的性质及其溶解度，主要气体成分有 CO_2、O_2、N_2、H_2S、CH_4；主要离子成分有 Cl^-、SO_4^{2-}、HCO_3^-、Na^+、K^+、Ca^{2+}、Mg^{2+}；胶体成分分布最广的有 $Fe(OH)_3$、$Al(OH)_3$ 和 SiO_2；有机物多是碳、氢、氧为主的高分子化合物。

地下水的化学性质主要包括：地下水的酸碱度、矿化度和硬度。

1. 地下水的酸碱度

地下水的酸性和碱性程度取决于水中 H^+ 浓度大小。为方便起见，H^+ 浓度一般用对数表示，并取其负号，以符号“pH”表示，即：

$$pH=-\lg[H^+] \tag{2-11}$$

地下水按 pH 值可分为五类，见表 2-9 所列。

表 2-9　地下水按 pH 值分类

地下水类型	强酸性水	弱酸性水	中性水	弱碱性水	强碱性水
pH 值	＜5	5～7	7	7～9	＞9

2. 地下水的矿化度

地下水中所含有的各种离子、分子和化合物的总量称为总矿化度，单位为 g/L，它表示地下水的矿化程度，是评价水质的重要指标之一。习惯上用 105℃～110℃温度将地下水样品蒸干后所得的干涸残余物总量来表示矿化度。由于地下水中盐类的溶解度不同，使得离子成分与地下水矿化度之间有一定的规律。总体上看，氯盐的溶解度最大，硫酸盐次之，碳酸盐较小，钙的硫酸盐，特别是钙、镁的碳酸盐溶解度最小。随着矿化度增大，钙、镁的碳酸盐首先达到饱和并析出沉淀，继续增大时，钙的硫酸盐也饱和析出，因此，高矿化水中以易溶的氯和钠占优势。根据总矿化度的大小，地下水可分为以下类型，见表 2-10 所列。

表 2-10 地下水按总矿化度分类

地下水类型	淡水	弱半咸水	强半咸水	咸水	盐水
总矿化度(g/L)	<1	1~3	3~10	10~50	>50

3. 地下水的硬度

地下水的硬度是指水中钙、镁离子的总量。单位体积的地下水中所含钙、镁离子的量愈高则水的硬度愈大。含大量 Ca^{2+}、Mg^{2+} 的地下水,对于生活和工业上的使用都是很不利的。

地下水硬度的大小我国采用德国制硬度来计量,以符号 H°表示,1H°相当于 1L 水中的含 Ca^{2+} 7.1mg 或含 Mg^{2+} 4.3mg 的量,根据总硬度把地下水分为五类,见表 2-11 所列。

表 2-11 地下水按总硬度分类

类 别	$Ca^{2+}+Mg^{2+}$ 的含量(mg/L)	德国度(H°)
极软水	<1.5	<4.2
软 水	1.5~3.0	4.2~8.4
弱硬水	3.0~6.0	8.4~16.8
硬 水	6.0~9.0	16.8~25.2
极硬水	>9.0	>25.2

地下水中溶解有多种化学成分,并分别以气体、离子、分子化合物及有机物等形式存在于地下水中。

地下水中常见的气体成分有 O_2、N_2、H_2S 及 CO_2 等,但其含量通常不高。地下水中的 O_2 和 N_2 主要来源于大气,但 O_2 的化学性质比 N_2 活泼。若用惰性气体(Ar+Kr+Xe)与 N_2 的比值来说明 N_2 的起源,则该比值等于 0.0118 时,说明 N_2 起源于大气;小于该值时说明水中含有生物起源或变质起源的 N_2。

在与大气较为隔绝的环境中,由于存在有机质,在微生物的作用下,$SO_4{}^{2-}$ 将还原成为 H_2S。

地下水中的 CO_2 主要是由表生带的生物化学作用使有机物分解而成的。这种作用常发生在大气、土壤及地表水中,生成的 CO_2 随水一起渗入补给地下水中,这是浅部地下水中 CO_2 的主要来源。还可由于地壳深部变质作用和火山作用形成,因为在深部高温环境中,碳酸盐岩可分解出 CO_2。又如由于工业的发展,大气中人为产生的 CO_2 显著增加,特别在集中的工业区,大气降水中的 CO_2 含量往往很高。地下水中 CO_2 越高,则其溶解碳酸盐类的能力以及对结晶岩类进行风华作用的能力便愈强。

地下水中主要的离子成分为氯离子(Cl^-)、硫酸根离子($SO_4{}^{2-}$)、重碳酸根离子($HCO_3{}^-$)、钠离子(Na^+)、钾离子(K^+)、钙离子(Ca^{2+})及镁离子(Mg^{2+})。低矿化度水中常以 $HCO_3{}^-$ 及 Ca^{2+}、Mg^{2+} 为主;高矿化度水中则以 Cl^- 及 Na^+ 为主;中等矿化度水中,阴离子常以 $SO_4{}^{2-}$ 为主,阳离子则以 Na^+ 及 Ca^{2+} 为主。

从溶解度大小而言,氯盐最大,硫酸盐次之,碳酸盐较小。钙的硫酸盐,尤其是钙、镁的碳酸盐的溶解度最小。

现将地下水中七种主要离子成分分别简介如下:

1. 氯离子(Cl^-)

地下水中的氯离子来自沉积岩中所含岩盐或其他氯化物的溶解，也可来自岩浆岩中含氯矿物的风化溶解。海水补给地下水或火山喷发物的溶滤及人为污染都可使地下水中的氯离子增加。

氯离子是地下水中最稳定的离子。它的含量随着矿化度增加而增加。氯离子在低矿化度水中一般含量仅数毫克/升到数十毫克/升，高矿化度水中可达数克/升乃至 100 克/升以上。

2. 硫酸根离子(SO_4^{2-})

地下水中的硫酸根离子主要来自含石膏($CaSO_4 \cdot 2H_2O$)或其他硫酸盐岩石的溶解，也可来自含硫矿物的氧化，煤系地层和金属硫化物矿床中黄铁矿等硫化矿物的水解。当城市附近大量燃烧煤炭时，使大气中聚集大量 SO_2 形成"酸雨"渗入地下。补给地下水后使其 SO_4^{2-} 增加。

SO_4^{2-} 远不如 Cl^- 的含量高，也不如其来得稳定，因为 SO_4^{2-} 主要来源 $CaSO_4$ 的溶解度较小，致使 SO_4^{2-} 在水中的含量不如 Cl^-。在低矿化水中 SO_4^{2-} 的含量仅为每升数毫克至数十克。SO_4^{2-} 是中等矿化度水中最主要的阴离子。此外，在还原环境中，SO_4^{2-} 将被还原 H_2S 为 S。

3. 重碳酸根离子(HCO_3^-)

地下水中的重碳酸根离子，来自地下水对碳酸盐岩的溶解，如

$$CaCO_3 + H_2O + CO_2 \longrightarrow 2HCO_3^- + Ca^{2+}$$

$$MgCO_3 + H_2O + CO_2 \longrightarrow 2HCO_3^- + Mg^{2+}$$

石灰石和白云岩的溶解度很小，当水中有 CO_2 存在时，方有一定数量溶解于水，水中 HCO_3^- 的含量取决于与含量的平衡关系。

重碳酸根离子还可来自长石类铝酸盐矿物的风化水解。如钙长石风化后可形成 HCO_3^- 和 Ca^{2+}。

$$CaO \cdot 2Al_2O_3 \cdot 4SiO_2 + 2CO_2 + 5H_2O \longrightarrow 2HCO_3^- + Ca^{2+} + 2H_4Al_2Si_2O_9$$

地下水中重碳酸根离子的含量一般不超过数百毫克/升，它是低矿化度水的主要阴离子成分。

4. 钠离子(Na^+)

钠离子在地下水中主要来源为沉积岩中岩盐及其他钠盐的溶解，还可来自海水。在岩浆岩和变质岩地区，则来自含钠矿物的风化溶解。如钠长石为酸性岩浆岩的主要矿物，在 CO_2 和 H_2O 的作用下，常形成低矿化度的以 Na^+ 及 HCO_3^- 为主的地下水。

$$Na_2Al_2Si_6O_{16} + 2CO_2 + 3H_2O \longrightarrow 2HCO_3^- + 2Na^+ + H_4Al_2Si_2O_9 + 4SiO_2$$

$NaHCO_3$ 具有较大溶解度，因此，当阳离子以 Na^+ 为主时，HCO_3^- 的含量略有偏高。

钠离子在低矿化度水的含量每升仅数毫克至数十毫克，而在高矿化度水中每升可达数十克或更高，成为高矿化主要的阳离子，但因 Na^+ 易被岩石吸附，其含量总是低于 Cl^-。

5. 钾离子(K^+)

钾离子在地下水中的主要来源为沉积岩中钾盐的溶解，以及岩浆岩、变质岩中含钾矿物的风化溶解。在地下水中钾离子的含量要比钠离子少得多，这是因为钾离子大量地参与形成不溶于水的次生矿物，如水云母等，并易为植物所摄取。

6. 钙离子(Ca^{2+})

地下水中的钙离子来自碳酸盐类沉积物及含石膏沉积物的溶解,以及岩浆岩、变质岩中含钙矿物的风化溶解。钙是低矿化地下水中的主要阳离子,其含量一般小于每升数百毫克。

7. 镁离子(Mg^{2+})

镁离子来源于含镁的碳酸盐类沉积,例如白云岩和泥灰岩等。还来自岩浆岩、变质岩中含镁矿物的风化溶解。

$$(Mg \cdot Fe)_2SiO_4 + 2H_2O + 2CO_2 \longrightarrow MgCO_3 + FeCO_3 + Si(OH)_4$$

$$MgCO_3 + H_2O + CO_2 \longrightarrow Mg^{2+} + 2HCO_3^-$$

镁离子在地下水中的含量由每升数毫克到每升数十克。除含白云质岩石地区外,Mg^{2+} 的含量总是比 Ca^{2+} 小。地下水 Mg^{2+} 中比 Ca^{2+} 少的原因是它在地壳中的含量比 Ca^{2+} 小,并容易被植物吸收和易被岩石颗粒吸附。

地下水中还含有 Br、I、F、Ba、Li、Sr、Se、Co、Mo、Cu、Pb、Zn、B、P、As 等微量元素。这些元素的存在可说明地下水的形成环境,且对人体有益。

另外在地下水中还含有胶体化合物、有机质、微生物等。这些物质对水质都会产生不同程度的影响。例如污染水中的致病细菌,则将影响人体健康。

2.3.2 地下水的化学成分形成作用(Formation)

地下水的主要补给来源为大气降水和地表水等。这些水体本身就含有 O_2、N_2、CO_2 等气体,以及钙、镁、钠等岩类。这些物质渗入地下后,与围岩发生化学反应,使水中离子、分子、气体等成分不断变化,所以地下水是一种复杂的溶液。地下水化学成分形成作用主要有:溶滤作用、浓缩作用、脱硫酸作用、脱碳酸作用、阳离子交换作用、混合作用等。

1. 溶滤作用

溶滤作用是指水和岩石相互作用时,岩石中一部分物质溶于水中的作用。水分子具有偶极性,当水与岩石接触时,组成结晶框架的盐类离子被水分子带相反电荷的一端所吸引;当水分子对离子的吸力足以克服晶格中离子间引力时,离子脱离晶架,被水分子所包围并溶解于水中。

溶滤作用的结果,使岩石失去一部分可溶物质,地下水则补充了新的组分。溶滤作用的强度取决于岩石的溶解度、空隙发育情况,也取决于水的溶解能力及水的交替强度。

不同矿物具有不同的溶解度,表 2-12 为地下水中某些盐类的溶解度数值。

表 2-12　地下水中某些盐类的溶解度(g/L)

盐类	溶解度	盐类	溶解度
$CaCO_3$	0.012	Na_2SO_4	340.0
$Ca(HCO_3)_2$	0.385	K_2SO_4	100.3
$MgCO_3$	0.1	NaCl	263.9
$NaCO_3$	1.78	KCl	265.0
K_2CO_3	215.0	$MgCl_2$	253.0
$CaSO_4$	202.0	$CaCl_2$	427.0
$MgSO_4$	202.0		

从表中可见 $CaCO_3$ 的溶解度最小，$CaCl_2$ 的溶解度最大。

岩石的空隙情况对溶滤作用也有影响。例如松散岩土的空隙越发育，坚硬岩石的裂隙或岩溶越发育，岩层越破碎，越有利于溶滤作用的进行。

水的溶解能力随着溶滤作用的持续进行，水中溶解盐类不断增多，水的溶解能力将逐渐减小，当达到饱和后，溶解能力将全部丧失。水的溶解能力还受温度、水中气体含量、pH 值及水中共生盐类的影响。图 2-26 说明了某些盐类溶解度与温度有关。一般盐类的溶解度常随温度的升高而增大。但 Na_2SO_4 和 $CaCO_3$ 却相反，这些矿物随温度升高，结晶格架间的水分子将逸出，离子间的吸引力反而增大，溶解度反而降低。

温度升高会产生脱硫酸作用，使 CO_2 从水中逸出，$CaCO_3$、$MgCO_3$ 的溶解度也随之减小。水中含 CO_2 数量愈多，水溶解碳酸岩的能力愈强。若水中含 O_2 数量愈大，水溶解硫化物和硅酸盐的能力也越强。

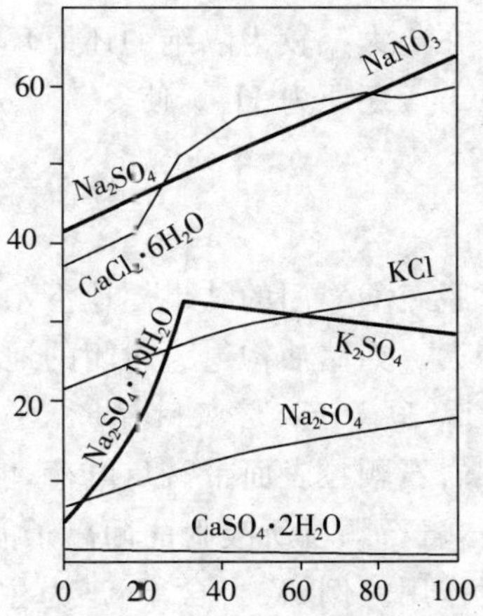

图 2-26　某些盐类溶解度与温度关系曲线

水的 pH 值越低，水的溶解能力愈大，绝大多数金属离子只有在酸性地下水中才能存在。

地下水的交替能力是决定溶滤作用强度的主要因素。例如流动缓慢的地下水通常具有较高的矿化度，当含盐量接近饱和时，CO_2 和 O_2 等逐渐被消耗，以至于趋于耗尽。此时水的溶解能力也降低。若水交替情况良好，那么地下水的溶滤作用则比较强。

由于溶滤作用是在漫长的地质历史过程中，并在一定的自然地理条件和各种因素的影响下，岩石被水不断溶滤、迁移。因此，溶滤作用是与一定的自然地理与地质环境相关的化学溶解作用。

2. 浓缩作用

浓缩作用一般发生在以地下水蒸发为主要排泄途径的地区。随着地下水的不断蒸发，水分就不断地浓缩，地下水的矿化度也相应地增高。地下水因蒸发失去水分，造成盐类积聚浓缩的作用为浓缩作用。

一般情况下，低矿化水中常以 HCO_3^- 及 Ca^{2+}、Mg^{2+} 为主。随着浓缩作用的进行，地下水中的钙镁的碳酸盐部分析出，SO_4^{2-} 及 Na^+ 逐渐上升为主要成分，形成碳酸盐水。此时矿化度也逐渐增高可形成中等矿化水。若浓缩作用在继续进行，水中硫酸盐达到饱和并开始析出，便形成高氯化物水，形成高矿化水。因此浓缩作用使地下水的总矿化度及其化学类型都发生变化。

3. 脱碳酸作用

由于游离 CO_2 从水中逸出，发生碳酸盐沉淀的作用称脱碳酸作用。例如：

$$Ca^{2+} + 2HCO_3^- \longrightarrow CO_2\uparrow + H_2O + CaCO_3\downarrow$$

$$Mg^{2+} + 2HCO_3^- \longrightarrow CO_2\uparrow + H_2O + MgCO_3\downarrow$$

这是由于水中的 $CaCO_3$ 或 $MgCO_3$ 的溶解能力取决于 CO_2 的含量。温度升高或压力降低都可使溶于水中的一部分 CO_2 从水中逸出,使水中的 Ca^{2+}、Mg^{2+}、HCO_3^- 形成碳酸盐沉淀。

4. 脱硫酸作用

在与大气较为隔绝的还原环境中,由于存在有机质,在微生物的作用下,脱硫酸细菌能使 SO_4^{2-} 还原为 H_2S,使 SO_4^{2-} 减少或消失的作用称脱硫酸作用。例如:

$$SO_4^{2-}+2C+2H_2O \longrightarrow H_2S+2HCO_3^-$$

脱硫酸作用的结果使地下水中 SO_4^{2-} 减少以致消失,H_2S 气体增多,HCO_3^- 增加,pH 值变大。如储油构造为封闭的地质构造,是产生脱硫酸作用的有利环境。

5. 阳离子交替吸附作用

岩石颗粒表面带有负电荷,能够吸附阳离子。当地下水从岩石空隙中流过时,在一定条件下,岩石颗粒所吸附的阳离子能与地下水中的阳离子发生置换,这种作用称为阳离子交替吸附作用。例如:当含 Ca^{2+} 为主的地下水,进入主要吸附有 Na^+ 的岩土空隙时,水中的 Ca^{2+} 便置换岩土颗粒所吸附的一部分 Na^+,使地下水中的 Na^+ 增多而 Ca^{2+} 减少。

不同的阳离子被岩石颗粒吸附的能力不同,吸附能力的大小依次为:

$$H^+ > Fe^{3+} > Al^{3+} > Ca^{2+} > Mg^{2+} > K^+ > Na^+$$

通常离子价愈高,离子半径愈大,水化离子半径愈小,则吸附能力愈大。H^+ 则是例外。

吸附能力大小,还与其在水中浓度大小有关。地下水中某种离子的相对浓度增大,则该种离子的交替吸附能力也随之增大。例如含 Na^+ 海水侵入陆相沉积物中,此时海水中浓度大的 Na^+ 可被岩石颗粒吸附,而将原先吸附的 Ca^{2+} 排入水中,使水中 Ca^{2+} 含量增多。

阳离子交替吸附作用的强度取决于颗粒吸附能力的大小,即颗粒比表面积的大小。颗粒愈细,比表面积愈大,交替吸附作用的强度也愈大。因此粘土及粘土岩类最容易发生交替吸附作用。

6. 混合作用

两种或两种以上不同化学成分,不同矿化度的地下水混合后,形成一种与原来两者都不相同的地下水,这种作用称为水的混合作用。例如:

$$Ca(HCO_3)_2+Na_2SO_4 \longrightarrow CaSO_4\downarrow +2NaHCO_3$$

当含有重碳酸钙和硫酸钠两种不同化学成分的地下水混合后,形成了重碳酸钠水,此时产生了石膏沉淀。

人类活动也会使地下水的化学成分发生变化,这是因为人类的生产及生活活动所产生的废水、废气和废渣等废弃物使地下水发生污染;还因为人类通过生产活动改变了地下水的形成条件,从而使地下水的化学成分发生相应变化。

综上所述,地下水的化学成分的形成及其变化,是在诸多因素的作用下造成的,当然还取决于地下水的存在环境。

2.3.3　地下水的化学分析资料的整理和分类图示(Analysis and Types)

1. 地下水化学成分分析资料的整理

天然水是一种多少有些稀释的盐类溶液,在大多数的情况下,水中盐类的分子几乎全部离解为离子。所以,离子的形式是表示水分析结果的基本形式。某种离子的含量用每升水中所含离子的毫克数表示。

分子形式和毫克当量形式可以反映存在于水的成分中的物质的化学性质,因此也反映了水的性质。要把用离子形式表示的分析换算为毫克当量形式,就要用 1 升水中所含的离子的毫克数被其当量的重量来除,即:

$$1\text{升水中某离子毫克当量数}=\frac{\text{该离子的毫克数}}{\text{该离子的当量}} \tag{2-12}$$

$$\text{某离子的当量}=\frac{\text{该离子的原子量}}{\text{该离子的原子价}} \tag{2-13}$$

例如：　40.08 毫克的 Ca^{2+} 相当于 $\frac{40.08}{20.04}=2$ 毫克当量的 Ca^{2+}；

144.09 毫克的 $SO_4{}^{2-}$ 相当于 $\frac{144.09}{48.03}=3$ 毫克当量的 $SO_4{}^{2-}$。

为了获得水中各种离子的含量百分比的概念,反映其在水中所起的作用,并便于对比和分类,可采用毫克当量百分数表示。即将 1 升水中阴离子或阳离子的毫克当量总数分别去除每个离子的毫克当量数,便可得到每一个离子的毫克当量百分数。

$$\text{某一阴(阳)离子的毫克当量百分数}=\frac{\text{某阴离子的毫克当量数}}{\text{阴(阳)离子毫克当量总数}}\times 100\% \tag{2-14}$$

为了简便地用概略和明显的形式来表示水的化学成分,可采用库尔洛夫表示式。在此式中元素的含量是以毫克当量%表示的,并且将主要的阴离子按渐减的顺序排列在横线以上,主要的阳离子排在横线以下,元素的含量小于 10%毫克当量的,在式中不表示出来。用 M 表示 1 升水中以克为单位的总矿化度(阴、阳离子的总和加上未离解的分子,气体除外)。横线前依次表示气体成分,特殊成分(如 Fe^{3+}、Br^- 等)和总矿化度,横线后可以表示温度 t。

下面的库尔洛夫表示式,说明一种矿泉的水化学成分:

$$CO^2_{19}M_{2.5}\frac{HCO^3_{59}SO^4_{29}Cl_{12}}{Ca_{59}Mg_{32}Na_{16}}T^{o}_{13}$$

2. 地下水的化学成分分类及其图示

地下水的化学分类很多,其中 1934 年 C. A. 舒卡列夫提出了他自己的天然水的化学分析系统化的方法。他的分类方法是地下水的化学成分按其主要的六种成分(Cl^-、$SO_4{}^{2-}$、$HCO_3{}^-$、Na^+、Mg^{2+}、Ca^{2+})作为分类的基础,并且他考虑到那些毫克当量百分数超过 25%的成分。这六种成分能组成 49 种组合,相当于 49 类。

H. H. 斯拉夫扬诺夫提出另一种顺序来排列这些类,这就更方便了。现在提出的是根据 C. A. 舒卡列夫图所作,后经 H. H. 斯拉夫扬诺夫修改过的地下水成分系统分类表(表 2-13)。

表 2-13　经斯拉夫扬诺夫修改的地下水成分系统分类

超过25克当量%的离子	HCO_3^-	HCO_3^- SO_4^{2-}	HCO_3^- SO_4^{2-} Cl^-	HCO_3^- $+Cl^-$	SO_4^{2-}	SO_4^{2-} $+Cl^-$	Cl^-
Ca^{2+}	1	8	15	22	29	36	43
$Ca^{2+}+Mg^{2+}$	2	9	16	23	30	37	44
Mg^{2+}	3	10	17	24	31	38	45
$Na^{+}+Ca^{2+}$	4	11	18	25	32	39	46
$Na^{+}+Ca^{2+}+Mg^{2+}$	5	12	19	26	33	40	47
$Na^{+}+Mg^{2+}$	6	13	20	27	34	41	48
Na^{+}	7	14	21	28	35	42	49

由于水的混合等作用,还可以得到许多过度类型。每一类按其总矿化度又可以分为几类:(1)小于1.5g/L;(2)1.5g/L～10g/L;(3)10g/L～40g/L;(4)大于40g/L。НИ托尔斯提汉提出的分类,为一个方格图解(图2-27)。

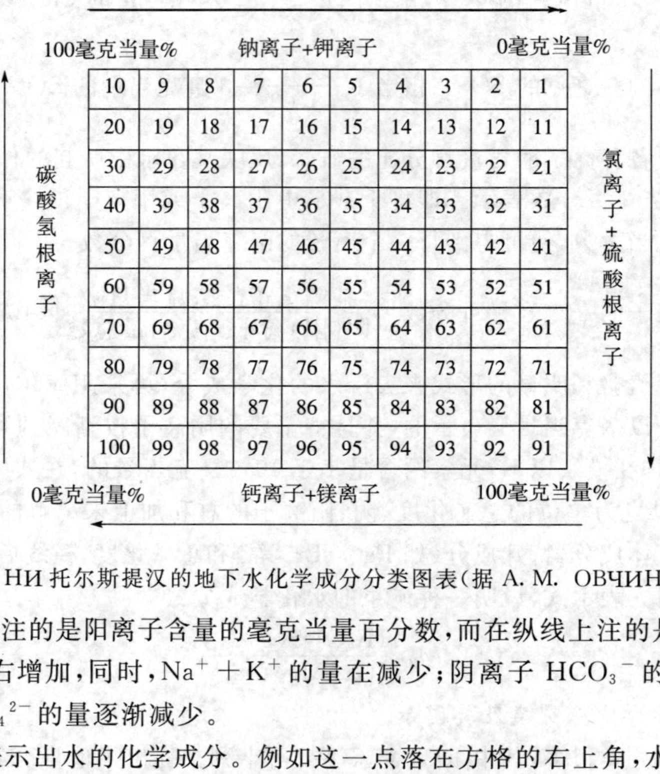

图 2-27　НИ托尔斯提汉的地下水化学成分分类图表(据 A. M. ОВЧИННИКОВ)

在此图横线上注的是阳离子含量的毫克当量百分数,而在纵线上注的是阴离子。$Ca^{2+}+Mg^{2+}$的量自左向右增加,同时,$Na^{+}+K^{+}$的量在减少;阴离子HCO_3^-的含量自下向上增加,同时$Cl^{-}+SO_4^{2-}$的量逐渐减少。

用一点就能表示出水的化学成分。例如这一点落在方格的右上角,水就是属于重碳酸钙类型;又如落在左下角,则是重碳酸钠类型,依次类推。

该方法把大方格分为100个小方格(每间隔10毫克当量%),每个小格里有顺序的号码。这种号码对水的系统分类是很方便的。

决定水的号码方法如下:首先要计算阳离子Na^{+}加K^{+}的毫克当量百分数,用个位数n_1表示,n_1为1～10的数表示毫克当量为10%～100%。然后再计算强酸($Cl^{-}+SO_4^{2-}+NO_3^{-}$等)的毫克当量数百分数,用10位数$n_2$表示,所求号码为$n_1+n_2$。如该阴离子的毫克当量百分数为一位数，则令 $n_2=0$，号码为 n_1。

例如，某淡水中含有：$r(Na^+ + K^+)=16.3$ 毫克当量%，则 $n_1=2$。此外，$rCl^- + rSO_4{}^{2-} + rNO_3{}^- = 2.6+5.9+4.6=13.1$ 毫克当量%，则 $n_2=10$，水号 $=n_1+n_2=2+10=12$。也就是该水落在方格图解的右上角，那里通常表示矿化度较弱的重碳酸钙镁类型的水。

再例如：一个海水的例子 $rNa^+ + rK^+ = 76.98+1.63=78.61$ 毫克当量%，则 $n_1=8$。

$rCl^- + rBr^- + rSO_4{}^{2-} = 90.19+0.13+9.26=99.58$ 毫克当量%，则 $n_2=90$，水号 $=n_1+n_2=8+90=98$。

自然，水落在方格图解的左下角，那里是矿化度最高的盐(氯化钠水和卤水)。

另外还有皮伯(Piper)三线图解法。该法是有两个三角形及一个菱形组成(图 2-28)。

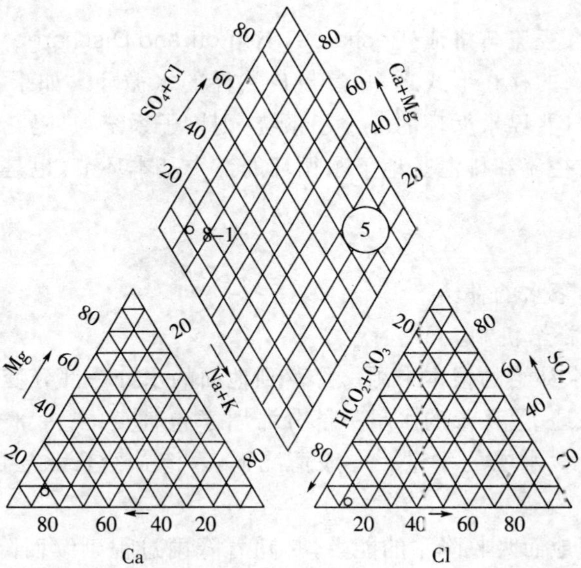

图 2-28　Piper 的三线图解

注：据 A. M. Piper

在下角三角形的三条边线分别代表阳离子中 $Na^+ + K^+$、Ca^{2+} 及 Mg^{2+} 的毫克当量百分数。右下角三角形表示阴离子 Cl^-、$SO_4{}^{2-}$ 及 $HCO_3{}^-$ 的毫克当量百分数。任一水样的阴阳离子的相对含量分别在两个三角形中以标号的圆圈表示，也可在菱形图中找到它的位置，然后按一定的比例尺画圆圈的大小，来表示矿化度，圆圈愈大，矿化度愈高。

菱形图中水样所在的位置不同，其化学特征也不同，如图 2-29 所示。

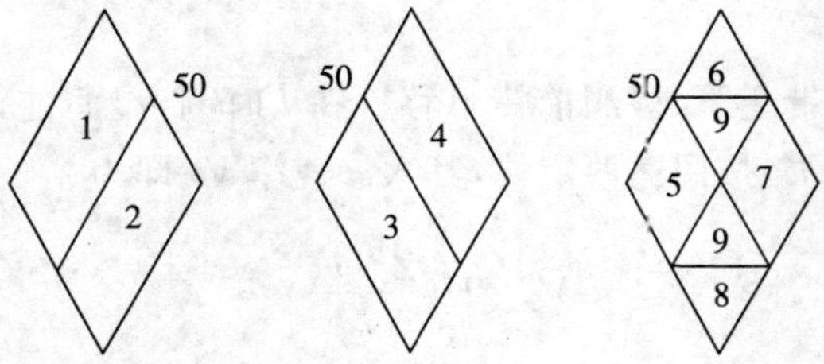

图 2-29　Piper 的三线图分区

注：据 A. M. Piper

1区:Ca^{2+}、Mg^{2+}>50%;2区:$K^{+}+Na^{+}$>50%;3区:HCO_3^{-}>50%;4区:$SO_4^{2-}+Cl^{-}$>50%;5区:碳酸盐硬度>50%;6区:永久硬度>50%;7区:碱及强酸>50%;8区:以碱土及弱酸>50%;9区:任何一对阴阳离子的含量均<50%。

这一图解的优点是不受人为影响,从菱形中可看出各种离子的相对含量。若将一个地区的水样标在图上,就可以分析地下水化学成分的演变规律。

地下水化学成分分类还有布罗茨基分类、阿廖金分类等,本书就不一一列举。

2.4 地下水运动特征(Characteristics of Groundwater Flow)

2.4.1 地下水的补给、径流与排泄(Recharge, Run off and Discharge)

地下水是自然界水的存在形式之一,参与自然界的水循环。如果将含水层或地下水系统单独划分出来作为自然界水循环的一个子系统,则该子系统与外界有水量、能量和溶质的交换。地下水的补给、径流和排泄是地下水循环的三个基本环节,也是地下水水量和水质形成最重要的控制因素。

1. 地下水的补给

(1)大气降水对地下水的补给

① 大气降水入渗补给机制

降水补给是地下水补给的根本来源。降落到地面的水分一部分变为地面径流或被蒸发而耗失,仅有部分渗入地下,入渗的水量一部分滞留于包气带中;一部分在雨后蒸发返回大气圈,剩余的才是补给含水层的水量。一般情况下,入渗补给含水层的水量仅占降水量的20%~50%。

降水入渗速率,即地面吸收降水的能力,是随着降雨过程延续而降低的。雨季以前,表土含水量很低,毛细负压大,降雨时,重力及强大的毛细力使水分迅速渗入地面。继续降雨,包气带水分渐趋饱和,当地表形成一极薄水层时,均质包气带自地表向下可分为以下四个部分。

第一部分,完全饱和带:地表下数厘米深度内出现水分完全饱和的薄层;

第二部分,传输带:此带并不完全饱和,含水量大致相当于饱和含水量的80%,而不再增加,不断由地表接受水分并向下传输;

第三部分,湿润带:位于传输带以下,此带含水量自上而下逐渐降低;

第四部分,湿润前锋:是湿润带的前缘,与下部之间含水量突变,在毛细力作用下向下推进。

随着降雨延续,传输带变厚,湿润前锋下移。在t时刻,湿润前锋推进至距地面深度为Z处,其毛细压力水头为h_c,按照达西定律,其入渗速率Vt即为

$$V_t = K\left(\frac{Z+h_c}{Z}\right) \tag{2-15}$$

入渗时间愈长,Z值愈大,V_t值相对愈小,直至趋于定值,即$V_t \approx K$。当降水强度大于降水入渗率时,地面来不及吸收的那部分水量就转化为地面径流(图2-30)。

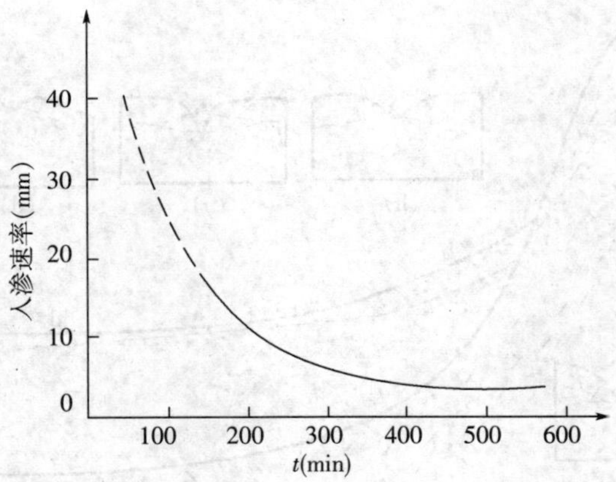

图 2-30　入渗速率随时间的变化(据淮河瓦屋径流站同心环实验资料)

② 影响大气降水补给的因素

影响大气降水补给的因素主要有降水特征、蒸发强度、包气带的岩性与厚度、地形、植被覆盖情况等。

降水特征包括降水量、降水强度和持续时间。降水量的相当一部分要用于补充旱季包气带蒸发造成的水分亏缺。因此,当年降水量小于某一数值时,对地下水实际上无补给作用。降水强度过大而超过地面入渗速率时,将产生地表径流。绵绵细雨对地下水补给很有利,降雨强度虽不大,但持续时间长且分布面积广,因而对地下水的补给量也较大。

包气带渗透性好,有利于吸收降水。包气带厚度(潜水埋藏深度)愈大,滞留的水量便愈多,不利于补给地下水。但是如果潜水埋深过浅,毛细饱和带离地表很近,则会使降水的入渗速率降低而大量转为地表径流,也不利于补给地下水。

地形坡度大则地面坡流迅速流走,而平缓的地形与局部洼地则滞积坡流,增加降水入渗的份额。

森林可滞蓄降水而减少地表径流。林下土壤有机质多,根系发育,树冠及落叶可保护表土结构,从而有利于降水下渗。森林还可增加局部地区的降水量而利于地下水获得更多的补给。

上述各种影响因素是相互制约、互为条件的,不能孤立地加以分析。例如,强烈岩溶化岩层分布的山区,虽然地形陡峻,地下水位埋深达数百米,但由于岩层渗透性很好,即使是连续暴雨也能完全吸收,降水补给地下水的份额可高达 70%~90%。

(2)地表水对地下水的补给

地表水体包括河流、湖泊、水库、海洋等,它们都在一定条件下成为地下水的补给来源。河流与地下水的补给关系沿着河流纵断面而有所变化,如图 2-31 所示。一般说来,山区河谷深切,河水位常年低于地下水位,起排泄地下水的作用,如图 2-31(a)所示。山前,由于河流的堆积作用,河床处于高位,河水常年补给地下水,如图 2-31(b)所示。冲积平原与盆地的某些部位,河水位与地下水位的关系,随季节而变,如图 2-31(c)所示。而在某些冲积平原中,河床因强烈的堆积作用而形成所谓“地上河”,河水经常补给地下水,如图 2-31(d)所示。

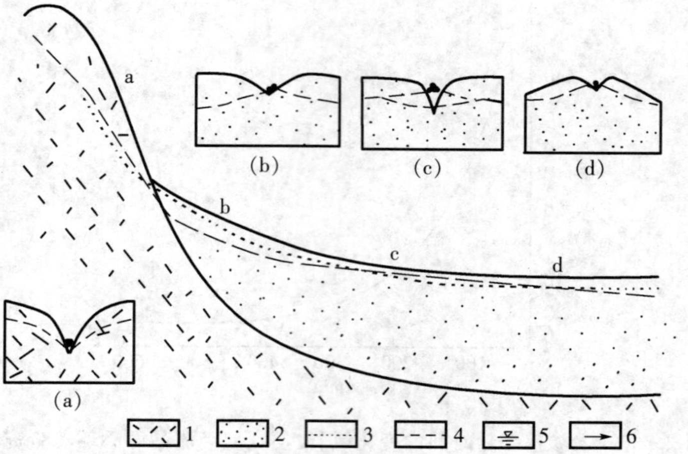

图 2-31　地表水与地下水的补给关系

1—基岩;2—松散沉积物;3—地表水位(纵剖面);4—地下水位;5—地表水位(横剖面);6—补给方向

河水补给地下水时,补给量的大小取决于下列因素:透水河床的长度与浸水周界,河床的渗透系数,河水位与地下水位的高差以及河床过水时间,可用达西定律进行分析。

地质构造与地形的配合关系,对承压含水层的补给影响极大。含水层出露于地形高处时只能得到出露范围(补给区)大气降水的补给,如图 2-32(a)所示;出露于低处,则整个汇水范围内的降水都有可能汇集补充,如图 2-32(b)所示。切穿承压含水层隔水顶板的导水断层在有利的地形条件下,也能将大范围内的降水引入含水层,如图 2-32(c)所示。汇水区的大小也影响潜水含水层接受补给,如图 2-32(d)所示。

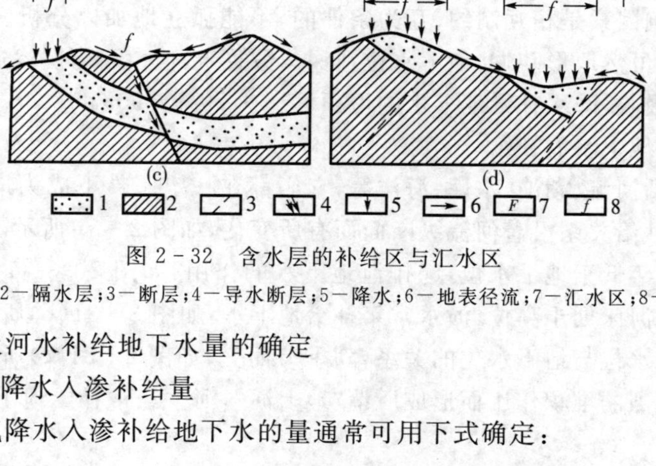

图 2-32　含水层的补给区与汇水区

1—透水层;2—隔水层;3—断层;4—导水断层;5—降水;6—地表径流;7—汇水区;8—补给区

(3)大气降水及河水补给地下水量的确定

① 平原区大气降水入渗补给量

在平原区,大气降水入渗补给地下水的量通常可用下式确定:

$$Q=\alpha \cdot X \cdot F \cdot 1000 \tag{2-16}$$

式中，Q——大气降水入渗补给地下水量(m^3/a)；

α——入渗系数；

X——年降水量(mm)；

F——补给区面积(km^2)。

入渗系数(α)是年降水入渗量水柱高度的毫米数与年降水量(X)的比值，为一无量纲的小数。

② 山区大气降水及河水入渗补给量

由于山区大气降水及河水对地下水的补给量与地下水的排泄量相当，故可通过测定排泄量反求补给量。

在山区地下水以集中大泉或泉群形式排泄时，可通过测定泉流量求得全年排泄量；若为分散排泄时，则可通过分割河水流量过程线的方法求得全年排泄量。

通常山区的入渗系数(α)是全年降水和河水入渗补给地下水的总量年降水量的比值，即：

$$\alpha = Q/F \cdot X \cdot 1000 \tag{2-17}$$

式中，Q——年大气降水和河水入渗补给总量，与全年泉水涌出量或地下水流量相当，或与全年泉水涌出量及地下水流量之和相当；

F——汇水面积(km^2)；

X——年降水量(mm)。

利用地中渗透仪通过多年观测，可以得出不同包气带岩性、地下水位埋深及年降水量条件下的入渗补给量，据此可推求出入渗系数(图 2-33)。

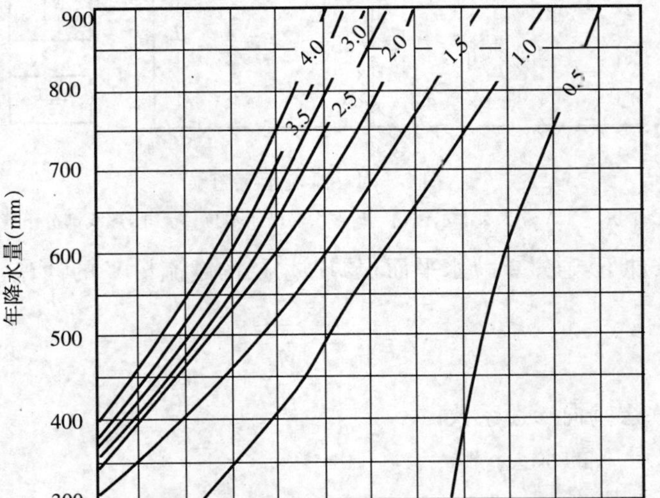

图 2-33　降水入渗系数与年降水量、潜水埋深关系曲线

根据地中渗透仪观测资料编绘，包气带岩性主要为亚粘土及亚砂土，图中曲线旁注数字为潜水埋藏深度(m)

注：据王大纯等，1986

(4)凝结水的补给

当空气温度低到一定程度时，其绝对湿度与饱和湿度相等。如果气温继续下降，超过饱

和湿度的那一部分水汽便凝结成液态水。这种由气态水转化为液态水的过程称为凝结作用。一般情况下,凝结形成的水相当有限。但是,对于高山、沙漠及昼夜温差大的地区,凝结水也是地下水的主要来源之一。

(5)含水层之间的补给

当两个有水力联系的含水层之间存在水头差时,水头较高的含水层中的水,便通过补给(联系)通道补给水头较低的含水层。补给通道主要有:"天窗"、导水断层、井孔、半隔水层。

在河流冲积平原和滨海平原地区,经常是上部为粉细砂含水层,下部为粉细砂、中细砂或粗砂含水层,中间隔有一定厚度的亚粘土或粘土,它们并不完全隔水而具有微弱的透水性。当两个含水层的水头差达到一定数值后,水头高的含水层中的水便通过弱透水层向另一个含水层渗透,也称为越流(图2-34)。尽管弱透水层的垂直渗透系数相当小,单位面积越流量不大,但由于越流是在弱透水层分布的整个范围内发生的,过水断面相当大,在考虑的时间尺度较长时,总的越流量也是相当大的。

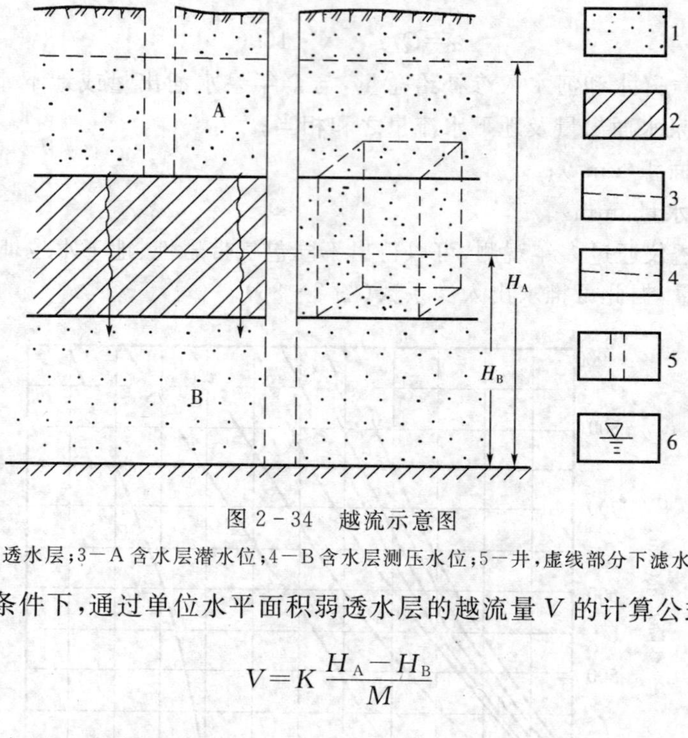

图2-34　越流示意图

1—含水层;2—弱透水层;3—A含水层潜水位;4—B含水层测压水位;5—井,虚线部分下滤水管;6—井中水位

在一维流动条件下,通过单位水平面积弱透水层的越流量 V 的计算公式为:

$$V=K\frac{H_A-H_B}{M} \tag{2-18}$$

式中,K——弱透水层垂向渗透系数;

H_A——含水层A的水头;

H_B——含水层B的水头;

M——弱透水层厚度。

(6)地下水的其他补给来源

地下水的其他补给来源主要是由人类的某些活动而导致的对地下水的补给。如水库、池、坑、塘、渠等地表水体,灌溉水、工业与生活废水、人工回灌水。

(7)补给对地下水水质的影响

地下水获得某种化学类型水的补给后,其水质也会发生变化。干旱地区的潜水往往因长期蒸发浓缩而成为高矿化水，在那些经常获得低矿化水补给的地段，如河流沿岸，季节性集水洼地，灌渠两侧等，常可找到适于饮用的淡水透镜体。

高矿化水与污染水的补给，则使含水层水质恶化，这多半是在人为影响下发生的。例如工业废水与生活污水的不合理排放，降水淋滤废料与吸收废气后补给地下水等，过量抽汲滨海地区或与咸水层有联系的淡水含水层，也可引起海水或咸水补给淡水层而引起水质恶化。

2. 地下水的径流

径流是地下水由补给处流向排泄处的作用过程。除某些特殊环境之外，地下水经常处在不断径流之中。径流是连接补给与排泄的中间环节，将地下水的水量与盐量由补给处传输到排泄处，从而影响含水层或含水系统水量和水质的时空分布。研究地下水径流的主要内容包括径流方向、径流强度、径流条件及径流量。

(1)地下水径流方向与径流强度

地下水的径流方向是从补给区向排泄区汇集，并沿着路径中阻力最小的方向前进，即自势能高处向势能较低处运动。

地下水的径流强度即地下水的流动速度，基本上与含水层的透水性、补给区与排泄区之间水力坡度成正比。对承压水来说，还与蓄水构造的开启与封闭程度有关。

地下径流强度不仅沿程上有差别，在垂直方向上也不同，一般规律是从地表向下随着深度增加，地下径流强度逐渐减弱，至侵蚀基准面，地下水基本处于停滞状态。

(2)地下水径流系统

在很长一个时期内，学界一直把地下水的径流，尤其是潜水的径流看成平面流动，认为垂直方向的运动是可以忽略的。绘制潜水等水位线图或承压水等测玉水位线图，实际上都是以地下水作平面流动这一假定为前提的。但是，在实际工作中，用平面流动分析水文地质现象，往往遇到一些无法解释的问题。

早在 1940 年，休伯特(M. K. Hubbert)就用流网表示出了河间地块潜水的流动模式(图 2 - 35)。根据这一图示，地下水分水岭处地下水垂直向下，而在河谷附近垂直向上运动，两者之间的地带，则近似水平流动。打井的情况证明，休伯特提出的流动模式是合乎实际的。

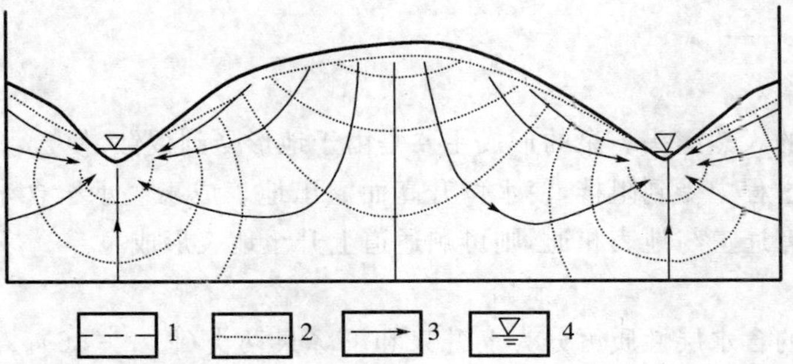

图 2 - 35　河间地块地下水流动模式(据 M. K. Hubbert)

1—地下水位；2—等水头线；3—流线；4—地表水

以 M. K. Hubbert 的河间地块地下水流网图为例,深入分析后可知:

① 由河间地块分水岭到两侧的河谷,地下径流方向经历了由上到下一接近水平一再从下到上的复杂变换过程;

② 在地下水补给区的分水岭上,随着深度的增加,地下水水头压力逐渐减小,而在地下水排泄区的河谷地带,则随着深度增加,水头值增大;

③ 由分水岭到河谷,流线越来越密集,地下径流加强,径流量增大;

④ 由地表向深部地下径流逐渐减弱;

⑤ 即使整个河间地块为均质含水层,但含水层的不同地段和不同深度上,地下水水头值也是变化的。在河谷地段的深井,无须有隔水层的存在,也可以开凿出自流或承压水井。因此,对传统潜水和承压水的概念应重新界定。

(3)地下径流模数

地下径流模数(M_c)常以一平方千米含水层分布面积上的地下水径流量来表示。年平均地下水径流模数可用下式求得:

$$M_c = Q \times 10^3 / (F \times 365 \times 86400) \tag{2-19}$$

式中,M_c——地下径流模数(L/s · km^2);

F——含水层或含水系统分布面积(km^2);

Q——地下水流量(m$^3/\alpha$)。

地下径流模数也称作地下径流率,用来表征一个地区以地下径流形式存在的地下水流量的大小。

3. 地下水的排泄

含水层失去水量的作用过程称作排泄。在排泄过程中,含水层的水质也发生相应变化。研究含水层的排泄,应包括排泄去路及方式、影响排泄的因素及排泄量。

地下水通过泉(点状排泄)、向河流泄流(线状排泄)及蒸发(面状排泄)等形式向外界排泄。此外一个含水层中的水可向另一个含水层排泄。用井孔抽汲地下水,或用钻孔、渠道排除地下水,均属地下水的人工排泄。

蒸发排泄耗失水量时盐分仍留在地下水中。其他种类的排泄,盐分随水分同时排走,属于径流排泄。

(1)泉

① 泉的形成

泉是地下水的天然露头。泉的形成主要是由于地形受到侵蚀,使含水层暴露于地表;或是地下水在运动过程中受到阻挡,使水位升高而溢出地表成泉。承压含水层如果测压水位高于地面标高且有通道与地表相通,则可顺通道上升至地表形成泉。

② 泉的分类

根据补给泉的含水层性质可分为上升泉和下降泉两类(图 2-36)。上升泉:由承压含水层补给的泉,泉口测压水位通常高于地面标高;下降泉:由潜水含水层或上层滞水补给的泉。

根据泉的出露成因可分为侵蚀泉、接触泉、溢流泉和断层泉四类。

侵蚀泉:沟谷切割揭露潜水含水层时形成的泉称侵蚀下降泉;承压含水层顶板被侵蚀切

穿，则形成侵蚀上升泉。接触泉：地形切割到含水层隔水底板时，地下水从两层接触处出露而成的泉为接触下降泉；在岩脉或侵入体与围岩接触处，承压水可以沿节理裂隙或溶隙涌至地表，称为接触上升泉。溢流泉：在潜水流前方透水性急剧变弱，或隔水地板隆起时，潜水流动受阻而涌溢出地表形成的泉。断层泉：地下水沿导水断层上升，在地面高程低于测压水位处涌溢地面而成的泉。

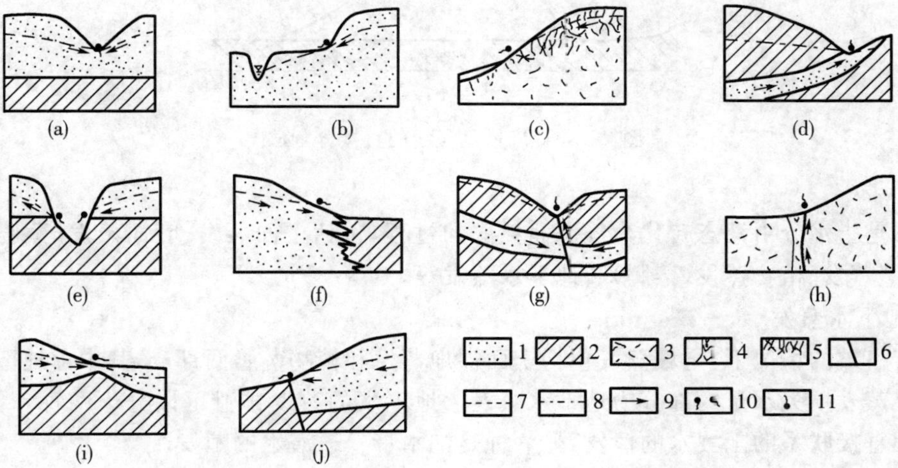

图 2-36　泉的分类

1—透水层；2—隔水层；3—坚硬基岩；4—岩脉；5—风化裂隙；6—断层；
7—潜水位；8—测压水位；9—地下水流向；10—下降泉；11—上升泉

③ 泉的水文地质意义

由于泉是在地形、地质、水文地质结构综合配置条件下形成的，因此它的出露位置和特点可以反映出有关岩石富水性、地下水类型、补给、径流、排泄、动态等方面的一系列特征。

首先，通过岩层中泉的出露多少及用水量大小，可以确定岩石的含水性及含水层的富水程度。泉的标高反映当地地下水位的标高。

其次，泉的分布反映含水层或含水通道的分布及补给区和排泄区的位置。通过对泉水的动态研究，可以判断其补给水源类型，有助于判断隐伏地质构造。

最后，泉的化学成分、物理性质和气体成分，可反映当地地下水水质特点和埋藏情况。

(2)泄流

当河流、湖泊、海洋等侵蚀到含水层时，地下水分散的沿地表水体周界排泄，称为泄流。泄流不像泉那么集中，因此泄流量不好直接测定。在河流上选定断面，定期测定河水流量，可得出河流流线过程线，并分割得出地下水泄流量，最简单的分割方法如图 2-37 所示。在流量过程线起涨点 A 起引一水平线交于退水段的 B 点，则图中有阴线部分即相当于地下水泄流补给河水的量。

常年流水的河流，枯水季节的河水流量全由地下水泄流供给，故可利用测定泄流河段上下游两个断面流量差的方法。但在汛期，河水流量主要由流域内降水汇聚形成，也可能包含部分泄流量。因此，汛期用河流断面法不能确定泄流量。

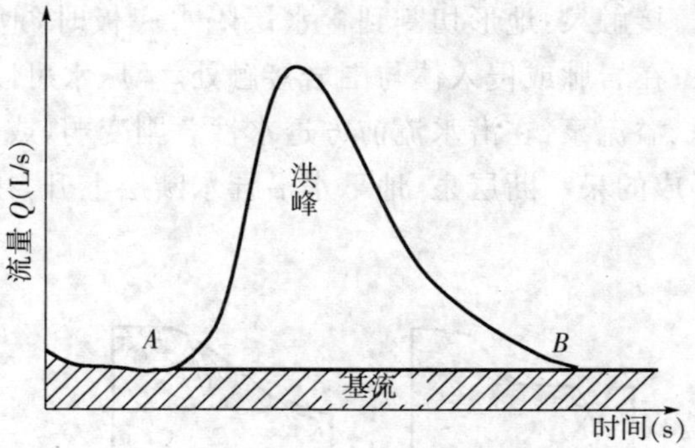

图 2－37　流量过程线的直接分割法

(3)蒸发

蒸发是指水分由液态转化为气态而耗散的过程,包括土面蒸发、叶面蒸发(蒸腾)、水面蒸发、土壤蒸发、植物蒸发(蒸腾)和地下水蒸发等。

① 地下水蒸发

在有植被的情况下,土壤蒸发包括土面裸地蒸发和植物蒸腾两部分,其中由地下水补给土壤水分蒸发损失水量的部分为地下水蒸发。地下水的蒸发排泄可以分为两种,一种是与饱水带无直接联系的土壤水的蒸发,另一种是饱水带——潜水的蒸发。

② 地下水蒸发的影响因素

影响地下水蒸发,从而决定土壤与地下水盐化程度的因素是气候、潜水埋藏深度及包气带岩性,以及土壤水的输水能力。

气候愈干燥,相对湿度愈小,潜水蒸发便愈强烈。潜水面埋藏愈浅,蒸发愈强烈,利用地中渗透仪测得潜水蒸发量与其水位埋藏深度的关系(图 2－38),从图中可见,水位埋藏深度小于 2m 时,随着潜水埋深变浅蒸发量显著增大;深度大于 2m 时,潜水蒸发明显减弱。包气带岩性主要通过其对毛细上升高度与速度的控制而影响潜水蒸发。土壤的输水能力一般表现在土壤类型和含水量的不同而导致不同的蒸发强度。

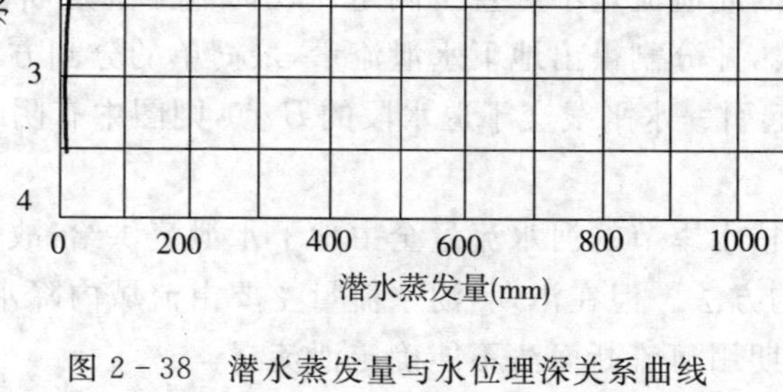

图 2－38　潜水蒸发量与水位埋深关系曲线

(4)地下水排泄对地下水水质的影响

地下水的排泄根据其对水质的影响可分为两大类：一类是径流排泄，水量排走的同时也排走盐分；另一类是蒸发排泄，盐分不随水量的排泄而排泄。

根据补给与排泄的特点，可以划分为两大类地下水循环：入渗-径流型和入渗-蒸发型。前者长期循环的结果，使岩土与其中赋存的地下水向溶滤淡化方向发展；后者长期循环结果，补给区的岩土与地下水淡化脱盐，排泄区的地下水盐化，土壤盐渍化(图 2-39、图 2-40)。

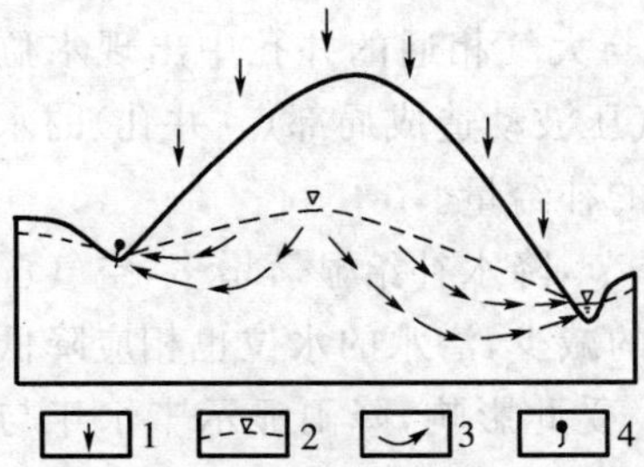

图 2-39　入渗—径流型的山区潜水

1—降水补给；2—潜水位；3—地下径流方向；4—泉

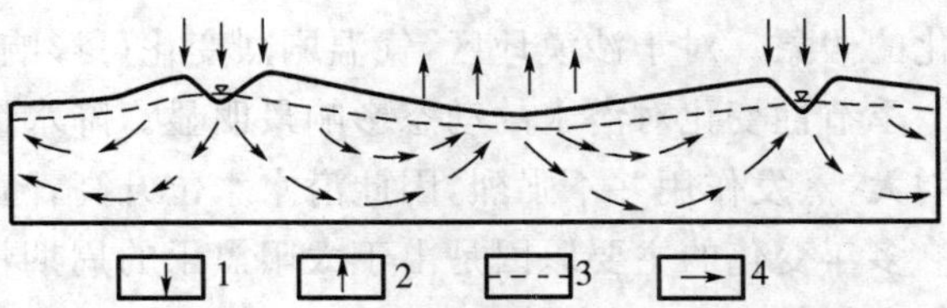

图 2-40　入渗—蒸发型的干旱半干旱平原潜水

1—主要入渗补给区；2—主要蒸发排泄区；3—潜水位；4—地下水径流方向

2.4.2　地下水动态与均衡(Balance and Change of Groundwater)

1. 地下水动态与均衡的概念

(1)地下水动态的概念

地下水动态指的是地下水水位、水量、水质、水温等动态要素，随时间的变化状况。亦即地下水系统的输出信息(水位、水量、水质、水温等)对输入信息的响应状况的表现。

地下水系统经常不断地与外界进行着物质、能量的交换，其结果使系统本身状态发生相应的改变。

地下水系统在外界因素作用下，具有一定的自身调节、力图维持本身动态平衡的功能。当外界因素发生变化时，必然引起系统内部状态的改变，使系统原有平衡破坏。此时，地下水系统会依据自身的功能进行内部调整，以达到新的平衡。

当地下水系统受到大气降水、地表水、灌溉水的补给或人工开采及天然排泄等输入信息的激励时，作为响应，地下水系统的内部状态必将作响应的变化，并由输出信息表现出来。作为响应的输出信息即地下水动态要素(水位、水量、水质、水温等)，那么作为激励的输入信息，则可理解为地下水均衡要素。

(2)地下水均衡的概念

某一时间段内某一地区内地下水水量(组分、能量)的收支状况称为地下水均衡。地下水动态(输出信息)是含水系统对外界因素作用(输入信息)的一种响应。因外界作用使系统原有平衡遭到破坏，地下水系统依据自身的功能进行内部调整，以求达到新的平衡，响应就是这种调整的表现。如：大气降水入渗，使地下水获得的补给量大于排泄量时，即储水量增加，地下水系统便会做出水位上升的响应，通过调整水位，增大排泄量来建立新的平衡。

地下水动态是检验水文地质结论是否正确，开发利用地下水或地下水防范措施是否得当的最具权威的依据；地下水均衡则是水资源评价的根本依据。

2. 地下水动态

(1)影响地下水动态的天然因素

① 气象(气候)因素

气象(气候)因素对潜水动态影响最为普遍而且明显。降水的历时，影响潜水补给；气温、湿度、风速的变化影响潜水的蒸发。同时，气温的波动还会影响浅部潜水含水层的水温变化并导致水质的改变。

昼夜变化主要是气温和气压变化引起的，它主要导致与大气相通的井孔中出现水位的变化，实际上含水层本身的水量与水位并没有变化，只是气压波动造成局部点(井孔)的水位变化的假象。对于沙漠地区，气温剧烈变化可影响凝结水的补给量。

季节性变化对潜水的动态影响最明显。降水量大的季节，降水补给显著增多，空气湿度也增大，蒸发作用并不强烈，因此潜水水位升高，随着降水的减少，潜水的水位也相应降低。

多年变化的主要原因是由于太阳黑子的周期性活动。受此影响，降雨显示丰水年与枯水年交替出现，地下水动态以11年为一周期。太阳黑子平静期，降水量大，地下水位高。对于重大的长期性的供水或排水工程，应当考虑水位和水量的多年变化，供水时要注意多年最低水位，而排水时则应注意多年最高水位。

② 水文因素

地表水体补给地下水而引起地下水位抬升时，水位变幅减小，发生变化的时间滞后。河水对地下水动态的影响一般为数百米至数千米，此范围外，主要受气候因素的影响。

③ 地质因素

地质构造决定了含水层本身的结构及大气降水，地表水的联系程度，例如开启性好的含水层其动态变化大，滞后时间短。

岩石性质决定了含水层的给水性、透水性等水理性质，从而影响地下水位的变化幅度。一般粗颗粒的含水层 K、μ 值大，一定的补给量变化所引起的水位变化小；而细颗粒的含水层 K、μ 值小，相同的补给量变化所引起的水位变化大。

包气带厚度较薄时，消耗于湿润包气带的那部分降水量较少，潜水接受的补给量就多，同时包气带厚度小，地下水位抬升的时间滞后于降水时间短，因此产生的水位升幅就大。

地震是地质因素中快速变化的突发性因素，它能引起地下水位、水量、热动态和水化学成分的骤然变化。大量地震资料表明临震前后地下水中氡气含量变化明显，因此地下水动态观测可用来预报地震。

(2)地下水天然动态类型

从系统理论的观点来看，地下水动态是含水层(或含水系统)对地质环境和补给、排泄作用施加影响所做出的一种响应。潜水和承压水由于排泄方式、交替程度不同，两者的动态特征也不同。

① 潜水的动态类型

潜水的补给条件是划分其动态类型的主要因素，补给条件不仅影响潜水水位变化，而且影响水温和水化学成分。

蒸发型：在干旱、半干旱的平原或山涧盆地中，由于地形切割微弱，地下水水力坡度小，径流微弱，以降雨入渗，蒸发排泄垂直交替为主。此类动态的特点是：年水位变幅小，常造成土壤盐渍化。

径流型：广泛分布于山区及山前，因地形高差大，水位埋藏深，接受降水入渗补给后，以径流排泄为主。此类型地下水总趋势是不断被淡化，属于溶滤潜水。

弱径流型：主要出现在气候湿润的平原和盆地中，蒸发排泄有限，径流排泄为主，但径流微弱。此类型水年水位变幅小，水质季节变化不明显，总趋势是向淡化方向发展。

② 承压水的动态类型

承压水的动态变化程度取决于构造封闭条件。构造开启程度愈好，水交替愈强烈，动态变化愈大，水质的淡化趋势愈明显。具有良好的水交替和排泄条件的承压水动态类型均属于径流型。

(3)人类活动影响下的地下水动态

人类通过新增的补给源或排泄去路而影响地下水的天然动态，甚至产生一些不良后果，如水源枯竭、水质污染、土壤盐渍化。

人类影响地下水动态的因素包括开采、灌溉、修建水库、跨区域调水、污水排放、矿区排水和人工补给等方面。

全世界地下水用量的 80％用于农业灌溉，提高了浅层地下水的水位，使得地下水变得易污染。城市集中大量抽水，其开采量大于天然补给量，会造成地下水位的持续下降，形成降落漏斗。大型水库的渗漏和跨流域调水工程沿途的蒸发和渗漏也会影响地下水的动态，甚至影响整个区域的生态平衡，因此必须经深入地科学研究，并采取相应的预防措施后才能施工。

3. 地下水均衡

(1)均衡区与均衡期

地下水的水量和盐分在收支方面的数量关系，称为地下水均衡。其中水量均衡为水均衡，盐分均衡为盐均衡。地下水均衡的目的是计算某一地区在某一时期内的水量收入与支出间的定量关系。进行均衡计算的研究区域称为均衡区，计算时段成为均衡期。在均衡期中，均衡区的补给量大于排泄量时为正均衡，均衡区的补给量小于排泄量时为负均衡。

从长远来看，地下水的补给与排泄应该是保持平衡的，但在某一个时期可能出现短暂的正均衡或负均衡。尤其在人为影响下，地下水的均衡状态总会被打破，从而导致一些不良后果。

(2)水均衡方程式

地下水是一个动态平衡系统，即各组成部分的数量关系满足动态平衡。它满足质量及热量守恒定律，对任何地区、在任何时间内，水、溶质及热的流入量(或发生量)与流出量(或消失量)之差，恒等于该系统中储存量的变化量。

以河间地块的潜水含水层为例，潜水的收入项(A)包括：降水入渗补给量(X_f)，地表水入渗补给量(Y_f)，凝结水补给量(Z_c)，上游断面潜水流入量(W_{u1})，下伏承压含水层越流补给潜水水量(Q_t)。支出项(B)包括：潜水蒸发量(Z_u)，潜水以泉或泄流形式排泄量(Q_d)，下游断面潜水流出量(W_{u2})。均衡期始末潜水储存量变化为 $\mu\Delta h$(图 2－41)则：

$$A-B=\mu\Delta h \tag{2-20}$$

$$\mu\Delta h=(X_f+Y_f+Z_c+W_{u1}+Q_t)-(Z_u+Q_d+W_{u2}) \quad (2-21)$$

对于不同条件的均衡区及同一均衡区的不同时间段,均衡方程的组成项可能增加或减少。如:对地下径流迟缓的平原区,W_{u1}、W_{u2} 可忽略不计;当地下水位埋深很大时,Z_u 和 Z_c' 常常忽略不计;无越流的情况下,Q_t 不存在;地形切割微弱,径流排泄不发育,Q_d 可从方程中排除。

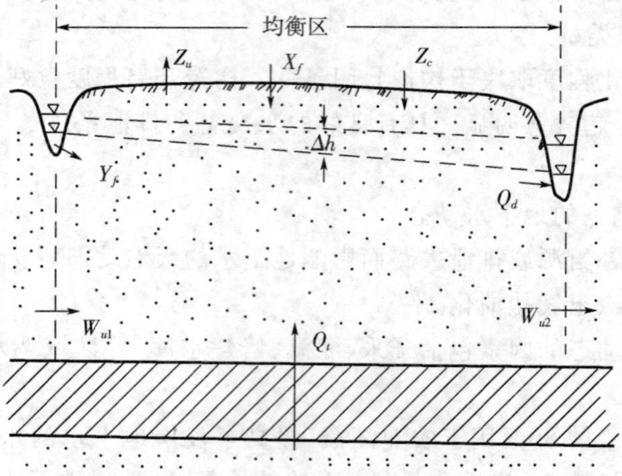

图 2-41 潜水均衡示意图

大区域地下水均衡研究要注意避免上、下游之间,潜水、承压水之间,以及地下水与地表水之间水量的重复计算。

4. 地下水动态与均衡研究方法

研究地下水动态与均衡的基本方法是对地下水及有关影响因素的长期观测,而正确理解地下水动态与均衡是做好长期观测的基础。

(1)地下水动态观测的技术要求

① 观测点

选用钻孔和泉作为主要观测点,同时对其他地下水、地表水或气象要素等的观测点进行观测。

② 观测孔

观测孔结构取决于含水层性质;一孔观测多层则要求分层止水,孔径应保证能安置测水位管;孔深应保证观测到最低水位等。

③ 观测项目

观测项目水位、泉、自溢孔和生产井流量,水温及水化学成分等。

④ 观测频度

水位、水温、流量每 5 日观测 1 次,水质每季度观测 1 次。水位上升及峰值时期应加密。地表河和地下河流洪峰时期,可加密至每日两次。

(2)地下水动态与均衡资料整理

① 编制各种统计表

对地下水水位、水量、水温和水质的观测资料应填写在专门的表格内,建立起每个观测点的资料档案,以便应用和分析。

② 绘制动态曲线图

动态曲线看起来直观，便于分析对比，因此地下水动态历时曲线图是最常用的表示方法。地下水动态曲线图可分为单因素曲线图和综合曲线图。

单因素曲线图仅反映地下水的某一要素，如地下水位动态曲线图、地下水温动态曲线图、泉水流量动态曲线图、水的矿化度或某种离子含量动态曲线图等，单因素曲线图便于分析变化的规律。

综合曲线图将地下水的所有要素或几种要素以及影响因素绘制在一张图上，综合曲线图便于分析地下水要素与影响因素之间的关系。

③ 绘制平面图和剖面图

地下水动态平面图反映某一要素同一时刻在区域上的分布，如某一季节的等水位（头）线图、地下水埋深图、水化学或矿化度图等。

地下水动态剖面图反映某一种要素或几种要素同一时刻在某一剖面上的状态，如某一时期的潜水水位线图、承压水水头线图、矿化度图等。如果将地层岩性、结构构造等内容都标出，就是该时期的水文地质剖面图。

④ 地下水动态观测报告

地下水动态观测报告是对地下水动态观测工作的总结。一般包括地下水动态观测的任务、观测点的布置、观测内容及动态变化规律等，为编写调查报告提供基础资料，也可直接提交有关部门使用。

地下水动态与均衡的研究是全面和深入说明地区水文地质条件、评价水质和水量的基本要求。动态均衡的信息主要应用于以下方面：局部地区及区域地下水资源信息管理系统的建立，可为水资源的决策与管理提供快速、简捷的科学依据；可以利用地下水动态信息，计算许多水文地质参数；根据对地下水动态监测资料的整理与分析可破译某些用常规地质理论难以解决的地下水资源质与量的形成问题；根据地下水动态监测资料的深入分析，可捕捉诱发许多环境地质灾害的水文地质原因，提出防治环境地质灾害的地下水管理对策；根据地下水水位、水质的微动态，进行地震活动的中期和临震预报。

2.4.3　地下水运动规律(Groundwater Flow Law)

1. 渗流

(1)水在多孔介质中运动

地下水赋存于岩石的孔隙、裂隙和溶隙中，并在其间运动，把赋存地下水的空岩石（或松散岩层）称为多孔介质。如赋存地下水的孔隙称为孔隙介质，赋存地下水的裂隙称为裂隙介质，地下水在多孔介质中的运动称为渗透。

下面以孔隙介质和裂隙介质为例子，说明地下水在孔隙和裂隙中运动的情况。

岩层或岩石中发育的孔隙和裂隙形状、大小、连通程度在不同的部位各不相同，其间空隙连接的通道，大小不一，弯弯曲曲，因而，地下水运动状况也各不相同。研究个别孔隙或裂隙的地下水运动特征，其现实意义不大。为此，不直接研究地质个别质点的运动情况，而是研究多孔介质地下水的平均情况，即研究地下水平均性质的渗流规律，这种方法实际上把多孔介质中的水看作充满整个含水层（包括全部的颗粒骨架和空隙），用这种假想的水流代替水在空隙介质流动的真实水流，以此达到了解和研究真实水流的目的。当然这种假想的水流还得满足:①通过任意断面的流量与实际水流通过的断面流量相等;②它在某一断面上的压力或水头等于真实水流的压力或水头;③它在任意岩石体积内所受到的阻力等于真实水流所受到的阻力。满足上述条件的假想水流称为渗流(图 2-42)。其中,假想水流所占的区域称为渗流区。

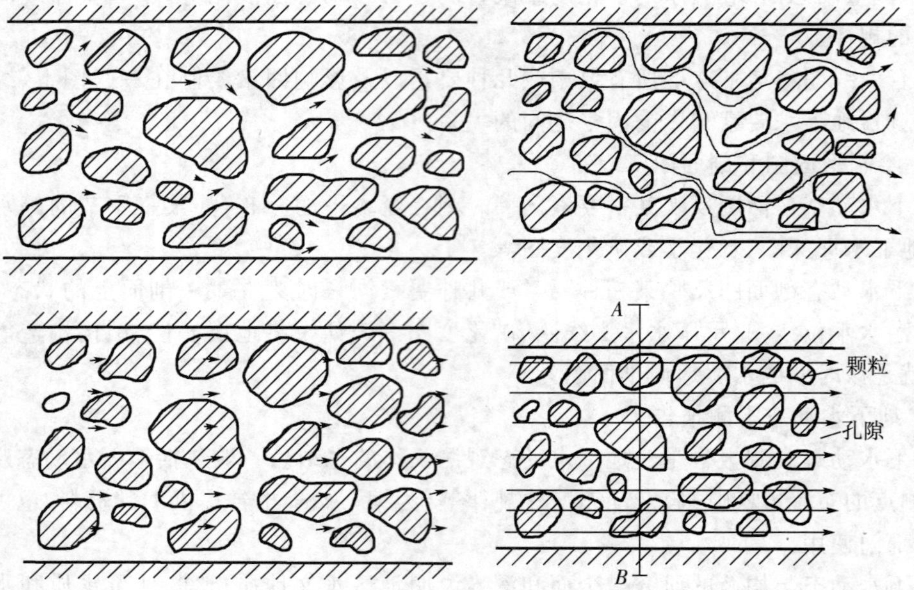

图 2-42　概化后的理想渗流

既然渗流的流量、压力、水头和真实水流相同,就把地下水流作为渗流考虑,这不但避免了研究单个质点所带来的困难,而且还可以利用流体力学研究地下水渗流问题,如图 2-43 所示。

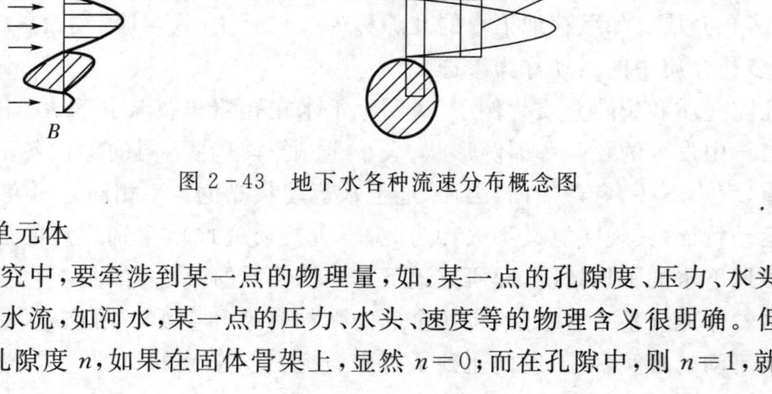

图 2-43　地下水各种流速分布概念图

(2)典型单元体

在渗流研究中,要牵涉到某一点的物理量,如,某一点的孔隙度、压力、水头等。对于一个真实的连续水流,如河水,某一点的压力、水头、速度等的物理含义很明确。但对多孔介质则不然,例如孔隙度 n,如果在固体骨架上,显然 $n=0$;而在孔隙中,则 $n=1$,就变得不连续了。为了对多孔介质中地下水运动作连续性近似，引进了“典型单元体”(Representative Elementary Volume，简写 REV)的概念。

当体积 V 取值由一个颗粒或一个孔隙逐渐放大时，n 值会因随机划进的颗粒或孔隙体积而产生明显的波动，但随着 V 取值再增大，n 值波动逐渐减小。当 V 取至某个体积 V_0 时，孔隙度趋于某一平均值 n，此时的体积称为典型单元体。若再增大体积使其大于 V_0，则有可能将 P 点外围的非均质区也划进来评价，此时 n 值可能又产生明显的变化，如图 2-44 所示。

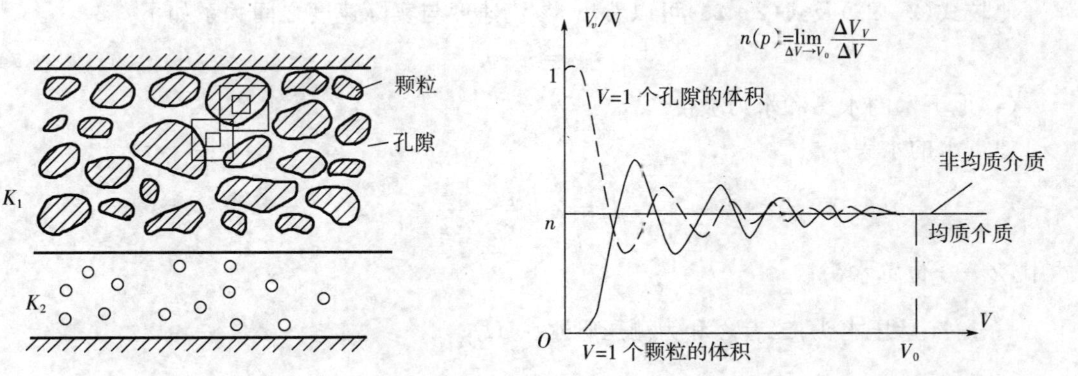

图 2-44　多孔介质孔隙度的计算

引进 REV 后就可以把多孔介质处理为连续体，这样的多孔介质就处处有孔隙度了。REV 相对于单个孔隙是相当大的，但相对于渗流场又是非常小的。在 REV 的基础上，引入理想渗流的概念，即地下水充满整个含水层或含水系统(包括空隙和固体骨架)，渗流充满整个渗流场。

(3)渗流速度与实际速度关系

在地下水流中，把垂直于渗流方向的含水层截面称为过水断面，其包括空隙和颗粒骨架所占的空间，用面积 ω 表示，而实际地下水水流只通过过水断面的空隙部分，如图 2-45 所示。

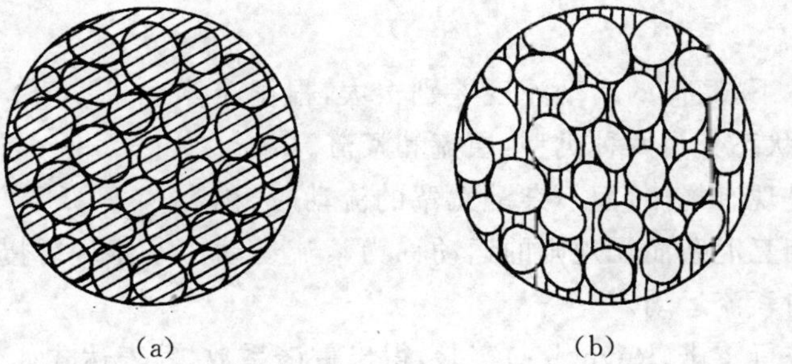

(a)　(b)

图 2-45　渗流过水断面与实际水流过水断面

渗流在其过水断面上的平均速度称为渗流速度，可表示如下：

$$v=\frac{Q}{\omega} \tag{2-22}$$

式中，v——渗流速度，L/T；

ω——过水断面面积，L^2；

Q——渗流流量,单位时间内通过过水断面的流量,L^3/T。

实际地下水流速度仅仅在岩石空隙中流动平均速度,可表示为:

$$u=\frac{Q}{\omega'}=\frac{Q}{n\omega} \tag{2-23}$$

式中,u——地下水的实际速度,L/T;

ω'——过水断面中空隙所占面积,L^2;

n——岩石的空隙度。

比较式(2-22)及式(2-23)可以看出,渗流速度与实际速度之间关系如下:

$$v=n\cdot u \tag{2-24}$$

(4)地下水的水头和水力坡度

地下水的水头:

$$H=Z+\frac{p}{r}+\frac{u^2}{2g}$$

式中,Z——位置水头;

$\frac{p}{r}$——承压水头;二者之和为测压管水头 H_n;

$\frac{u^2}{2g}$——流速水头(很小可忽略不计)。

等水头面是渗流场内水头值相同的各点连成的面。等水头线是等水头面与某一平面的交线。水力坡度是大小等于梯度值,方向沿着等水头面的法线指向水头降低方向的矢量,如图 2-46 所示。

$$J=-\mathrm{grad}H=-\frac{\mathrm{d}H}{\mathrm{d}n}$$

$$J_x=-\frac{\partial H}{\partial x}\quad J_y=-\frac{\partial H}{\partial y}\quad J_z=-\frac{\partial H}{\partial z}$$

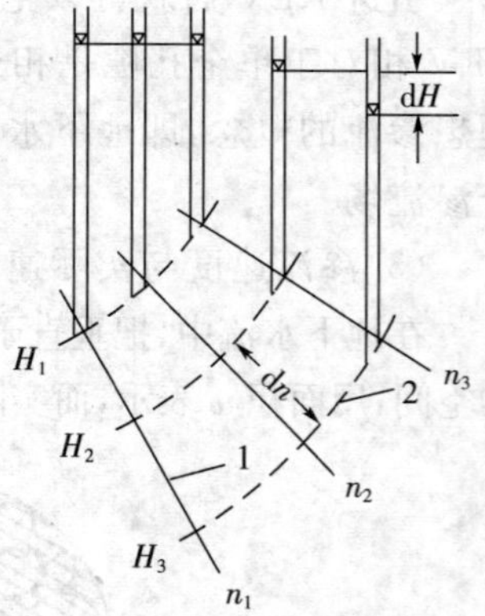

图 2-46　水力坡度示意图

(5)地下水流态

在自然界条件下,液体的运动速度差别很大,根据流体运动速度,其运动状态分为两种类型:层流和紊流。

当流体流束呈现有规律,而不杂乱无章的流动时,称为层流运动。流体相互混杂而无规则的运动称为紊流运动。液体从缓慢运动到急速运动,其流态由层流逐渐向紊流运动。

运用管道流进行雷诺(Reynolds)实验,得出雷诺系数,其表达式如公式:

$$Re=\frac{uD}{\nu} \tag{2-25}$$

式中,Re——雷诺数;

u——圆管中液体的断面平均流速,L/T;

D——圆管直径,L;

ν——水的运动粘滞系数,L^2/T。

运用实验方法求得临界条件下的雷诺系数。当实际流动的雷诺系数小于其值时,保持层流运动，大于该值时，则变为紊流运动。

地下水在多孔介质中运动，也同样可以利用以上这种运动进行描述。以此，对地下水运动状态进行判别。不过地下水的渗透速度 v 代替管内的平均速度 u，用含水层的平均粒径 d 代替圆管直径 D，表达式为：

$$Re = \frac{vd}{\lambda} \tag{2-26}$$

式中，v ——地下水的渗透流速，L/T；

d ——含水层颗粒的平均粒径，L；

λ ——地下水运动的粘滞系数，L^2/T。

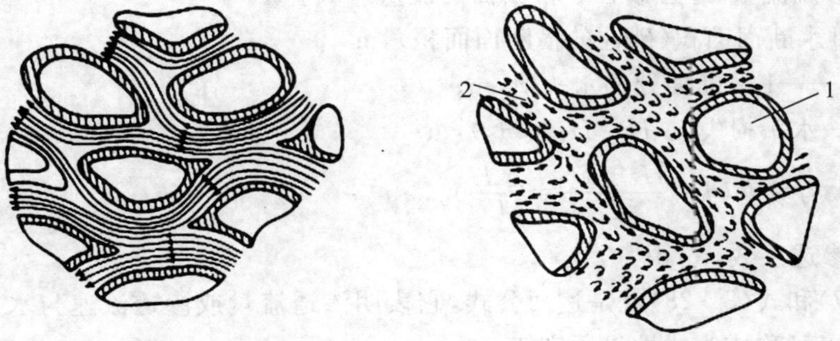

(a) 层流　　(b) 紊流

图 2-47　孔隙岩石中地下水的层流和紊流

1—固体颗粒；2—结合水

注：箭头表示水流运动方向

通常情况地下水在自然状态下，由于流动坡度较小，流动缓慢，处于层流状态，只有在地下水水位落差较大的部位或透水性较好的含水层，且水力坡度较陡的位置，如抽水井附近，才有可能处于紊流状态。

2. *渗流的基本定律*

(1)达西定律

1856 年，法国水力学家 Darcy 在实验室用砂柱做了大量的试验，如图如 2-48 所示。

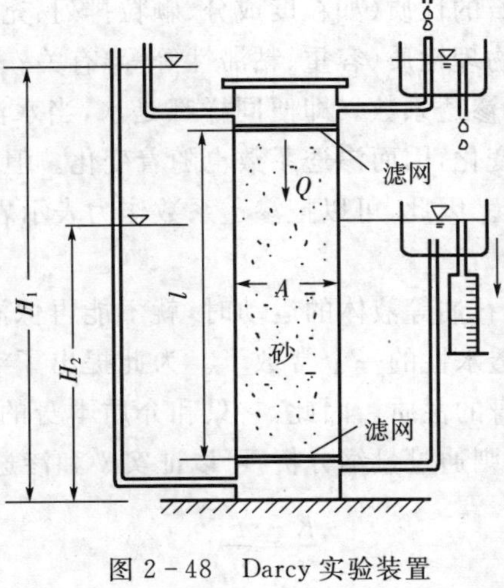

图 2-48　Darcy 实验装置

水流由装置上端流入,经过砂柱,由下端流出。上端用溢水装置控制水头,使得试验过程中的水头保持不变。在砂柱的上下端各设置一根测压管,分别测定上下两个过水断面的水头,在下端的出口处设置管嘴,以测量其流量。根据多次试验结果得到下列关系式:

$$Q=K\omega\frac{H_1-H_2}{L}=K\omega J \tag{2-27}$$

或

$$v=\frac{Q}{\omega}=KJ \tag{2-28}$$

式中,Q——渗流流量(通过砂柱各横断面的流量),m^3/d;

ω——过水断面面积(砂柱的横断面面积),m^2;

H_1、H_2——1、2断面处的水头值,m;

ΔH——水头损失($\Delta H=H_1-H_2$),m;

J——水力坡度($J=\frac{H_1-H_2}{L}=\frac{\Delta H}{L}$);

K——渗透系数,m/d。

式(2-27)和式(2-28)就是达西公式,它表明渗透流量或渗透流速与水力坡度的一次方成正比,所以又称成为线性渗透定律。

实际的地下水流中,水力坡度各处是不同的,通常用任一断面的渗流流速的表达式,也就是微分形式的达西公式,即:

$$V=-K\frac{dH}{dL} \tag{2-29}$$

$$V_x=-K\frac{\partial H}{\partial x}\quad V_y=-K\frac{\partial H}{\partial y}\quad V_z=-K\frac{\partial H}{\partial z}$$

渗透系数K是表示岩石透水性的指标,它是有关含水层的非常重要的水文地质参数之一。根据式(2-28),当水力坡度$J=1$时,渗透系数在数值上等于渗透速度。因为水力坡度无量纲,所以渗透系数具有速度的量纲,即K的单位和V相同,常用cm/s或m/d表示。

渗透系数不仅取决于岩石的性质(如粒度成分、颗粒排列、充填状况、裂隙的性质和发育程度等),而且和渗透液体的物理性质(容重、粘滞性等等)有关。同一岩层,对于水是一种渗透系数,对于石油又是另一种渗透系数。即便同样都是水,当水温和水的矿化度不同时,也会引起容重和粘滞性的一些变化,因而渗透系数也随着变化。但在地下水运动中,这种变化一般很小,常常可以忽略不计。因此,可以把渗透系数作为表示岩层透水性的一个水文地质参数。

但是,在研究盐水、卤水、石油等液体的运动时,就不能再像淡水那样忽略它们的影响,把渗透系数仅作为表示岩石透水性的一个常数了。为此提出了渗透率的概念,它表示介质能使液体和气体通过介质本身的性质。因此,它只和介质本身的性质有关和渗透液体的性质无关。如用k表示渗透率,则通过量纲分析,可以证实k和渗透系数K之间有如下关系:

$$\frac{K}{\gamma}=\frac{k}{\mu} \tag{2-30}$$

式中，γ——液体的容量，$\gamma=\rho g$（ρ 为液体密度）；

μ——液体的动力粘滞系数，绝对单位制中常用达因·秒/厘米^2（"普斯"或泊）为单位。

根据式(2-30)，达西定律式(2-29)可写成

$$V=-K\frac{\partial H}{\partial s}=-\frac{k\gamma}{\mu}\frac{\partial H}{\partial s}=-\frac{k\gamma}{\mu}\frac{\partial\left(\frac{p}{\gamma}+z\right)}{\partial s}=-\frac{k}{\mu}\frac{\partial(p+\gamma z)}{\partial s} \tag{2-31}$$

如果 ρ= 常数，且水流是水平的，则：

$$V=\frac{k}{\mu}\frac{\partial p}{\partial s} \tag{2-32}$$

渗透率 k 的量纲是$[L^2]$，通常采用的单位是达西。达西是这样定义的：当液体的粘滞系数 μ 为 0.01 达因·秒/厘米^2，压力差为 1 个大气压（大气压是 1.0132×10^5Pa）的情况下，通过面积为 1cm^2，长度为 1cm 的岩石样品的流量为 1cm^3/s，此时介质的渗透率作为渗透率的单位为 1 达西。

$$1\text{ 达西}=\frac{\left(1\ \frac{\text{cm}^3}{\text{s}}/\text{cm}^2\right)0.01\ \frac{\text{达因·秒}}{\text{厘米}^2}}{\frac{1.0132\times10^5\text{Pa}}{1\text{cm}}}=9.8687\times10^{-9}\text{cm}^2$$

在很多情况下，若达西作为单位太大，则采用厘达西（10^{-2} 达西）或毫达西（10^{-3} 达西）作为单位。

达西定律有一定的适用范围，超出这个范围以后，地下水的渗透就不符合达西定律了。较早以前，认为达西定律的适用条件是层流，有时把达西定律称为层流渗透定律。把偏离达西定律归之于出现紊流。20 世纪 40 年代以来，很多实验证明并不是所有地下水的层流运动都服从达西定律，有不服从达西定律的地下水层流运动存在。如果也用雷诺数表示达西定律的适用范围的话，那么当雷诺数 $Re=\frac{vd}{\nu}$ 介于 1～10 时。

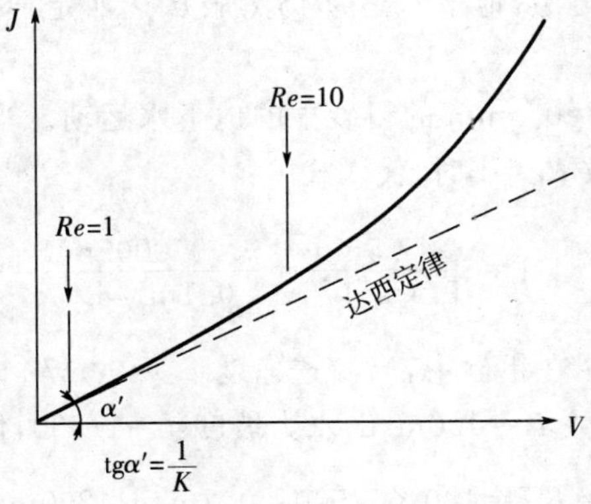

图 2-49　渗透速度和水力坡度的实验关系

地下水的运动服从达西定律，这时的雷诺数比地下水由层流转变为紊流时的雷诺数要小。亦即达西定律的适用范围比层流运动的范围要小。

因此,多孔介质中的地下水流可以区分为三个区域,如图 2-50 所示为多孔介质中的水流状态。

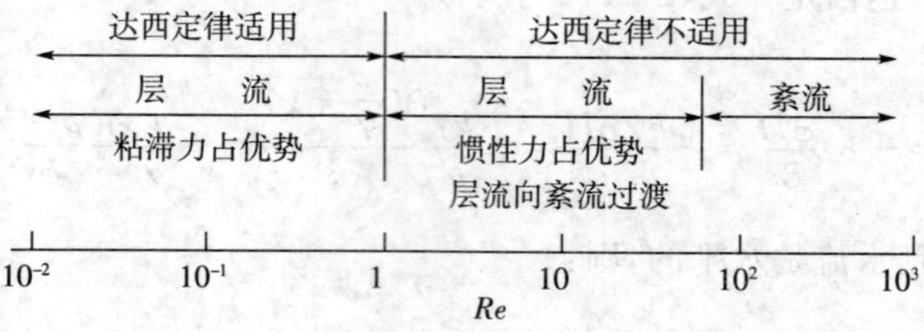

图 2-50　多孔介质中的水流状态

① 低雷诺数时(当 vd 固定,即低速时),有一个层流区域,这时的粘滞力占优势,达西定律是适用的,这个区的上限是雷诺数为 1～10 之间的某个值。

② 随着 Re 的增大,我们可以看到一个过渡带。在这个带的下端,从粘滞力占优势的层流方式过渡到紊流。某些人提出 $Re=100$ 作为层流的上限。

③ 高雷诺数时为紊流。

达西定律仅适用于第一个区域。

很多人用惯性力的影响来解释这一现象。在多孔介质中,地下水运动的通道是弯曲的,所以液体每一个质点都沿着曲线的途径运动,并且具有连续变化的速度和加速度。当地下水运动很慢时,粘滞力占优势,即由粘滞性产生的摩擦阻力对运动的影响占优势,与粘滞力比较,惯性力被忽略了,服从达西定律。而当运动加快后,惯性力逐渐增大,当惯性力接近阻力的数量级时,由于惯性力与速度的平方成正比,达西定律就不适用了。这一变化发生在由层流转变为紊流以前。

从服从达西定律的层流运动到不服从达西定律的层流运动再到紊流运动,其转变是逐渐变化的,往往没有一个明确的分界线。这是因为在天然含水层中,孔隙的大小、形状和方向都在很大的范围内变化,有些孔隙转变了,有些孔隙还没有转变。所以总的看来是逐渐过渡的。

即使这样,绝大多数的天然地下水运动仍然服从达西定律。下面的例子就很能说明问题。

例如,通过平均粒径 $d=0.5\text{mm}$ 的粗砂中的地下水运动。当水温为 15℃时,运动粘滞系数 $\nu=0.1\text{m}^2/\text{d}$,当雷诺数 $Re=1$ 时,代入式中:

$$1=\frac{v\times 0.5\text{mm}}{0.1\text{m}^2/\text{d}}=\frac{v\times 0.0005\text{m}}{0.1\text{m}^2/\text{d}}$$

求得 $v=200\text{m/d}$。表明在粗砂中,当渗透速度 $v<200\text{m/d}$ 时,服从达西定律。在天然状况下,取粗砂层的渗透系数 $K=100\text{m/d}$,水力坡度 $J=1/500$,代入达西公式,给出

$$V=KJ=100\times 1/500=0.2\text{m/d}<200\text{m/d}$$

显然在粗砂中的地下水运动一般是服从达西定律的。

对于裂隙岩石中的地下水运动,罗米捷曾在裂隙模型中进行了大量的试验,并确定了不符合达西定律的临界水力坡度(表 2-14),这些临界值均大于天然情况下地下水流的实际

坡度。因此认为裂隙岩层中的渗透在多数情况下也服从达西定律。

表 2-14　临界水力坡度值

裂隙宽度 (cm)	相对粗糙度 α					
	0.0	0.1	0.2	0.3	0.4	0.5
0.1	2.600	1.508	1.404	1.352	1.274	1.144
0.2	0.325	0.189	0.176	0.169	0.159	0.143
0.3	0.096	0.056	0.052	0.050	0.047	0.042
0.4	0.041	0.024	0.022	0.021	0.020	0.018
0.5	0.021	0.012	0.011	0.011	0.010	0.009

最后应该指出，达西定律虽然是根据实验得出的一条定律，但通过理论分析，从动量守恒定律也可以得出达西定律。所以我们能够把由实验得出的式(2-15)引申到非均匀介质各向异性介质和三维流中去，并得出相应的表达式，其理论根据就在这里。

(2)非线性渗透定律

在紊流运动的条件下，地下水的渗透服从哲才(A · Chezy)公式

$$V=K_c\sqrt{J} \tag{2-33}$$

或

$$Q=K_c\sqrt{J\omega} \tag{2-34}$$

式中，K_c——紊流运动时的渗透系数。

其他符号的意义同前。

上式表明，在紊流运动时，地下水的渗透速度与水力梯度的 1/2 次方成正比。

只是在少数情况下，如地下水在大裂隙或大溶洞中的运动，才服从上述非线性渗透定律。水力坡度很大时，在孔隙介质中也可能出现紊流运动的情况。

除了上述公式以外，很多人研究了雷诺数大时达西定律不适用的情况，提出了许多非线性运动方程，这些方程大致可以分为三类。第一类方程中系数是和任何具体的液体或介质性质无关的；第二类方程包含多少涉及液体或介质性质的系数，并含有未特别指出的数值参数；第三类方程中出现的系数和第二类方程中的是相似的，但数值参数是精确给定的。第一类方程中主要有 P. Forchheimer 公式：

$$J=av+bv^2 \tag{2-35}$$

式中，a，b——由实验确定的常数。

(3)岩层透水特征分类和渗透系数张量

根据岩层的透水性和空间坐标的关系划分为均质岩层和非均质岩层。均质岩层是在渗流场中，所有点都具有相同的渗透系数。如果不同点具有不同的渗透系数则为非均质岩层。

根据岩层的透水性和渗透方向的关系划分为各向同性和各向异性(图 2-51)。渗流场中某一点在各个渗透方向上具有相同的渗透系数，则介质是各向同性的；渗流场中某一点在各个渗透方向上具有不同的渗透系数，则介质是各向异性的。

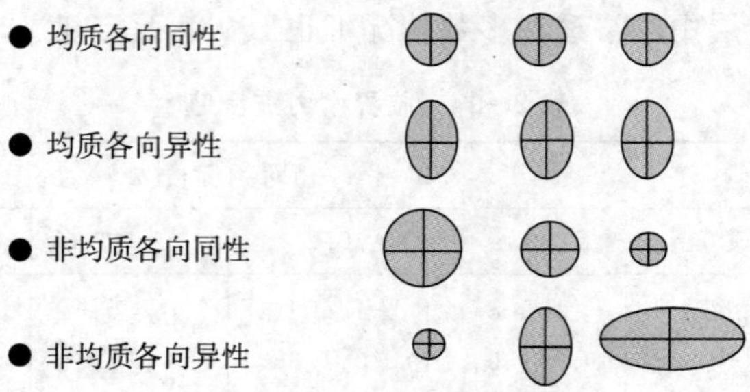

图 2-51　岩层的四种介质

在各向同性介质中，渗透系数和渗流方向无关，是一个标量。在各向异性介质中，渗透系数和渗流方向有关，水力坡度和渗流的方向一般是不一致的，这时，渗透系数是一个张量。需要注意的是，在各向异性介质中，有三个主渗流方向，渗透系数分别为 K_x、K_y、K_z。渗透系数的张量表达式为：

$$K=\begin{bmatrix} K_{xx} & K_{xy} & K_{xz} \\ K_{yx} & K_{yy} & K_{yz} \\ K_{zx} & K_{zy} & K_{zz} \end{bmatrix}$$

(4)地下水通过非均质界面的折射现象

透水性能突变的含水层，即不同透水性能的岩层具有明显的界面，按界面与水流方向的关系，这类岩层又可分为三种类型：界面与水流方向平行、界面与水流方向垂直和斜交。当流线越过不同的透水过界时，会产生折射现象，这与光线通过不同的传导介质发生折射的情况类似，这时，在界面处流线的光滑性失效。流线折射规律(图 2-52)如下：

$$\frac{\tan\theta_1}{\tan\theta_2}=\frac{K_1}{K_2}$$

式中，K_1，K_2——分界面两侧岩层的渗透系数；

$V_{1\tau}$，$V_{2\tau}$——V_1、V_2 的切向分速度；

θ_1，θ_2——分界面法线与两侧流线的夹角。

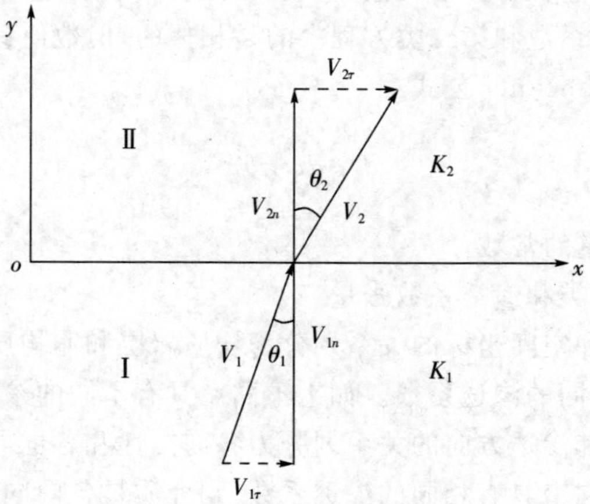

图 2-52　渗透水流折射

介质Ⅰ的渗透系数为 K_1，介质Ⅱ的渗透系数为 K_2。

几点讨论：

① 当 $K_1=K_2$，则 $\theta_1=\theta_2$，表示在均质岩层中不发生折射。

② 当 $K_1\neq K_2$，而且 K_1、K_2 均不等于 0 时，如 $\theta_1=0°$，则 $\theta_2=0°$，表明水流垂直通过界面时不发生折射。

③ 当 $K_1\neq K_2$，而且 K_1、K_2 均为有限值时，如 $\theta_1=90°$，则 $\theta_2=90°$，表明水流平行于界面时不发生折射。

④ 当水流斜向通过界面时，介质的渗透系数 K 值愈大，θ 角也愈大，流线也愈靠近界面。两介质的 K 值相差愈大，θ_1 和 θ_2 的差别也愈大，流线通过界面后的偏移程度也愈大。

3. 流网

(1)流函数和势函数

流线是一根处处与渗流速度矢量相切的曲线，迹线为渗流质点的运动轨迹。通常流线与迹线并不相同，流线反映了某一时刻流场的特征，而迹线则代表了不同时刻质点的运动轨迹。对于稳定渗流问题，流线和迹线重合。流线则代表渗流区内每点的水流方向。

为了便于研究流线，我们来建立流线的方程。对于均质或非均质，各向同性或各向异性的介质而言，在渗流场的某流线上取两点 $M(x,y)$ 和 $M'(x+dx,y+dy)$，如图 2-53 所示，过 M'点作垂线交 MA 于 a。当 M'与 M 无限逼近时，弧线 MM'可用直线 Ma 代替。由与相似得到：

$$q_x dy - q_y dx = 0 \tag{2-36}$$

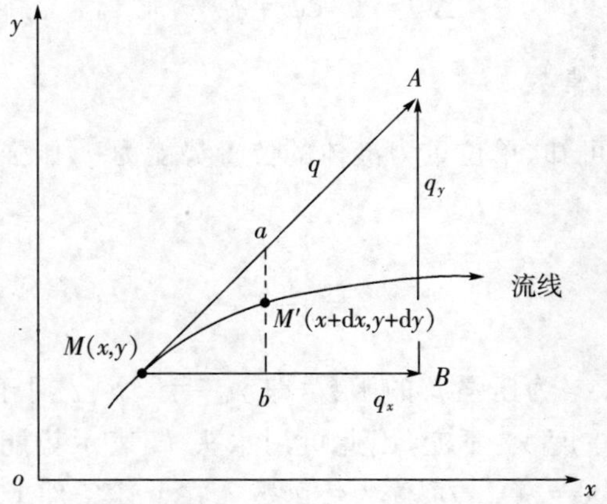

图 2-53　流线

设有二元函数 $\varphi(x,y)$，其全微分为：

$$d\varphi=\frac{\partial\psi}{\partial x}dx+\frac{\partial\psi}{\partial y}dy \tag{2-37}$$

令

$$\frac{\partial\psi}{\partial y}=q_x,\quad \frac{\partial\psi}{\partial x}=-q_y$$

由式(2 - 37)得：

$$d\psi=\frac{\partial\psi}{\partial x}dx+\frac{\partial\psi}{\partial y}dy=q_x dy-q_y dx=0 \tag{2-38}$$

积分得：

$$\psi=常数$$

式(2 - 38)是描述流线的方程，由此而得函数 ψ 为常数，表明沿同一流线，函数 ψ 为常数，不同的流线则有不同的函数值。流函数的物理意义为：在平面运动中两流线间的单宽流量等于和这两条流线相应的流函数之差(图 2 - 54)，即

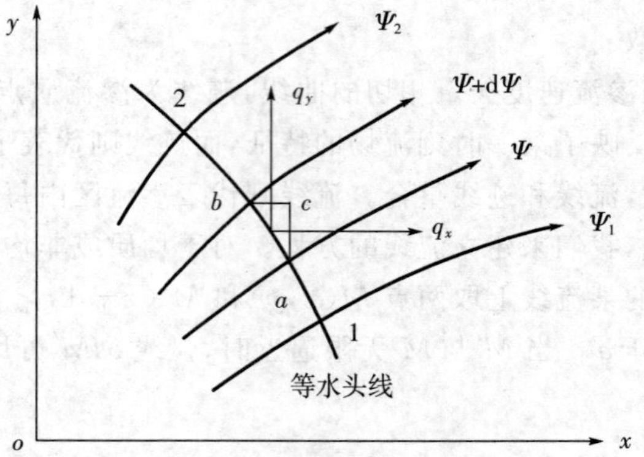

图 2 - 54 流函数与流量的关系

$$\Delta Q=\int_{\psi_1}^{\psi_2}d\psi=\psi_2-\psi_1 \tag{2-39}$$

在同一条流线上 ψ 为常数。

另外，由贝努利方程可知，单位重力液体的位置势能为 z、压强势能为$\frac{p}{\gamma_w}$，如用 φ 表示单位重力液体的总势能，则

$$\varphi=z+\frac{p}{\gamma_w} \tag{2-40}$$

在等温条件下，重度 γ_w 为压强 p 的函数，即 $\gamma_w=\gamma_w(p)$。对于一般的地下水运动，压强 p 变化不大，可近似认为重度 γ_w 不变，因此可用水头 H 表示势能。对于平面稳定运动，势能 φ 随坐标而变，可写成 $\varphi=\varphi(x,y)$，称为势函数。在上述条件下，$\varphi=$常数，即水头 $H=$常数，为一等势线或等水头线，即 $H=z+\frac{p}{\gamma_w}$。

由 Darcy 定律和式(2 - 39)，有：

$$\begin{cases} q_x=-K\dfrac{\partial H}{\partial x}=-K\dfrac{\partial\varphi}{\partial x}=\dfrac{\partial\psi}{\partial y} \\ q_y=-K\dfrac{\partial H}{\partial y}=-K\dfrac{\partial\varphi}{\partial y}=-\dfrac{\partial\psi}{\partial x} \end{cases} \tag{2-41}$$

分别对 y、x 求导得：

$$-K\frac{\partial^2\varphi}{\partial x\partial y}=\frac{\partial^2\varphi}{\partial y^2}\qquad -K\frac{\partial^2\varphi}{\partial y\partial x}=-\frac{\partial^2\varphi}{\partial x^2}$$

因而有：

$$\frac{\partial^2\psi}{\partial y^2}=-\frac{\partial^2\psi}{\partial x^2}$$

即

$$\frac{\partial^2\psi}{\partial x^2}+\frac{\partial^2\psi}{\partial y^2}=0 \tag{2-42}$$

说明在均质各向同性介质中，流函数满足 Laplace 方程。

对于均质各向异性介质，当坐标轴和渗透系数主方向一致时有

$$q_x=-K_{xx}\frac{\partial H}{\partial x}=\frac{\partial\psi}{\partial y};\ q_y=-K_{yy}\frac{\partial H}{\partial y}=-\frac{\partial\psi}{\partial x}$$

上述左式对 y 求导后乘以 K_{yy}，右式对 x 求导后乘以 K_{xx}，将上述两式相减，得：

$$K_{xx}\frac{\partial^2\psi}{\partial x^2}+K_{yy}\frac{\partial^2\psi}{\partial y^2}=0 \tag{2-43}$$

可见均质各向异性介质中流函数不满足 Laplace 方程。

可以证明，在非均质各向同性介质中，流函数满足的方程为：

$$K\left(\frac{\partial^2\psi}{\partial x^2}+\frac{\partial^2\psi}{\partial y^2}\right)-\left(\frac{\partial K}{\partial x}\frac{\partial\psi}{\partial x}+\frac{\partial K}{\partial y}\frac{\partial\psi}{\partial y}\right)=0 \tag{2-44}$$

在非均质各向异性介质中，流函数满足的方程为：

$$K_{xx}\frac{\partial^2\psi}{\partial x^2}+K_{yy}\frac{\partial^2\psi}{\partial y^2}-\frac{K_{xx}}{K_{yy}}\frac{\partial K_{xx}}{\partial x}\frac{\partial\psi}{\partial x}-\frac{K_{yy}}{K_{xx}}\frac{\partial K_{yy}}{\partial y}\frac{\partial\psi}{\partial y}=0 \tag{2-45}$$

式(2-44)和式(2-45)中流函数也不满足 Laplace 方程。

从上面的讨论中可以看出流函数有下列特性：

① 对于给定流线，流函数为常数。不同的流线，流函数为不同的常数。反过来说，流函数值相等点的连线即为流线。这一性质告诉我们，如果能够求得流场中流函数的分布，通过搜索等值线，就可以得到流线。

② 平面流中，两流线间的水流通量等于这两条流线对应的两个流函数值的差值。如果不同流线对应的流函数值是等差的，那么流线的疏密即反映了水流通量的大小。流线密的地方水流通量大，流线疏的地方水流通量小。

③ 在非稳定流中，流线不断地变化，只能给出某一瞬时的流线图。所以，只有对不可压缩液体的稳定流动，流线才有意义。

(2)流网及其性质

在渗流场内，取一组流线和一组等势线(当重度不变时取一组等水头线)组成的网格称为流网。由于流线可以反映某一时刻流场中质点的流动特征和水流通量，而等势线可以反映水头的空间分布，所以由流线和等势线组成的流网在流场分析中得到了广泛应用。

如图 2-55 所示。流网具有下列性质：

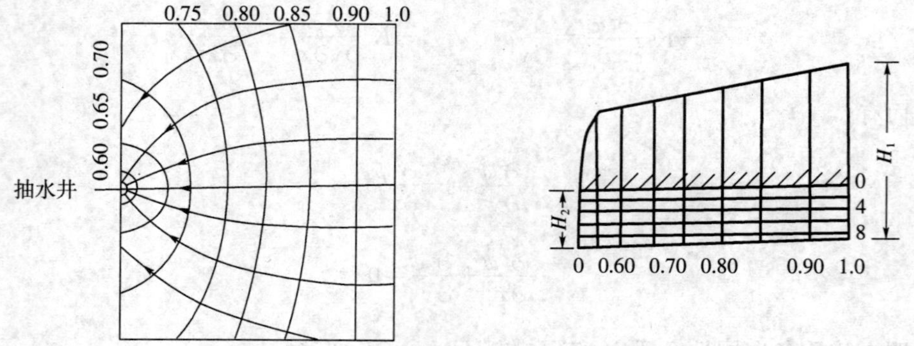

图 2-55　承压完整井抽水的流网

① 各向同性介质中,流线与等势线处处垂直,故流网为正交网。

在均值各向同性介质中,把式(2-41)左、右两个等式交错相乘,得:

$$-K\frac{\partial\varphi}{\partial y}\frac{\partial\psi}{\partial y}=K\frac{\partial\varphi}{\partial x}\frac{\partial\psi}{\partial x} \tag{2-46}$$

对于一般地下水运动,可认为重度 γ_w 不变,则有:

$$-K\frac{\partial H}{\partial y}\frac{\partial\psi}{\partial y}=K\frac{\partial H}{\partial x}\frac{\partial\psi}{\partial x} \tag{2-47}$$

消去 K,得:

$$\frac{\partial\varphi}{\partial x}\frac{\partial\psi}{\partial x}+\frac{\partial\varphi}{\partial y}\frac{\partial\psi}{\partial y}=0 \tag{2-48}$$

$$\frac{\partial H}{\partial x}\frac{\partial\psi}{\partial x}+\frac{\partial H}{\partial y}\frac{\partial\psi}{\partial y}=0 \tag{2-49}$$

场论的知识告诉我们,等水头线和流线的梯度

$$\mathrm{grad}H=\nabla H=\frac{\partial H}{\partial x}i+\frac{\partial H}{\partial y}j$$

$$\mathrm{grad}\psi=\nabla\psi=\frac{\partial\psi}{\partial x}i+\frac{\partial\psi}{\partial y}j$$

式中,i,j——单位矢量。其数量积为:

$$\nabla H\cdot\nabla\psi=\frac{\partial H}{\partial x}\frac{\partial\psi}{\partial x}+\frac{\partial H}{\partial y}\frac{\partial\psi}{\partial y}=0 \tag{2-50}$$

或

$$\nabla\varphi\cdot\nabla\psi=0 \tag{2-51}$$

两矢量的数量积等于零,表示两矢量正交。即流线和等水头线的梯度是正交的,而梯度又和流线及等水头线本身垂直,因此流线和等水头线正交,流网为正交网格。

同理可以证明,在非均质各向同性介质中仍有$\nabla H\cdot\nabla\psi=0$ 的关系,表明在非均质各向同性介质中流线仍和等水头线正交,如图 2-56 所示。

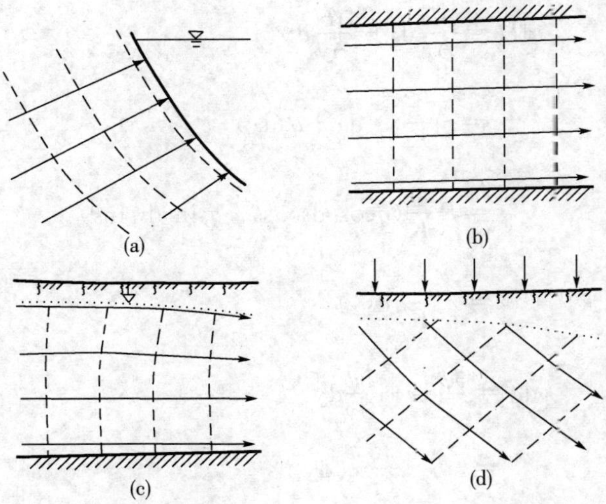

图 2 - 56　等水头线、流线与各类边界的关系

② 各向异性介质中，等水头线族和流线族是不正交的，流网不是正交网格。流线偏离主渗透方向。

③ 在均质各向同性介质中，流网每一个网格的边长比为常数。

设在流网中取一网格，如图 2 - 57 所示。相邻流线的间距为 dl，等势间距 ds。

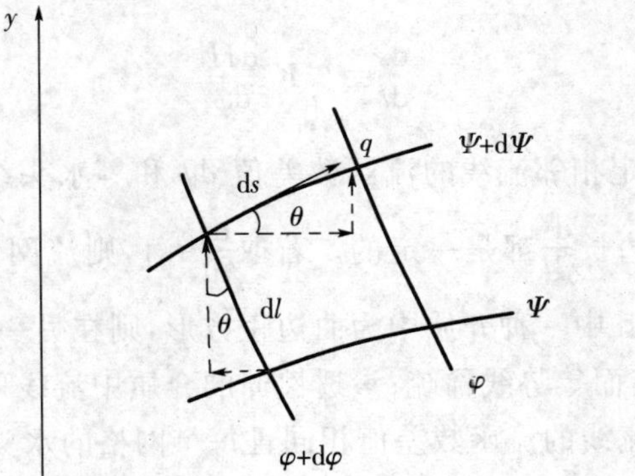

图 2 - 57　部分流网

则 ds 在 x 和 y 方向的投影为：

$$dx = \cos\theta ds \quad dy = \sin\theta ds$$

dl 在 x 和 y 方向的投影为：

$$dx = -\sin\theta dl \quad dy = \cos\theta dl$$

同时渗透速度矢量 q 在两个坐标轴上的分量为：

$$q_x = q\cos\theta \quad q_y = q\sin\vartheta$$

对于均质各向同性介质有：

$$\mathrm{d}H=\frac{\partial H}{\partial x}\mathrm{d}x+\frac{\partial H}{\partial y}\mathrm{d}y$$

$$=-\frac{1}{K}(q_x\mathrm{d}x+q_y\mathrm{d}y)$$

$$=-\frac{1}{K}(q\cos\theta\mathrm{d}s\cos\theta+q\sin\theta\mathrm{d}s\sin\theta)$$

$$=-\frac{1}{K}q\mathrm{d}s$$

$$\mathrm{d}\psi=\frac{\partial \psi}{\partial x}\mathrm{d}x+\frac{\partial \psi}{\partial y}\mathrm{d}y$$

$$=-q_y\mathrm{d}x+q_x\mathrm{d}y$$

$$=-q\sin\theta(-\sin\theta\mathrm{d}l)+q\cos\theta\cos\theta\mathrm{d}l$$

$$=q\mathrm{d}l$$

所以：

$$\frac{\mathrm{d}H}{\mathrm{d}\psi}=\frac{-\frac{1}{K}q\mathrm{d}s}{q\mathrm{d}l}=-\frac{1}{K}\frac{\mathrm{d}s}{\mathrm{d}l}$$

$$\frac{\mathrm{d}s}{\mathrm{d}l}=-K\frac{\mathrm{d}H}{\mathrm{d}\psi} \tag{2-52}$$

由上式可知，只要给定相邻流线的流函数差值 $\mathrm{d}\psi$ 和等水头线间的水头差值 $\mathrm{d}H$(或势函数差值 $\mathrm{d}\varphi$)，则流网的边长 $\frac{\mathrm{d}s}{\mathrm{d}l}$ 都是一定的。若取 $\frac{\mathrm{d}s}{\mathrm{d}l}=1$，则流网为正方形。在渗透性不同的两种介质中，若流网在其中一种介质中为曲边正方形，则在另一种介质变为曲边矩形。渗透性强的介质中流线密集而等势线稀疏；渗透性弱的介质中流线稀疏而等势线密集。

④ 当流网中各相邻流线的流函数差值相同且每个网格的水头差值相等时，通过每个网格的流量相等。

设通过流网每一个网格的流量 ΔQ 为：

$$\Delta Q=KJ\Delta l=K\frac{\Delta H}{\Delta s}\Delta l=K\Delta H\frac{\Delta l}{\Delta s} \tag{2-53}$$

式中，Δs——该网格相邻两等势线间的平均长度；

Δl——相邻两流线间的平均长度。

若流网的每一网格的 ΔH 相等，ΔQ 也就相等。当 $\frac{\Delta l}{\Delta s}=1$，即流网为正方形时，有

$$\Delta Q=K\Delta H \tag{2-54}$$

为方便起见，绘制流网时，可将上、下游的总水头差表示为：

$$H_r=H_a-H_b$$

则每一网格的水头差为：

$$\Delta H=\frac{H_r}{m} \tag{2-55}$$

式中，m——水头带的数目。

(3)流网的应用

流网刻画了渗流场的水流特征，利用它可以确定各渗流要素，因此流网对解决稳定渗流问题有很大的实用价值。

① 确定水头和渗透压强

渗流区内任一点的水头 H 可以由等水头线确定。如该点位于两等水头之间，则用内插法确定。知道了水头，可通过下式计算该点上的渗透压强：

$$\frac{p}{\gamma_w}=H\pm z \text{ 或 } p=\gamma(H\pm z) \tag{2-56}$$

式中，z——该点到基准面的距离，如该点位于基准面下方取正值，反之取负值；

γ_w——水的重度。

② 确定水力坡度和渗流速度

通过某点作流线，沿流线量出相邻两水头线间的距离 Δs；若这两条等水头线间的水头差为 ΔH，则该点的水力梯度和渗流速度分别为：

$$J=\frac{\Delta H}{\Delta s}\quad q=KJ$$

③ 确定渗流量

在各向同性渗流场中，若同一网带内势函数差值相等，则每个网格的流量相等，整个渗流区单位宽度的流量 Q 应等于各个流线间所夹条带的渗流量之和。即：

$$Q=K\Delta H\sum_{i=1}^{n}\frac{\Delta l_i}{\Delta s_i} \tag{2-57}$$

式中，$\frac{\Delta l_i}{\Delta s_i}$——第 i 条条带选定的两等水头线间网格长和宽的比值；

n——条带的数目。

若网格是曲边正方形，网格又是完整的，则上式简化为

$$Q=K\Delta Hn=Kn\frac{H_a-H_b}{m} \tag{2-58}$$

④ 定性确定水文地质条件

图 2-58 为在大气降水入渗条件下的地下水流动模型的剖面流网，通过它可以间接了解地下水的补给、排泄和径流关系。利用地下水等水位线和流线之间的关系，分析水文地质条件的变化，判断地下水系统内部结构，对地下水资源的评价有实际的意义。还可以根据流网选择垃圾填埋场位置。

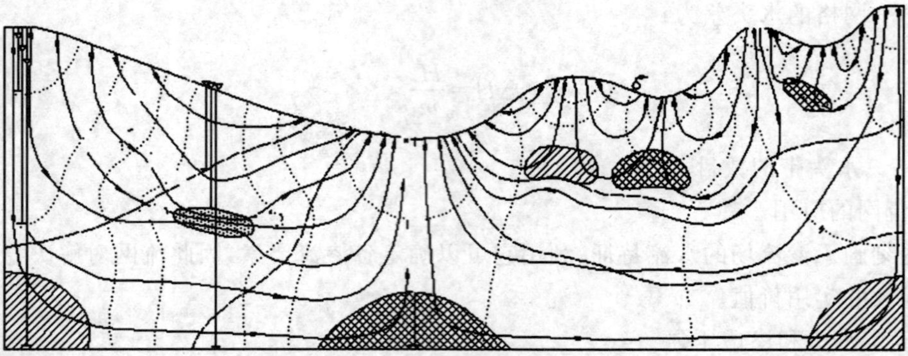

图 2-58　大气降水入渗条件下的地下水流动模型的剖面流网

(4)流网的绘制

求解渗流场中运动要素的空间分布，主要方法有四类：第一，用数学方法求解运动方程，求解空间水头分布，绘制等水头线，求解流函数，绘制流线；第二，物理模型模拟，水电比拟；第三，现场测定，测定水头分布，绘制等水头线，再根据正交原则绘制流线；第四，信手绘制，根据流场边界性质和介质性质，半定量地绘制流网。

信手流网绘制原则：第一，分析水文地质条件，搞清补给区、排泄区或源汇项分布、边界条件等；第二，先绘制确定的流线和等水头线，隔水边界是流线，无入渗、无蒸发条件下潜水面是流线，湖泊、河流边界可看成等水头线；第三，有两个以上排泄点时应确定分水线、面、点(图 2-59)。

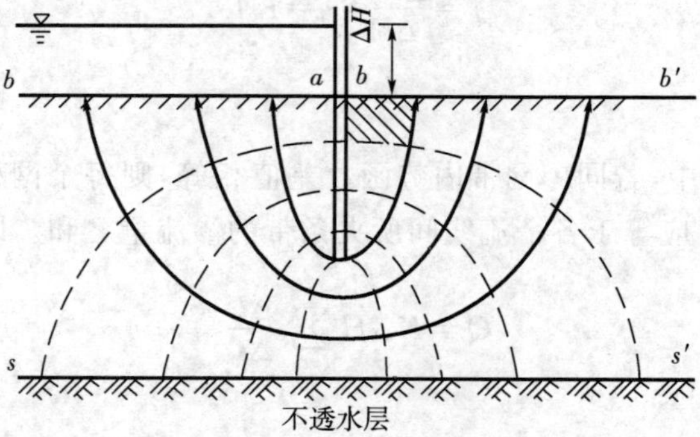

图 2-59　坝基渗透流网

对于坝基渗透流网的绘制，需要注意如下三点：第一，不能强求所有网格都呈标准的曲边正方形。在边界突变的局部地方(如板桩末端便是)，不可避免地要出现三角形或五角形等不规则形状，但不会影响整个流网的精度。第二，流网不要求各个方向都为有限边界，渗流区可在一个或更多的方向上是无限的，因此存在一个有效范围的截取问题。当坝体修建在有限厚的透水层之上时，上下游透水边界的长度可按下式截取：$l=(1.5-2.0)T$；若坝体建在很厚的透水层上时，由于深部的流线形状接近于半圆，在一定深度以下流速小至可以忽略。所以底部轮廓可以取半圆形，圆心取在坝体底板的中心，半径 R 要满足下面关系式：$R\geqslant 15B$。流网的边缘部分可以构成一个不完整的流管。

(5)几种典型条件下的地下水流网

如图 2-60、图 2-61、图 2-62、图 2-63、图 2-64、图 2-65、图 2-66 所示。

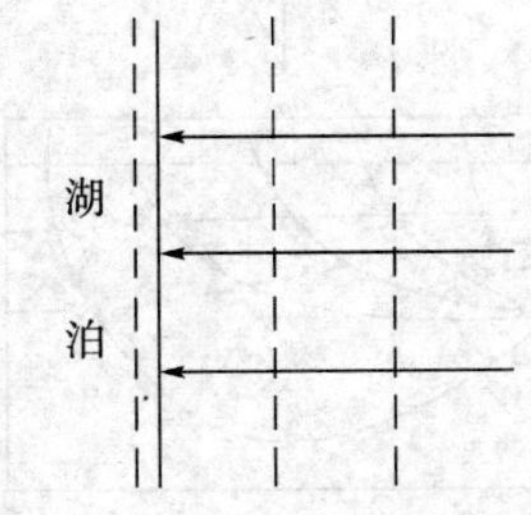

图 2-60　不渗透边界

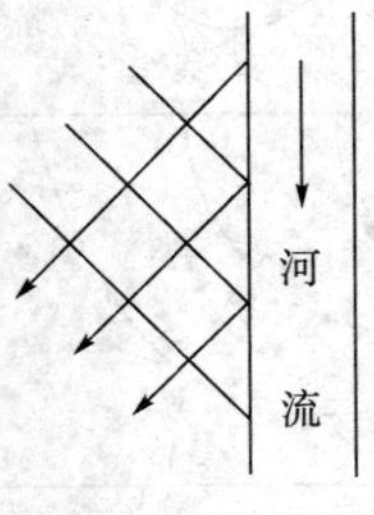

图 2-61　等水头边界

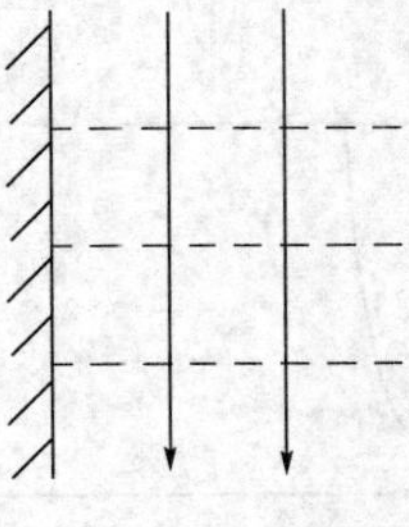

图 2-62　不等水头边界

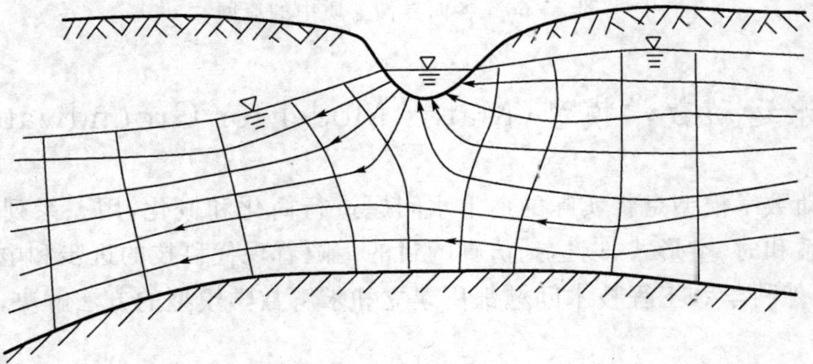

图 2-63　河流附近潜水剖面流网

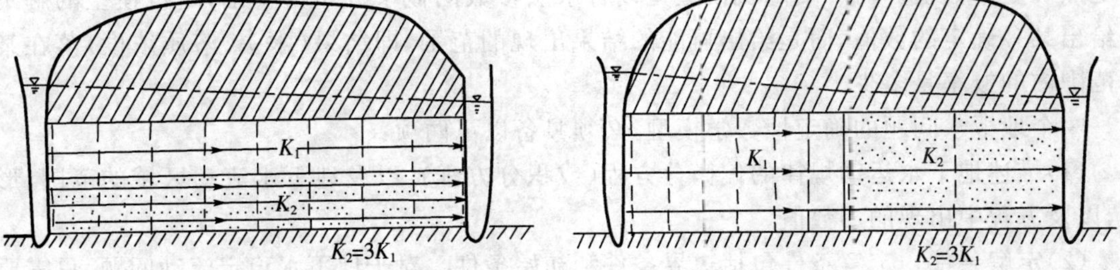

图 2-64　层状非均质介质中两种条件下的流网

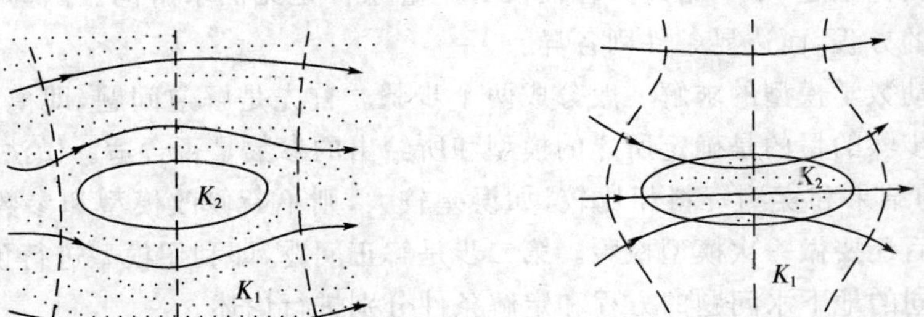

图 2-65　不规则非均质介质中的流网

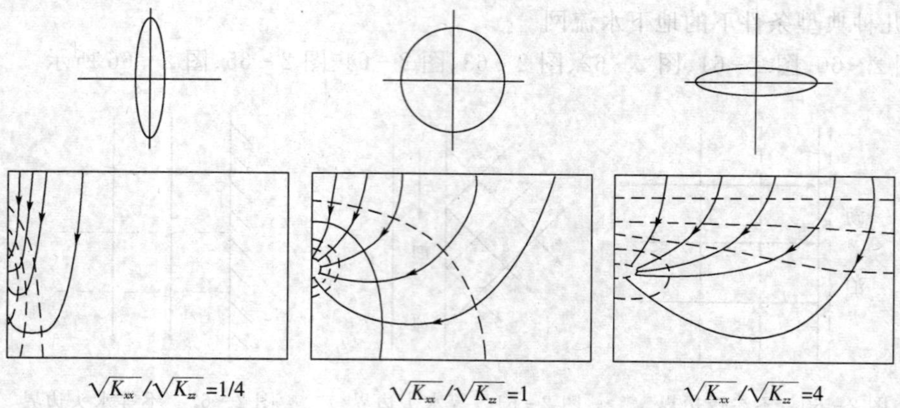

图 2-66　各向异性介质中的流网

2.5　地下水运动数学模型(Maths Model for Groundwater Flow)

地下水运动数学模型是将实际的地下水问题进行简化和概化，用一系列的数学关系式刻画其数量关系和时、空形式，以达到仿真的目的。随着现代科技的进步和电子计算机技术的发展，许多自然科学和工程技术问题都用建立和求解数学模型的方法解决，地下水水文学也不例外。

数学模型有两类。一类为确定性模型。该模型中各变量之间有严格确定的关系。当输入含水层参数、某些给定的值(如抽水量、补给量等)和定解条件时，可得到解在指定时间指定地点确定的数值。另一类随机模型是以含水层参数的概率分布为基础，随机模型的解不是给出某一确定的数值，而是给出可能的结果出现的范围，即结果(水头、溶质浓度)落在某一范围内的概率是多少。

一个地下水问题的确定性数学模型，必须具备以下两项：

(1)描述地下水运动规律的偏微分方程(或积分方程)，以及地下水流动区域的范围、形状，以及方程中出现的参数值。

(2)定解条件。定解条件包括边界条件和初始条件。对于地下水稳定流动问题，只需要边界条件，而对于非稳定流问题，必须同时给出初始条件和边界条件。

对于一个具体问题，如只给出方程而没有定解条件是无法求解的。因为不同的物理问题往往有相同的方程，而边界条件则各异。

地下水运动数学模型的求解一般分成两个步骤。首先是解逆问题，即模型的校正和反求参数。这一步骤的目的是确定所建的模型和所给出的参数是否合适。做法是将参数代入模型，将计算的结果和实测资料相比较，如误差较大，则不断修改模型和参数，直到合适为止。有时在最后还要做一次模型检验。第二步是解正问题，即利用模型进行预测。

下面对不同的地下水问题的方程和定解条件分别进行论述。

2.5.1　地下水运动方程(Equation for Groundwater Flow)

实际地下水系统是很复杂的，它具有非均质、各向异性、非稳定等特点，利用质量守恒定律，结合达西渗流定律，再利用其他方程，建立基本方程。

连续性方程反映液体流动时的质量守恒的关系。下面推导地下水流动时的连续性方程。在多孔介质中的地下水流动我们称之为渗流。在渗流场中取一以 $P(x,y,z)$ 点为中心的平行六面体，称之为均衡单元体，其边长为 Δx，Δy 和 Δz，分别和坐标轴平行，即六面体的每一面都和坐标轴相垂直，如图 2-67 所示。如 P 点沿各坐标轴方向的渗透速度分量分别为 V_x，V_y，V_z，水的密度为 ρ，则单位时间内通过垂直于坐标轴方向的单位面积的水流质量分别为 ρV_x，ρV_y 和 ρV_z。因此，通过六面体左侧 $abcd$ 面的中点 $P_1\left(x-\frac{\Delta x}{2},y,z\right)$ 的单位时间单位面积的水流质量 ρV_{x1} 可利用泰勒(Taylor)级数求得：

$$\rho V_{x1}=\rho V_x\left(x-\frac{\Delta x}{2},y,z\right)=\rho V_x(x,y,z)+\frac{\partial(\rho V_x)}{\partial x}\left(-\frac{\Delta x}{2}\right)+\frac{1}{2!}\frac{\partial^2(\rho V_x)}{\partial x^2}\left(-\frac{\Delta x}{2}\right)^2+\cdots\cdots+\frac{1}{n!}\frac{\partial^n(\rho V_x)}{\partial x^n}\left(-\frac{\Delta x}{2}\right)^n+\cdots \tag{2-59}$$

略去二阶导数以上的高次项，则得：

$$\rho V_{x1}\approx\rho V_x-\frac{1}{2}\frac{\partial(\rho V_x)}{\partial x}\Delta x \tag{2-60}$$

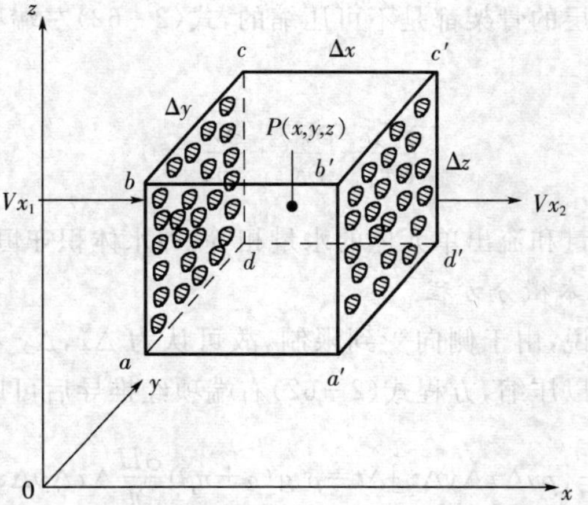

图 2-67　渗流区中的均衡单元体

同理可求得通过右侧的 $a'b'c'd'$ 面单位时间单位面积流出的水流质量为

$$\rho V_{x2}\approx\rho V_x+\frac{1}{2}\frac{\partial(\rho V_x)}{\partial x}\Delta x \tag{2-61}$$

因此沿 x 轴方向流入和流出均衡单元体的质量差应为式(2-61)减去式(2-60)再乘上过水断面的面积和时间，即

$$\left\{\left[\rho V_x-\frac{1}{2}\frac{\partial(\rho V_x)}{\partial x}\Delta x\right]-\left[\rho V_x+\frac{1}{2}\frac{\partial(\rho V_x)}{\partial x}\Delta x\right]\right\}\Delta y\Delta z\Delta t=-\frac{\partial(\rho V_x)}{\partial x}\Delta x\Delta y\Delta z\Delta t$$

同理可写出沿 y 轴方向和沿 z 轴方向流入和流出这个均衡单元体的水流质量差分别为

$$-\frac{\partial(\rho V_y)}{\partial y}\Delta x\Delta y\Delta z\Delta t$$

$$-\frac{\partial(\rho V_z)}{\partial z}\Delta x\Delta y\Delta z\Delta t$$

因此,流入和流出这个均衡单元体的水流总的质量差为:

$$-\left[\frac{\partial(\rho V_x)}{\partial x}+\frac{\partial(\rho V_y)}{\partial y}+\frac{\partial(\rho V_z)}{\partial z}\right]\Delta x\Delta y\Delta z\Delta t$$

均衡单元体内,水所占的体积为 $n\Delta x\Delta y\Delta z$,其中 n 为孔隙度。则水的质量为 $\rho n\Delta x\Delta y\Delta z$。所以在 Δt 时间内,水体质量的变化为:

$$\frac{\partial}{\partial t}[\rho n\Delta x\Delta y\Delta z]\Delta t$$

这个质量变化是由于流入和流出单元体的水的质量差造成的,根据质量守恒定律,两者应相等。有:

$$-\left[\frac{\partial(\rho V_x)}{\partial x}+\frac{\partial(\rho V_y)}{\partial y}+\frac{\partial(\rho V_z)}{\partial z}\right]\Delta x\Delta y\Delta z\Delta t=\frac{\partial}{\partial t}[\rho n\Delta x\Delta y\Delta z]\Delta t \quad (2-62)$$

式(2-62)称为渗流的连续性方程或渗流的质量守恒方程。

如果假定水和含水层的骨架都是不可压缩的,式(2-62)左端项对时间的导数为零。式(2-62)变为

$$\frac{\partial V_x}{\partial x}+\frac{\partial V_y}{\partial y}+\frac{\partial V_z}{\partial z}=0 \quad (2-63)$$

即流入单元体的水量和流出单元体的水量相等,即水体积守恒。

1. 承压水运动的基本微分方程

对于承压含水层来说,由于侧向受到限制,故可认为 Δx,Δy 不变,为常量。仅密度 ρ、孔隙度 n 和垂直方向可以压缩,方程式(2-62)右端项经推导后可以得出:

$$\frac{\partial}{\partial t}[\rho n\Delta x\Delta y\Delta z]\Delta t=\rho^2 g(\alpha+n\beta)\frac{\partial H}{\partial t}\Delta x\Delta y\Delta z\Delta t \quad (2-64)$$

式中,α——含水层的压缩系数;

β——水的体积压缩系数。

方程式(2-62)的左端项

$$-\left[\frac{\partial(\rho V_x)}{\partial x}+\frac{\partial(\rho V_y)}{\partial y}+\frac{\partial(\rho V_z)}{\partial z}\right]\Delta x\Delta y\Delta z\Delta t$$

$$=\left[-\rho\left(\frac{\partial V_x}{\partial x}+\frac{\partial V_y}{\partial y}+\frac{\partial V_z}{\partial z}\right)-\left(V_x\frac{\partial\rho}{\partial x}+V_y\frac{\partial\rho}{\partial y}+V_z\frac{\partial\rho}{\partial z}\right)\right]\Delta x\Delta y\Delta z\Delta t$$

由于密度 ρ 沿坐标轴方向的变化比速度分量沿坐标轴的变化小得多,故可忽略上式的第二项,有:

$$-\left[\frac{\partial(\rho V_x)}{\partial x}+\frac{\partial(\rho V_y)}{\partial y}+\frac{\partial(\rho V_z)}{\partial z}\right]\Delta x\Delta y\Delta z\Delta t\approx-\rho\left(\frac{\partial V_x}{\partial x}+\frac{\partial V_z}{\partial y}+\frac{\partial V_z}{\partial z}\right)\Delta x\Delta y\Delta z\Delta t \tag{2-65}$$

在各向同性介质中，有：

$$V_x=-K\frac{\partial H}{\partial x};\quad V_y=-K\frac{\partial H}{\partial y};\quad V_z=-K\frac{\partial H}{\partial z}$$

将其代入式(2-65)中，由于式(2-64)与式(2-65)相等，得

$$-\rho\left[\frac{\partial}{\partial x}\left(-K\frac{\partial H}{\partial x}\right)+\frac{\partial}{\partial y}\left(-K\frac{\partial H}{\partial y}\right)+\frac{\partial}{\partial z}\left(-K\frac{\partial H}{\partial z}\right)\right]\Delta x\Delta y\Delta z\Delta t$$

$$=\rho^2 g(\alpha+n\beta)\frac{\partial H}{\partial t}\Delta x\Delta y\Delta z\Delta t$$

有：

$$\left[\frac{\partial}{\partial x}\left(K\frac{\partial H}{\partial x}\right)+\frac{\partial}{\partial y}\left(K\frac{\partial H}{\partial y}\right)+\frac{\partial}{\partial z}\left(K\frac{\partial H}{\partial z}\right)\right]=\rho g(\alpha+n\beta)\frac{\partial H}{\partial t} \tag{2-66}$$

令

$$\rho g(\alpha+n\beta)=S_s \tag{2-67}$$

称为贮水率或弹性释水率。它表征面积为一个单位面积，厚度为一个单位的含水层，当水头降低一个单位时释放的水量，量纲为$[L^{-1}]$。其中 $\rho g\alpha$ 表示由于含水层骨架的压缩，造成充满于含水层孔隙中水的释出，$\rho g n\beta$ 代表由于水的弹性膨胀造成水的释出。故式(2-66)变为：

$$\frac{\partial}{\partial x}\left(K\frac{\partial H}{\partial x}\right)+\frac{\partial}{\partial y}\left(K\frac{\partial H}{\partial y}\right)+\frac{\partial}{\partial z}\left(K\frac{\partial H}{\partial z}\right)=S_s\frac{\partial H}{\partial t} \tag{2-68}$$

式(2-68)即为非均质各向同性条件下，承压水的三维流动的基本微分方程。

如为非均质各向异性介质，一般情况下的基本微分方程为

$$\frac{\partial}{\partial x}\left(K_{xx}\frac{\partial H}{\partial x}+K_{xy}\frac{\partial H}{\partial y}+K_{xz}\frac{\partial H}{\partial z}\right)+\frac{\partial}{\partial y}\left(K_{yx}\frac{\partial H}{\partial x}+K_{yy}\frac{\partial H}{\partial y}+K_{yz}\frac{\partial H}{\partial z}\right)$$

$$+\frac{\partial}{\partial z}\left(K_{zx}\frac{\partial H}{\partial x}+K_{zy}\frac{\partial H}{\partial y}+K_{zz}\frac{\partial H}{\partial z}\right)=S_s\frac{\partial H}{\partial t} \tag{2-69}$$

当取主轴坐标系时，式(2-69)简化为：

$$\frac{\partial}{\partial x}\left(K_x\frac{\partial H}{\partial x}\right)+\frac{\partial}{\partial y}\left(K_y\frac{\partial H}{\partial y}\right)+\frac{\partial}{\partial z}\left(K_z\frac{\partial H}{\partial z}\right)=S_s\frac{\partial H}{\partial t} \tag{2-70}$$

如果为均质各向同性介质，式(2-68)简化为

$$\frac{\partial^2 H}{\partial x^2}+\frac{\partial^2 H}{\partial y^2}+\frac{\partial^2 H}{\partial z^2}=\frac{S_s}{K}\frac{\partial H}{\partial t} \tag{2-71}$$

对于均质各向同性的二维问题，式(2-71)变为

$$\frac{\partial^2 H}{\partial x^2}+\frac{\partial^2 H}{\partial y^2}=\frac{S_s}{K}\frac{\partial H}{\partial t}=\frac{S}{T}\frac{\partial H}{\partial t} \tag{2-72}$$

式中，

$$S=S_s \cdot b \tag{2-73}$$

称为贮水系数。它等于贮水率乘以含水层的厚度 b。它表示面积为一个单位面积，厚度为含水层厚度 b 的柱体中，当水头降低一个单位时弹性释放出来的水量。它表征含水层的释水能力，也称弹性释水系数，无量纲。它是一个重要的含水层参数。

对于二维的非均质各向同性介质，有：

$$\frac{\partial}{\partial x}\left(T\frac{\partial H}{\partial x}\right)+\frac{\partial}{\partial y}\left(T\frac{\partial H}{\partial y}\right)=S\frac{\partial H}{\partial t} \tag{2-74}$$

而二维的非均质各向异性介质，当取主轴坐标系时，则基本微分方程为：

$$\frac{\partial}{\partial x}\left(T_x\frac{\partial H}{\partial x}\right)+\frac{\partial}{\partial y}\left(T_y\frac{\partial H}{\partial y}\right)=S\frac{\partial H}{\partial t} \tag{2-75}$$

如果地下水做稳定运动，水头 H 不随时间而变化，因而$\frac{\partial H}{\partial t}=0$，则对于均质各向同性介质，有：

$$\frac{\partial^2 H}{\partial x^2}+\frac{\partial^2 H}{\partial y^2}+\frac{\partial^2 H}{\partial z^2}=0 \tag{2-76}$$

上式称为拉普拉斯(Laplace)方程。

类似地，对于非均质各向同性介质，有：

$$\frac{\partial}{\partial x}\left(T\frac{\partial H}{\partial x}\right)+\frac{\partial}{\partial y}\left(T\frac{\partial H}{\partial y}\right)=0 \tag{2-77}$$

非均质各向异性介质，取主轴坐标系时，有：

$$\frac{\partial}{\partial x}\left(T_x\frac{\partial H}{\partial x}\right)+\frac{\partial}{\partial y}\left(T_y\frac{\partial H}{\partial y}\right)=0 \tag{2-78}$$

2. 越流含水层中地下水非稳定运动的基本微分方程

如果承压含水层上、下的岩层不是绝对不透水的，而是其中一个或两个都是弱透水层。此时含水层中的地下水虽然承压，但能通过弱透水层和相邻含水层发生水力联系。当两含水层存在水头差时，地下水可能从水头高的含水层向水头低的含水层流动。这种情况称为越流(Leakage)。越流现象在我国相当普遍。

如果不考虑弱透水层本身贮存的水的释放，把弱透水层仅仅看作是过水的通道，则称为第一类越流。如果不仅把弱透水层看作过水通道，还考虑弱透水层本身贮存的水的释放并补给主含水层，则称为第二类越流。

此处仅研究第一类越流的地下水运动的基本微分方程。弱透水层的渗透系数 K_1 通常比主含水层的渗透系数小几个数量级。故可近似地认为水是垂直地通过弱透水层，进入主含水层以后折向水平流动。实际上，K_1 比 K 小两个数量级时，这一假定的误差小于 5%，实际上是允许的。非均质各向异性条件下的微分方程为：

$$\frac{\partial}{\partial x}\left(T\frac{\partial H}{\partial x}\right)+\frac{\partial}{\partial y}\left(T\frac{\partial H}{\partial y}\right)+K_1\frac{H_1-H}{b_1}+K_2\frac{H_2-H}{b_2}=S\frac{\partial H}{\partial t} \tag{2-79}$$

式中，K_1，K_2——上、下弱透水层的垂向渗透系数；

b_1，b_2——上、下弱透水层的厚度。

对于均质各向同性介质，式(2-79)简化为

$$\frac{\partial^2 H}{\partial x^2}+\frac{\partial^2 H}{\partial y^2}+\frac{K_1}{Tb_1}(H_1-H)+\frac{K_2}{Tb_2}(H_2-H)=\frac{S}{T}\frac{\partial H}{\partial t} \tag{2-80}$$

令：

$$B_1=\sqrt{\frac{Tb_1}{K_1}}\qquad B_2=\sqrt{\frac{Tb_2}{K_2}} \tag{2-81}$$

得到：

$$\frac{\partial^2 H}{\partial x^2}+\frac{\partial^2 H}{\partial y^2}+\frac{H_1-H}{B_1^2}+\frac{H_2-H}{B_2^2}=\frac{S}{T}\frac{\partial H}{\partial t} \tag{2-82}$$

参数 b_1 和 b_2 称为越流因素。量纲是[L]。弱透水层的渗透性愈下，厚度愈大，则 b 愈大，越流量愈小。如果弱透水层变成完全隔水，则 b 成为无穷大。反之，另一个参数

$$\sigma_1=\frac{K_1}{m_1}\qquad \sigma_1=\frac{K_2}{m_2} \tag{2-83}$$

称为越流系数。它表示当主抽水含水层和相邻含水层之间的水头差存在一个长度单位时，通过该弱透水层单位面积上的水流量。显然，它的性质和越流因素相反，越流系数愈大越流量愈小；越流系数愈大，越流量愈大。

3. 潜水运动的基本微分方程

1863 年，法国工程师裘布衣(Dupuit)根据潜水面的坡度在天然状态下都很小的事实，提出潜水的水力坡度用正切代替正弦，这就是裘布衣假设，如图 2-68 所示。

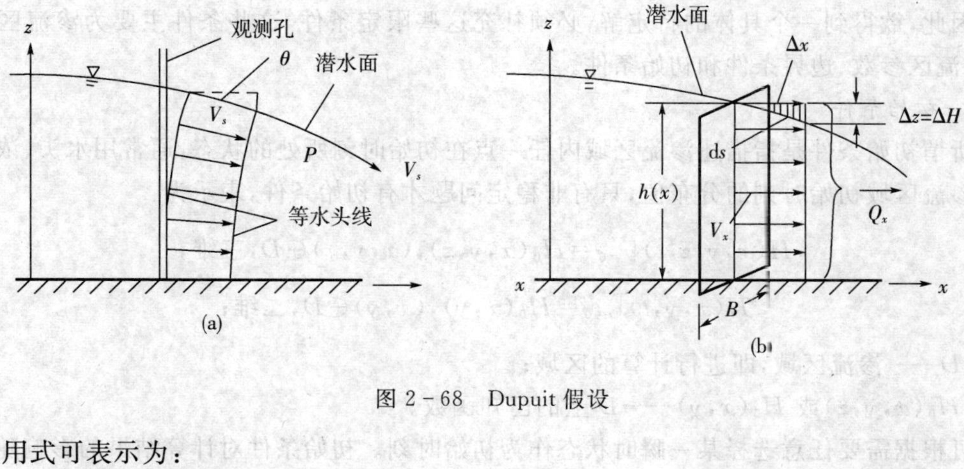

图 2-68　Dupuit 假设

用式可表示为：

$$I=-\frac{\mathrm{d}H}{\mathrm{d}s}=-\sin\theta \tag{2-84}$$

但当 θ 很小时，$\sin\theta\approx\tan\theta$，故

$$I\approx-\frac{\mathrm{d}H}{\mathrm{d}x}=-\tan\theta \tag{2-85}$$

在裘布衣假设下，假定潜水水流都是水平流动，渗透速度没有铅直分量，等水头面是铅直面，因而可使计算大大地简化。

潜水非稳定运动的微分方程，就是在裘布衣假设的条件下导出的：

$$\frac{\partial}{\partial x}\left(h\frac{\partial H}{\partial x}\right)+\frac{w}{K}=\frac{\mu}{K}\frac{\partial H}{\partial t} \tag{2-86}$$

式中，h——潜水含水层的厚度；

w——单位时间单位面积上的入渗补给量，如为蒸发排泄，则取负值；

μ——潜水含水层的给水度，无量纲。

式(2-86)即为均质各向同性介质中，潜水一维流动时的基本微分方程，也称布西涅斯克(Boussinesq)方程。二维情况下有：

$$\frac{\partial}{\partial x}\left(h\frac{\partial H}{\partial x}\right)+\frac{\partial}{\partial y}\left(h\frac{\partial H}{\partial y}\right)+\frac{w}{K}=\frac{\mu}{K}\frac{\partial H}{\partial t} \tag{2-87}$$

对于非均质各向异性含水层，有

$$\frac{\partial}{\partial x}\left(Kh\frac{\partial H}{\partial x}\right)+\frac{\partial}{\partial y}\left(Kh\frac{\partial H}{\partial y}\right)+w=\mu\frac{\partial H}{\partial t} \tag{2-88}$$

2.5.2 地下水数学模型的定解条件(Initial and Boundary Conditions)

地下水模型不仅包含上面说的地下水流动偏微分方程、地下水的边界范围、含水层特征(含水层内部参数)，也包括定解条件(边界条件和初始条件)，地下水流动状态是这些因素的综合表现或反映。同一形式的偏微分方程代表同一类地下水运动规律，但由于受到模型以及其他条件(渗流区域范围、渗流区域参数、定解条件)的不确定性影响，其解也具有不确定性。因此，欲得到一个具体的特定解，必须补充这些限定条件，这些条件主要为渗流区域范围、渗流区参数、边界条件和初始条件。

1. *初始条件*

所谓初始条件是指描述渗流区域内任一点在初始时刻所处的状态，通常用水头、浓度来描述渗流区域初始时刻的分布值，只有非稳定问题才有初始条件，表示为：

$$H(x,y,z,t)\big|_{t=0}=H_0(x,y,z),(x,y,z)\in D,\text{三维；}$$

$$H(x,y,t)\big|_{t=0}=H_0(x,y),(x,y)\in D,\text{二维；}$$

式中，D——渗流区域，即进行计算的区域；

$H_0(x,y,z)$或$H_0(x,y)$——D上的已知函数。

可根据需要任意选择某一瞬时状态作为初始时刻。初始条件对计算结果的影响随计算

时间的延长而减弱。

2. 边界条件

地下水运动问题的边界条件是指研究域边界处的水流条件。从数学意义上讲，是在自变量取值域边界上的函数条件。例如，对于一维渗流问题要给定研究域两个端点处的水流条件；对于二维渗流问题要给定研究域四周边界的水流条件；对于三维渗流问题需要给定包围研究域的各界面上的水流条件等。

边界条件用来描述地下水渗流区与周围环境之间相互关系，反映出渗流区外界环境变化对渗流区域的影响，边界条件反映了渗流区与外界环境之间物质和能量交换的状况，常有以下几种：

(1)第一类边界条件

第一类边界条件又称给定水头边界条件。在给定的某一段边界（三维流时记为 S_1，二维流时记为 Γ_1）上，地下水的水位是已知函数（或常数），表示为：

$$H(x,y,z,t)|_{S_1}=h_1(x,y,z,t),(x,y,z)\in S_1,t\geqslant 0,\text{三维；}$$

$$H(x,y,t)|_{\Gamma_1}=h_2(x,y,t),(x,y)\in \Gamma_1,t\geqslant 0,\text{二维；}$$

式中，S_1——三维渗流区域的边界曲面；

Γ_1——二维渗流区域的边界曲线；

$H_1(x,y,z)$——边界曲面上的已知水头；

$H_2(x,y)$——边界曲线上的已知水头。

已知水头边界不一定是定水头边界。只要各时刻的水头已知即可。

自然界中可以作为第一类边界条件来处理的情况很多，例如，当河流或者湖泊切割含水层，且与含水层有直接水力联系时，河流或湖泊与含水层的交界面即构成第一类边界，相应的河流或湖泊的水位即为第一类边界条件；泉在没有干涸的情况下也可以作为第一类边界处理；研究域中的地下水观测井，如果没有水位观测资料可以利用，也可以按第一类边界处理。

(2)第二类边界条件

在给定某一段上单位面积（针对三维流而言）和单位长度（对二维流而言）的流量为已知，称为二类边界，或给定流量边界，其表示为：

$$K\left.\frac{\partial H}{\partial n}\right|_{S_2}=q_1(x,y,z,t),(x,y,z)\in S_2 \tag{2-89}$$

亦即：

$$K\left[\frac{\partial H}{\partial x}\cos(n,x)+\frac{\partial H}{\partial y}\cos(n,y)+\frac{\partial H}{\partial z}\cos(n,z)\right]=q_1(x,y,z,t),\ (x,y,z)\in S_2 \tag{2-90}$$

在二维情况下，有：

$$T\left.\frac{\partial H}{\partial n}\right|_{\Gamma_2}=q_2(x,y,t),(x,y)\in \Gamma_2 \tag{2-91}$$

亦即：

$$T\left[\frac{\partial H}{\partial x}\cos(n,x)+\frac{\partial H}{\partial y}\cos(n,y)\right]=q_2(x,y,t),\quad (x,y)\in\Gamma_2 \tag{2-92}$$

最常见的两类边界为隔水边界，在各向同性介质中为：

$$\frac{\partial H}{\partial n}=0 \tag{2-93}$$

在自然界中下列场合可作为隔水边界处理：

a 地下水分水岭，水向分水岭两侧流动，没有水流能通过分水岭。

b 流线，流线处处和流速矢量相切，没有水流能通过流线。

如果研究区内有抽水井(或注水井)，则井壁边界 Γ_w 也可作为第二类边界处理，有

$$2\pi rT\frac{\partial H}{\partial r}=Q(x,y,t) \tag{2-94}$$

式中，r——径向距离；

$Q(x,y,t)$——抽水井的流量(如为注水井，则取负值)。

由于 Γ_w 为内边界，外法线 n 的方向指向井心，和 r 方向相反，故式(2-94)也可写作：

$$T\frac{\partial H}{\partial n}\bigg|_{\Gamma_w}=-\frac{Q}{2\pi r_w} \tag{2-95}$$

式中，r_w——水井半径。

可以把第二类边界上的水流通量放入源汇项之中，而在第二类边界上使用零通量。国际地下水模拟中心的著名地下水渗流软件 MODFLOW 就是这样处理的。实际上，研究域的外源汇都是通过边界进入或流出研究域的，如降雨一般通过上边界进入研究域，而蒸发则使域中的水通过上边界流出研究域。我们可以通过边界条件的形式实现其对研究域水运动的作用，也可以通过源汇项的形式(在微分方程之中)实现其作用，两种实现方式的结果是相同的。

对于稳定渗流问题，研究域的边界不能全部是第二类边界，即不能全部是给定流量边界条件，至少要有一点是给定水头边界条件。很容易证明，如果研究域的边界全部是给定流量边界，那么满足边界条件的微分方程解将有无数个。假设 $H(x,y,z)$ 是稳定渗流微分方程的解，我们会发现，$H(x,y,z)+C$ 也是问题的解，C 为任意常数，这就证明了解有无数个。非稳定渗流问题的边界没有这一限制，因为非稳定渗流有初始条件作为水头的起算值。

(3)第三类边界条件

如果在某一段边界上，水头和水头在边界外法线方向上的导数 $\frac{\partial H}{\partial n}$ 的线性组合，即：$\alpha H+\frac{\partial H}{\partial n}=\beta$ 为已知。式中，α、β 为上述边界上的已知函数，这样的边界为第三类边界，也称混合边界。

河底和河流侧面有污泥沉积时，可作为第三类边界处理，如图 2-69 所示，此时有：

$$K\frac{\partial H}{\partial n}-\frac{K_1}{m_1}(H_n-H)=0\qquad 在\ \Gamma_3\ 上 \tag{2-96}$$

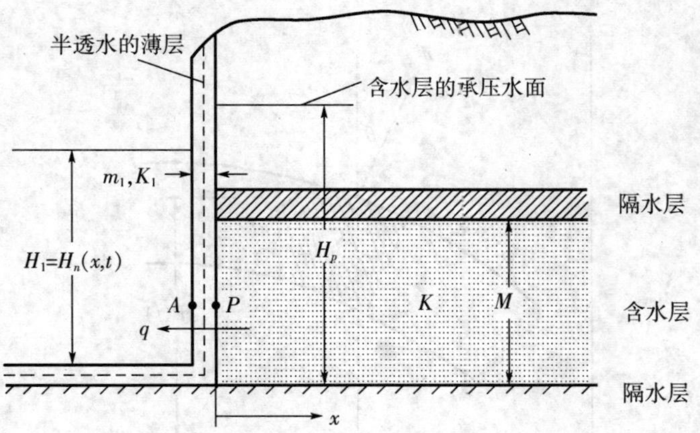

图 2-69　第三类边界条件示意图

或写作：

$$T\frac{\partial H}{\partial n}-M\frac{(H_n-H)}{\omega}=0 \qquad 在\ \Gamma_3\ 上 \qquad (2-97)$$

式中，K——主含水层的渗透系数，L/T；

T——主含水层的导水系数，L^2/T；

M——主含水层的厚度，L；

H_n——河水位，L；

H——地下水水位，L；

K_1——污泥层的渗透系数，L/T；

m_1——污泥层的厚度，L；

σ——污泥层的越流系数。

当存在弱透水边界时，可以用第三类边界条件加以表示，例如，非饱和带上部有上层滞水或有上悬河流通过等。第三类边界条件也可以在源汇项中表达出来，因此，在建立数学模型时，通常不使用第三类边界条件，而是放入源汇项之中加以考虑。

(4)潜水面边界

在三维流中，潜水面作为边界处理。

① 稳定流

浸润曲线上压强等于大气压，任意一点的水头等于该点的纵坐标。

② 非稳定流

非稳定流中，地下水位是随时间变化的，如图 2-70 所示。

当浸润曲线下降时，从浸润曲线边界流入渗流区的单位面积流量 q 为：

$$q=\mu\frac{\partial H^*}{\partial t}\cos\theta$$

式中，μ——给水度，θ 为浸润曲线外法线与铅垂线间的夹角。

相应的边界条件为：

$$K\frac{\partial H}{\partial n}\bigg|_{C_2}=q$$

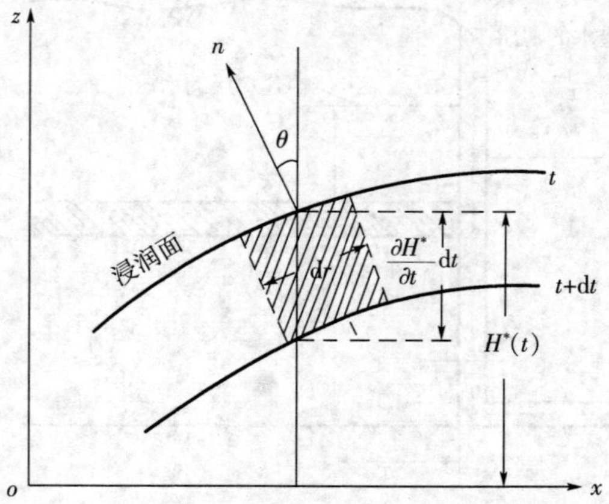

图 2-70　浸润曲线的处理

2.5.3　地下水数学模型实例(Case Study)

如图 2-71 所示的均质各向同性的潜水含水层,地下水流为平面非稳定流,且与河水有直接水力联系,已知在渗流区范围内有开采试验场 P,开采强度为 W(m/d),其他方向没有垂直方向的水力联系,建立该地区地下水数学模型。

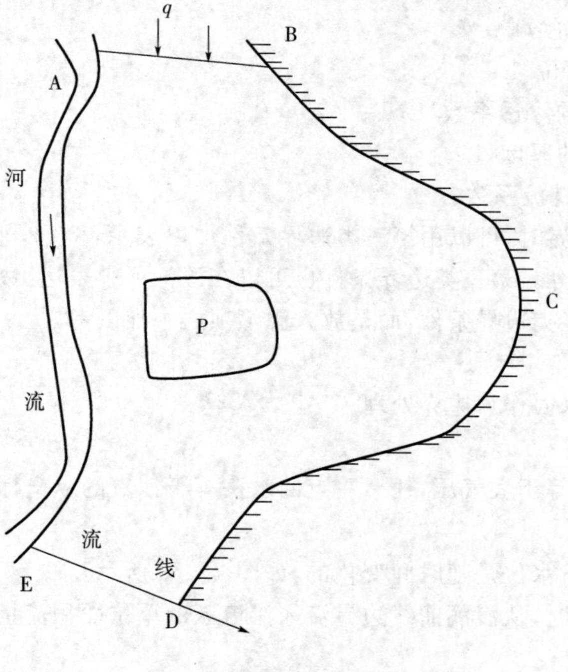

图 2-71　地下水开采平面图

分析:依据已知条件,渗流区的 AE 为河流,河流与地下水之间有直接水力联系,视为第一类水头边界,BCD 为隔水边界,AB 为透水边界,单宽流量为 q(m^2/d),DE 为流线边界,可视为隔水边界,其数学模型为:

$$\frac{\partial}{\partial x}\left[K(H-z)\frac{\partial H}{\partial x}\right]+\frac{\partial}{\partial y}\left[K(H-z)\frac{\partial H}{\partial y}\right]+W(x,y,t)-\varepsilon(x,y,t)$$

$$=\mu\frac{\partial H}{\partial t},\ (x,y)\in D,\ t\geqslant 0 \tag{2-98}$$

$$H(x,y,0)=H_0(x,y),\ (x,y)\in D$$

$$H(x,y,t)\Big|_{\Gamma_1}=H_1(x,y,t),\ (x,y)\in \mathrm{AE},\ t>0$$

$$\frac{\partial H}{\partial n}\Big|_{\Gamma_2}=0,\ (x,y)\in \mathrm{BCDE},\ t>0$$

$$K(H-z)\frac{\partial H}{\partial n}\Big|_{\Gamma_2}=-q,\ (x,y)\in \mathrm{AB},\ t>0$$

式中，H——潜水含水层水位标高(m)；

K——渗透系数(LT^{-1})；

μ——给水度；

ε——补排强度(LT^{-1})；

D——渗流区(计算区域)；

Z——底板标高(m)；

H_0——潜水含水层初始水位标高(m)；

Γ_1——一类边界；

Γ_2——二类边界；

H_1——水位边界值(m)；

q——流量边界值(L^2T^{-1})；

n——二类边界的法线方向。

2.5.4　地下水数学模型求解方法(Methods for Solving Maths Model)

地下水模型求解方法主要有三种方法：解析法、相似模拟法和数值法。

1. 解析法

该方法主要用于求解地下水模型，一般资料较少，研究情况较理想化，如含水层为均质、各向同性、边界条件简单，如在规则边界或无限范围边界等情况下，计算起来较为简单，因此，它主要用于地下水几何形状规则、偏微分方程式简单、定解条件简单的情况，在实际生产过程中，通过对条件进行概化，当实际地下水条件与理想模型条件近似时，尽量考虑这种方法。Dupuit 模型和 Theis 模型较为简单，运用解析法进行求解。

解析法的应用主要有四个方面：①预测问题(正演)：在已知参数的条件下，运用解析解预测水头、流量、污染物浓度等的分布；②求参数问题(反演)：根据野外抽水试验、示踪试验、室内模拟试验等的试验结果，应用解析解确定相关参数，如渗透系数、贮水系数、弥散度等，是野外确定水运动和污染物迁移参数的主要方法；③试验设计问题：根据解析解所揭示的水流和污染物迁移规律，设计室内或野外试验以及物理模型等；④检验问题：利用解析解验证数值解法的正确性和数值方法的有效性，检验试验结果和模型的有效性等。

求解析解的方法包括积分法、复苏度势法、积分便焕发、物理模型法等，其中应用最为广泛的是积分变换法,常用的积分变换包括:Laplace(拉普拉斯)变换,Fourier(傅立叶)变换,Hankel(汉开尔)变换,Legendre(勒让德)变换等。

运用本方法主要考虑它的实际条件,只有对模型有清晰的认识,满足条件时,才能运用,否则,得出的结果往往不符合实际情况。

以下举例说明解析方法的应用情况:

(1)承压水向河渠一维稳定运动,如图 2-72 所示。

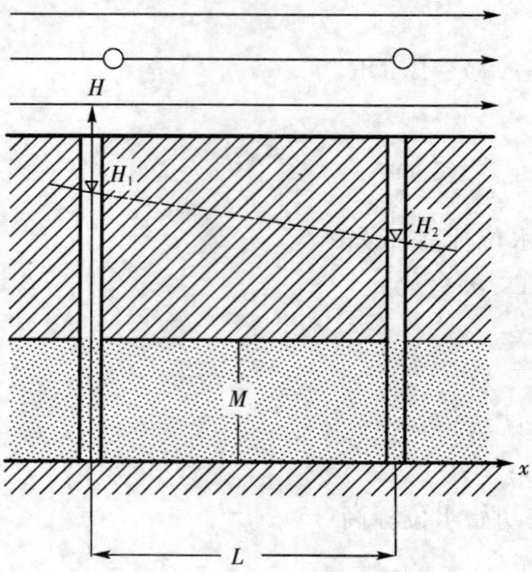

图 2-72 承压水向河渠一维稳定运动示意图

水文地质模型条件:均质、等厚、承压含水层,两条平行河流切割含水层,两河水位分别为 H_1、H_2,当两河水位稳定时,地下水可形成稳定流动,这时,流网显示地下水流线是一条平行的直线。

$$\begin{cases} \dfrac{d^2 H}{dx^2}=0 & (1) \\ H|_{x=0}=H_1 & (2) \\ H|_{x=L}=H_2 & (3) \end{cases}$$

解法一:对(1)式两次不定积分,代入已知条件得:

$$H=C_1 x+C_2,$$

$$C_2=H_1$$

$$C_1=\frac{H_2-H_1}{l}$$

即

$$H=H_1-\frac{H_1-H_2}{l}x$$

此式为承压含水层地下水一维稳定流的水头线方程。可见,此时水头线是一条直线,且水头 H 的分布与渗透系数 K 无关。

在均匀一维流动情况下，水力梯度为常数，其值取决于水头差及沿程途径。在介质均匀、渗流断面均不发生改变的情况下，水力梯度为常数，故水头分布与 K 无关。

单宽流量公式为：

$$H=H_1-\frac{H_1-H_2}{l}x$$

$$Q=-KA\frac{\mathrm{d}H}{\mathrm{d}x}=-KMB\frac{\mathrm{d}H}{\mathrm{d}x}$$

$$q=\frac{Q}{B}=-KM\frac{\mathrm{d}H}{\mathrm{d}x}\text{(单宽流量)}$$

由于

$$H=H_1-\frac{H_1-H_2}{l}x\Rightarrow\frac{\mathrm{d}H}{\mathrm{d}x}=-\frac{H_1-H_2}{l}$$

故

$$q=KM\frac{H_1-H_2}{l}$$

$$Q=KMB\frac{H_1-H_2}{l}$$

解法二：分离变量法

$$q=-KM\frac{\mathrm{d}H}{\mathrm{d}x}$$

$$\therefore\quad\frac{q}{KM}\mathrm{d}x=-\mathrm{d}H$$

从 $x=0$（断面 1，$H=H_1$）积分至 $x=1$（断面 2，$H=H_2$）

$$\int_0^l\frac{q}{KM}\mathrm{d}x=-\int_{H_1}^{H_2}\mathrm{d}H$$

由于

$$q=\text{const}$$

$$\frac{q}{KM}l=H_1-H_2$$

$$q=KM\frac{H_1-H_2}{l}$$

若从 $x=0$（断面 1，$H=H_1$）积分至 $x=x$（断面 x，$H=H$）处，即

$$\int_0^x\frac{q}{KM}\mathrm{d}x=-\int_{H_1}^{H}\mathrm{d}H$$

$$\frac{q}{KM}x=H_1-H$$

得出承压含水层地下水一维稳定流的水头线方程：

$$H=H_1-\frac{q}{KM}x=H_1-\frac{KM\dfrac{H_1-H_2}{l}}{KM}x$$

即
$$H=H_1-\frac{H_1-H_2}{l}x$$

(2)潜水的稳定运动

首先做如下假设:①含水层为均质各向同性,底部隔水层水平分布,上部有均匀入渗(用入渗强度 W 表示,为常数);②河渠基本上彼此平行,潜水流可视为一维流;③潜水流是渐变流并趋于稳定。

取垂直于河渠的单位宽度进行研究,其数学模型如下:

$$\begin{cases}\dfrac{\mathrm{d}}{\mathrm{d}x}\left(Kh\dfrac{\mathrm{d}h}{\mathrm{d}x}\right)+W=0\\ h(x,t)|_{x=0}=h_1\\ h(x,t)|_{x=l}=h_2\end{cases}$$

式中,h——距离左端起始断面 x 处的潜水含水层厚度;

h_1,h_2——左右两端河渠边的潜水含水层厚度。

分离变量,由断面 1 至断面 x 积分,得单宽流量为:

$$q_x=K\frac{h_1^2-h_2^2}{2l}-\frac{1}{2}Wl+Wx$$

浸润曲线为:

$$h^2=h_1^2+\frac{h_2^2-h_1^2}{l}x+\frac{W}{K}(lx-x^2)$$

2. 相似模拟法

解析法只能解决简单的渗流问题,对于复杂的渗流问题常用数值法和物理模拟法来解决。模拟方法不仅能解决解析法难以解决的问题,而且对在检验基本理论和需要观测渗流过程中出现的物理现象,如弥散现象,起到重要作用。

相似模拟方法实际上运用相似原理和相似模型进行求解。相似模型是指原型和模型具有相似的条件,即两个系统中的物理现象具有相似的变化规律,可以用相似的数学模型表达,相似的数学模型包括两个方面:(1)描述两者物理过程的偏微分方程形式相同;(2)模型的定解条件相似。定解条件相似是指原型和模型在以下几个方面保持相似:(1)几何相似;(2)时间相似;(3)参数相似;(4)初始值相似;(5)边界条件相似。

利用相似模型一方面可以成比例缩小天然渗流区的空间尺度,便于从整体上研究渗流过程及特征;另一方面通过调整相似比例,加速模拟的演化速度,减短渗流的演化时间,从而大大节省时间,提高工作效率。

3. 数值法

用数值法(差分和有限法)求得的解称为数值解,它是一种近似解。求解数值解的算法叫作数值法。在电子计算机上使用数值法原理,利用应用软件,如 Feflow、Modflow 求解数学模型的解，以模拟实际系统的行为和状态叫作数值模拟。数值法是求解大型地下水流问题的主要方法。这种方法的要点是把整个渗流区分割成若干个形状规则的小块（称为单元），这些小块可以近似地看成是均质的，因而就很容易建立起描述各个单元地下水流动的关系式。把原形状不规则的非均质问题转化为容易计算的形态规则的均值问题。各个单元可以根据需要选择合适的水文地质参数。把所有单元合在一起就能表现出渗流区域在几何形状上的不规则形状和在水文地质上的非均质性，代表原来的渗流区。单元划分多少，根据计算结果的精度要求可以任意选择。要求的精度高，分的单元就要多一些。对于非稳定流问题还要把整个计算时间划分为许多时段，它们的集合就是原来所要研究的时间段。划分多少个时段与单元的划分一样依需要而定。这时所建立的是描述某时段每个单元地下水流动的关系式。然后通过某种方式把这些关系式集合起来，加上定解条件便成为一个方程组，求解这个方程组便可得到该时段原问题的解。这个时段的解决了，按划分的时段，一个时段一个时段地算下去，直到把划分的时段全部算完为止。这样未知量（通常是水头 H 或降深 S）随时间和空间变化的过程就给模拟出来了。所以这种分析方法的特点是把全体分割成很多部分，然后再由部分到全体。这种把整体分割成若干个单元处理问题的方法称为离散化方法。这种方法所求得的解只是渗流区中离散点（如各个单元的公共顶点或单元的中心点）上未知量满足某种精度要求的近似值。它不能像解析法那样能给出未知量再求出渗流区中任何一点在任意时刻的值。

数值法可以很方便地处理前面解析法碰到的难以解决的问题。事实上，它对任何复杂的地下水流问题都能给出有足够精度的解。它可以应用于地下水的很多领域，如水位预报、水量计算、水质模拟等。第 5 章中将对差分法和有限元法进行详细的介绍。

思考题(Questions)

1. 地下水的赋存形式有哪几种？
2. 什么叫岩石的水理性质？包含哪些指标？
3. 请简述地下水的分类？
4. 地下水中包含哪些化学成分？哪些指标可判断地下水的化学性质？
5. 为什么 Cl^- 总是随着 TDS 的增长而增加，而 Ca^{2+} 没有这种性质？
6. 地下水中化学成分形成机理如何？
7. 水文地质研究中常见的环境同位素有哪些？有什么意义？
8. 有哪些方法可以对地下水进行化学分类？下表为两个水样的分析数据，请用已学过的分类方法进行分类分析？

组分	$Na^+ + K^+$	Ca^{2+}	Mg^{2+}	Cl^-	SO_4^{2-}	HCO_3^-
A	171	119	16	15	42	817
B	26	60	12	100	47	64

注：组分浓度单位为 mg/L。

9. 试将渗流同孔隙中的真实水流进行对比，看其流量、水头、过水断面、流速大小、水流运动方向等有何不同？
10. 地下水能从压力小的地方向压力大的地方运动吗？为什么？
11. 为什么导水系数在三维条件下无意义？

12. 在计算地下热水运动时,能否将渗透系数当成是岩层透水性常数?为什么?
13. 流网为什么只在稳定渗流条件下才有意义?
14. 为什么一定要有识别(校正)模型?直接用野外测得的参数建立模型可行吗?为什么?
15. 承压含水层水头线与潜水的水头线有何区别?为什么?
16. 如何建立一个水文地质数学模型?建立模型后如何进行求解?

参考文献(References)

[1]朱学愚,钱孝星. 地下水水文学[M]. 北京:中国环境科学出版社,2005
[2]汪家权,钱家忠. 水环境系统模拟[M]. 合肥:合肥工业大学出版社,2005
[3]孙讷正. 地下水污染——数学模型和数值方法[M]. 北京:地质出版社,1989
[4]王大纯,张人权,史毅虹,等. 水文地质学基础[M]. 北京:地质出版社,1990
[5]贝尔. J(J. Bear). 地下水水力学[M]. 北京:地质出版社,1985
[6]中华人民共和国国家标准:地下水资源分类分级标准 GB 15218－94. 1995 年 8 月 1 日实施
[7]朱学愚,钱孝星,刘新仁. 地下水资源评价[M]. 南京:南京大学出版社,1987
[8]欧维奇尼科夫阿·麦. 普通水文地质学[M]. 北京:煤炭工业出版社,1956
[9]张至洁,韩保平,张月华. 水文地质学基础[M]. 徐州:中国矿业大学出版社,1995
[10]薛禹群. 地下水动力学(第二版)[M]. 北京:地质出版社,1997
[11]薛禹群,朱学愚. 地下水动力学[M]. 北京:地质出版社,1979
[12]李俊亭,王愈吉. 地下水动力学[M]. 北京:地质出版社,1979
[13]薛禹群. 地下水动力学原理[M]. 北京:地质出版社,1986
[14]张蔚榛. 地下水与土壤水动力学[M]. 北京:中国水利电力出版社,1996
[15]薛禹群,谢春红. 水文地质学的数值法[M]. 北京:煤炭工业出版社,1980
[16]罗焕炎,陈雨孙. 地下水运动的数值模拟[M]. 北京:中国建筑工业出版社,1988
[17]金士博(W. Kinzelbach)著. 水环境数学模型[M]. 北京:中国建筑工业出版社,1987
[18]钱孝星. 水文地质计算[M]. 北京:水利水电出版社,1995
[19]仵彦卿. 多孔介质污染物迁移动力学[M]. 上海:上海交通大学出版社,2007
[20]杨成田. 专门水文地质学[M]. 北京:地质出版社,1981

第3章　地下水污染调查与评价

3.1　地下水污染调查(Groundwater Contamination Survey)

3.1.1　地下水污染调查内容(Content of Groundwater Contamination Survey)

地下水污染治理是一个复杂的难题,即使采取了耗资昂贵的措施,也只能起到预防污染物质继续进入含水层以及在其中蔓延的作用,一旦发生了污染再来采取限制与恢复措施,则远比预防措施复杂。因此,加强地下水污染调查与监测工作应成为防患于未然的重要措施。地下水污染调查内容一般包括以下几个方面。

1. 调查研究土地利用类型

土地利用类型指的是土地利用方式相同的土地资源单元,是根据土地利用的地域差异划分的,是反映土地用途、性质及其分布规律的基本地域单位,是人类在改造利用土地进行生产和建设的过程中所形成的各种具有不同利用方向和特点的土地利用类别。

通过研究和划分土地利用类型,一可查清各类用地的数量及其地区分布,评价土地的质量和发展潜力;二可阐明土地利用结构的合理性,揭示土地利用存在的问题,为合理利用土地资源,调整土地利用结构和确定土地利用方向提供依据。

2. 查明污染源与污染途径

在土地类型调查的基础上,开展污染源调查。地下水污染源通常可分为工业污染源、农业污染源、生活污染源以及地表污染水体等。根据污染源污染形态又可分为点污染源、面污染源以及扩散污染源,具体情况如下:

(1)点污染源。点污染源是指任何会释放或可能释放污染物的独立载体。点污染源包括垃圾填埋场、易泄漏的石油储存罐、易泄漏的化粪池和意外溢出。此外,还包括地表污废水排放、通过河道渗漏污染地下水,城市化粪池、污水管的泄漏以及垃圾堆的雨水淋溶,工业区的污水直接排放,事故性泄漏等。

(2)面污染源。面污染源是与点污染源相对应的。面污染源主要是指农村灌溉水形成的径流、农村中无组织排放的废水、地表径流及其他废水污水。农田由于过量施加化肥、使用农药,使大量的氮、磷营养物质和有毒的农药随下渗水一起淋滤渗入地下水中引起地下水污染。畜禽养殖业产生的废水也含有很高浓度的有机物,它们在自然界比较稳定,在一定的时间内会残留在土壤、水域及生物体内,并通过食物链逐步积聚在人体内,引起一些不良后果。

(3)扩散污染源。扩散污染源是大气扩散的污染物通过沉降或降水等途径进入地下水中,主要为放射性沉降物和酸雨等。

污染的水溶液由污染源进入地下水的途径即地下水污染途径。包气带渗入通常是潜水污染的基本途径,各种井孔、封闭不好的钻孔、生产井以及废弃的勘探井通常是潜水和承压水的污染途径;污染的地表水通过渗透途径进入地下含水层。

3. 调查包气带岩性及地下水运移特征

研究地层地质结构和渗透特性及污染物质在包气带中的运移、降解与去除过程;查明区域包气带岩性组成、厚度以及区域分布特征;查明重点区包气带的土壤类型与分区,包气带岩性、厚度、结构及分布特征,特别是包气带中粘性土层的组成、厚度与分布特征等。

4. 查明含水层地下水动态及污染运移特征

检测地下水动态,预报地下水污染的发展趋势;基本查明降水变化、水利工程、土地利用等对地下水的补给变化的影响,调查地下水排泄的主要方式与排泄量的变化,分析地下水流场变化及其原因;区域调查应开展地下水水位统测,进行区域地下水补给、径流、排泄条件变化的均衡动态分析;重点区调查根据系列动态资料,通过数理统计或建立数值模型模拟,分析地下水流场变化。

5. 提出防止与控制地下水污染的具体措施

在防治地下水源污染的调查中尤应注意进行含水层中污染物质运移规律的理论研究,在此基础上明确水文地质调查的方向,以查明地下水污染的条件,并制定出预防和消除地下水污染的综合性防渗措施及其他工程措施。

3.1.2 地下水污染调查方法(Survey Methods of Groundwater Contamination)

地下水污染调查的具体工作方法同一般性水文地质调查类似,可有选择地采用以下方法。

1. 遥感技术

遥感技术是环境动态监测的重要手段。通过地球观测卫星或飞机从高空观测地球,监测的区域范围大,获取环境信息快速准确,能够及时发现陆地淡水和海水的污染。利用遥感技术获取环境信息,时间周期很短。它们获得的环境动态观测数据,通过地理信息系统快速处理和分析,最大限度避免环境危害,到达保护环境的目的。

应用航空彩红外遥感技术、航空多光谱扫描和卫星遥感(TM、SAR)进行地质研究,除了油气资源的勘探外,遥感技术在油气工程的选址、油气管道的选线、评价和油气开发过程中的环境监测中也发挥了重要作用。地下水资源调查是中国开展较早也是遥感应用比较成功的领域。在地下水资源调查中,主动微波遥感技术有着广阔的应用前景。例如彩红外遥感影像可监测固体废弃物引起的生态环境变化。

选用 TM/ETM 卫星遥感图像,用于区分地貌类型、地质构造、水体、地下水溢出带、土地利用变化等;选用彩色红外片、紫外或红外扫描航空遥感片和 TM/SPOT 卫星遥感图像,主要用于识别点、线、面污染源。

2. 地球物理勘探

将研究地球的各种物理方法用来寻找地下矿藏,或者用来探测岩体的赋存状况,以满足工程建设的需求,就产生了地球物理学,即地球物理勘探,简称物探。

随着人们对环境及环境保护意识的日益增强,地球物理勘探在环境评价、预测的服务领域也在不断扩大。在调查地质时,物探方法得到进一步的应用,而且服务领域更加广泛。如对地下坑道岩爆预测、石油天然气井喷预防、核废料处理场地选址、固体废料和液体废料处理场选址,对有害废物储存场地地球物理污染的长期监测、土地盐碱化研究、地下水水质恶化情况及其范围研究、污染源和污染范围调查研究等。

(1)一般来说,水文和工程物理勘探可解决以下水文地质问题:

① 勘查供水水源地含水层的埋深、层厚、产状以及赋存范围。

② 区分咸水、淡水含水层;探测含水层之间或地表水与地下水之间的补给关系下含水层的流速、流向和钻孔抽水漏斗的影响半径等水文地质参数。

③ 探测古河床含水层的分布规律;探测岩溶、裂隙富水带的赋存形态。

④ 探测基岩埋深和新地层、疏散层的厚度。

⑤ 勘探工作区的构造形态,断层、褶皱等地质构造的产状,追踪地质构造的延伸和展布方向,为划分水文地质单元、研究水文地质问题提供基础地质资料。

(2)水文测井

许多地球物理测井方法都可配合钻探取芯和水文地质观测资料。用于钻孔剖面的岩性分层,判断含水层(带)、岩溶发育带和咸淡水分界位置(深度)及确定水文地质参数等。当采用无芯钻进或钻进取芯不足时,物探测井更是不可缺少的探测手段。物探测井的地质水文解释精度,远比前述的地面物探方法要高。对确定钻孔中的岩层分界面和出水裂隙段位置的可靠性和精度,有时甚至比钻探取芯还高。

现将主要测井方法所解决的水文地质问题简介如下。

① 普通视电阻率测井:除划分钻孔地层剖面外,主要用于确定含水层的位置及厚度,测定岩石电阻率参数和岩石孔隙度;

② 井液电阻率测井:其中的扩散法,能可靠地确定钻孔中含水层(出水段)的位置和厚度,比较含水层的富水性,求地下水的渗透速度和间接计算渗透系数;

③ 自然电位测井:可确定地下水的矿化度和咸淡水界面,估计地层的含泥量;

④ 伽马-伽马测井:可按密度区分岩性、划分剖面,确定含水层和岩石的孔隙度;

⑤ 中子测井:用于划分岩性,查明含水层,确定孔隙度和测定含水量;

⑥ 放射性同位素测井:同位素示踪法是目前测定地下水流向、流速、渗透系数和水质弥散系数的主要方法,还可用于确定井内出水和套管破裂位置,检查井管外封堵质量和寻找水库(坝下)渗漏通道;

⑦ 声波测井:主要用于测定岩石的孔隙度,也用于划分岩层,作地层对比,划分含水破裂带等;

⑧ 热测井:测地温梯度,测定井内进(漏)水位置。

此外,还有流速(流量)测井,实质上它属于水文法测井而非地球物理方法。此法能直接测量出钻孔中各个含水层(或含水段)的厚度、流速和出水量,并能计算出各含水层(段)的渗透系数,确定钻孔中各个含水层之间的补排关系,还可检查钻孔止水效果和确定过滤器有效长度。我国前冶金部武汉勘察研究院生产的 RM－2 型地下水流速仪,可测流速范围为0.2～80cm/s。

(3)地面物探

借助各种物探测试仪器,测定出某一方向、某一深度或某一范围内岩石或水体的某些物理特征值的变化,从而分析、推断出某一方向或某一深度或范围内的岩性、构造和岩性含水性能的变化,即是地面物探。

地面物探方法,已被证明是探测地下岩性、划分地层和确定构造的有效手段之一。在水文地质调查中运用较多的是那些所测得的物理特征在各类岩石中(包括有水的和贫水的地段)差别较显著,显示比较稳定、强烈,且受自然环境和人为因素干扰较小的物探方法。这类方法,首推各种电阻率法、磁法、放射性探测法和声波探测法也常用到,而地震和重力等方法使用相对较少。

近年来,随着应用物理和物探技术的发展,人们力求研制出一些对地下水物性反映比较敏感(或灵敏)的物探方法,以达到运用物探方法直接找水的目的。但是,在这些所谓"直接找水"方法所测到的物性异常中,除了地下水的作用外,仍然不同程度地包含了岩性及裂隙通道等因素的作用。因此,所谓直接找水物探方法,实际上只是在它们所探测到的物性反映中,较前述的一般电阻率法、磁法、重力和地震方法,包含了更多的地下水的物性显示。

3. 水文地质钻探

主要用于重点区调查和专题研究。下面就布置钻孔的一般原则作简单介绍:

(1)布置钻孔时要考虑水文钻孔的主要任务,应明确是查明区域水文地质条件,还是确定含水层水文地质参数、寻找基岩富水带、评价地下水资源或进行地下水动态观测。主要任务不同,钻孔布置方案必然有所差别。

(2)布置钻孔时要考虑"一孔多用"。如既是水文地质勘探孔,可保留作为地下水动态观测孔;或者既是勘探孔,又可留用为开采井。

(3)无论是查明水文地质条件、求取水文地质参数,还是进行地下水动态观测,在确定其钻孔位置时,均应考虑其代表性和控制意义。

(4)为分析、认识区域水文地质条件的变化规律,水文地质钻孔布置成勘探线的形式。

4. 环境同位素与示踪技术

稳定同位素的组成受形成温度等条件的制约,往往在不同物质或同一物质的不同相中产生分馏现象,成为天然的示踪剂。目前应用较广泛的主要有D、^{18}O、^{34}S、^{15}N、^{53}Cr和^{87}Sr等,可用于研究地下水的形成机制、地下水中的污染源及地表水与地下水的相互关系等。

在没有高温的水-岩作用和强烈的蒸发条件下,D和^{18}O在地下水循环中被认为是保守和稳定的,是水真实运动的示踪剂。目前,国际上众多专家学者在流域尺度或区域尺度上利用D和^{18}O研究地下水资源属性和水环境演化。应用^{34}S可以揭示地表水与地下水中硫酸盐的来源及其污染途径。$\delta^{15}N$和$\delta^{18}O$具有示踪性,可作为有效的工具用来分辨硝酸盐的污染源,以及研究其循环机理。$\delta^{11}B$范围显著不同,因此可用其进行海水入侵程度测定,另外,地下水污染源等方面放射性同位素存在放射性衰变,所以其在地下水研究中的应用基础是它们的定年作用和标记作用。一方面,研究地下水年龄及其分布有利于评价地下水的运动机制及如何合理开发地下水资源,通常具有较长半衰期的同位素(^{14}C、^{36}Cl、^{39}Ar和^{81}Kr)用来确定古地下水年龄,而具有较短半衰期的同位素(^{3}H、^{32}Si、^{37}Ar和^{85}Kr和^{222}Rn)用来确定较年轻地下水的年龄。^{3}H和^{14}C是我国广泛使用的放射性同位素,且能够定量评价地下水与地表水的运动速度和混合比例,测定地下水的年龄,研究地下水与地表水的补排关系,确定水文地质参数,探讨地下水污染的敏感性。但是在采用同位素方法解决地下水问题时,必须紧密结合水文地质条件,与常规水化学研究配合起来,才能得出比较符合实际的结论。综观国内外几十年来环境同位素的水文地质研究,在测定地下水年龄、示踪地下水运动和示踪地下水污染及其变化等问题上表现出了较大的优越性。

5. 水文地质实验

这里主要就抽水试验进行说明。在区域性水文地质调查及专门性水文地质调查的初始阶段，抽水试验的目的主要是获得含水层具有代表性的水文地质参数和富水性指标（如钻孔的单位涌水量或某一降深条件下的涌水量），故一般选用单孔抽水试验即可。当只需要取得含水层渗透系数和涌水量时，一般多选用稳定流抽水试验；当需获得渗透系数、导水系数、释水系数及越流系数等更多的水文地质参数时，则须选用非稳定流的抽水试验方法。进行抽水试验时，一般不必开凿专门的水位观测孔，但为提高所求参数的精度和了解抽水流场特征，应尽量用更多已有的水井作为试验的水位观测孔。

在专门性水文地质调查的详勘阶段，当希望获得开采孔群（组）设计所需水文地质参数（如影响半径、井间干扰系数等）和水源地允许开采量（或矿区排水量）时，则须选用多孔干扰抽水试验。当设计开采量（或排水量）远小于地下水补给量时，可选用稳定流的抽水试验方法；反之，则选用非稳定流的抽水试验方法。还有一些其他的水文地质野外试验，包括渗水试验、钻孔注水试验、连通实验等。

3.2　地下水污染监测(Monitoring of Groundwater Contamination)

3.2.1　监测布置(Monitoring Design)

所布置的监测点网应能准确及时地反映出监测地区地下水水质形成的水文地质条件与水文地球化学环境及其天然和人为影响因素，能进一步查明地下水的污染原因、污染源、污染途径、污染范围和污染程度，能掌握地下水中化学成分，特别是污染物质的时空变化规律与发展趋向。

1. 地下水污染监测点网布置的基本原则

(1)在查明监测区水文地球化学环境与污染物质组分及主要污染源基础上布点。

(2)点网应能控制城市居民区、工矿企业区及现有的和拟建的供水水源地。

(3)在重点调查区，如严重污染区、水源地、主要污染源等地区加密布点，其他地区可以稀些。

(4)对于地表水系应能控制主要支流的汇入，并能与水文观测配合，掌握河流水质变化特征。

(5)在非污染区布置监测点作为对照点。

2. 关于监测点的数量可以考虑的建议

(1)在水文地质条件复杂、水源地已受污染、地表地质结构遭到严重破坏的地区，平均每平方千米布置1个点；在污染程度很重的地区，平均每平方千米布置1～2个点。

(2)水文地质条件的复杂程度中等、地下水遭到中等程度污染、地表地质结构破坏较轻的地区，平均每平方千米布置0.5～1个点。

(3)在水文地质条件简单、局部地区受到轻微污染、地表地质结构破坏程度轻的地区，平均每平方千米布置0.25～0.5个点。

(4)在河渠系统沿岸地区，为了控制污染源，应在废污水流入河道地点的上、下游布点。在水面窄、流量小的河水中，可设单个监测点在河心取水样；反之，则应设多点（通常设河床断面上的左、中、右三点）取水样。下游取水样地点应在废污水排放口下游1km～5km处布置。为了控制注入河流的支流，应在支流或渠道汇入主流进出口处布点。河流自上游向下游通常可每隔5km布设一个取水断面或取水样点。对于上述取水样原则,不应机械掌握,而应因地制宜地增多或减少取样点数。

3.2.2 监测指标与监测频率(Monitoring Index and Frequency)

对于取水样时间,一般要注意在排污前后,枯水、丰水、平水与冰冻期或其他有特定意义的时间取样,可根据不同的调查目的确定。对监测数据要及时分析研究,以掌握污染动态变化趋势。其他有关监测井选样、采样的具体要求与方法等内容可参照一般的地下水动态观测规范。

3.3 样品采集(Sampling)

3.3.1 一般要求(General Demand)

区域调查采样点的布设应综合考虑区域水文地质条件和土地利用等情况,选择能反映调查区地下水质量和污染总体状况的代表性水点。重点调查区采样点的布设应结合污染源分布特点,有针对性地调查污染状况。在项目执行周期内,应在采样点中选择监测点对主要开采区(层)、地下水污染区开展地下水污染监测。

1. 采样点选择

由于地质结构复杂,使地下水采样点的布设也变得复杂。地下水一般呈分层流动,侵入地下水的污染物、渗滤液等可沿垂直方向运动,也可沿水平方向运动;同时,各深层地下水(也称承压水)之间也会发生串流现象。因此,布点时不但要掌握污染源分布、类型和污染物扩散条件,还要弄清地下水的分层和流向等情况。通常布设两类采样点,即对照监测井和控制监测井群。监测井可以是新打的,也可利用已有的水井。

对照监测井:设在地下水流向的上游不受监测地区污染源影响的地方。控制监测井:设在污染源周围不同位置,特别是地下水流向的下游方向。渗坑、渗井和堆渣区的污染物,在含水层渗透性较大的地方易造成带状污染,此时可沿地下水流向及其垂直方向分别设采样点;在含水层渗透小的地方易造成点状污染,监测井宜设在近污染源处。污灌区等面状污染源易造成块状污染,可采用网格法均匀布点。排污沟等线状污染源,可在其流向两岸适当地段布点。

2. 采样点密度和采样时间

区域调查地下水采样点山区和丘陵区按每1组/(100～200)km^2样,平原地区按每(3～4)组/100km^2样采集。采样主要在平水期进行,对主要水源地分析异常点做检查采样,并采集相应的地表水样品;重点区调查地下水采样点,按(10～20)组/100km^2取样。样品分丰水期、枯水期两期采集。污染异常区可适当加密采样点,特别是超过饮用水标准的地区,适当加密,原则上按10%～20%比例增加。同时采集相应土壤和地表水样,加强相应异常指标分析。重点区调查中可选择典型区,深入研究地下水水质和污染组分的变化规律,取样点沿地下水流动路径布置,每条剖面应有5～10个取样井控制。

3.3.2 采样准备(Sampling Preparation)

1. 采样计划

在采样前由项目负责人与送检实验室协商编制。采样计划应包括采样时间、采样人员、采样点位置与数量、采样行程与进度安排、检测项目、采样容器种类与数量、采样试剂种类与用量、现场检测项目与仪器、采样设备、采样器材种类与数量、现场质控样品种类与数量、样品送检数和时间等。采样计划确定后发放至项目组每个成员和承担检测任务的实验室。

2. 采样仪器设备及样品保护剂

根据采样计划，预先准备好采样仪器设备，做好现场用检测仪器的校准，做好采样泵等其他采样器材的准备工作。此外，根据分析项目，选择好现场所使用的各种保护剂。

3.3.3 采样方法(Sampling Method)

1. 水样采集

(1)水样采集前首先做好采样点周围环境调查分析与记录。对地表水，在进行水样采集过程中，应观察记录采样点水体底部地层特征及采样点周围的环境，填写相应的采样记录表；对于地下水，在进行水样采集过程中，应观察记录采样点周围水文地质特征及采样点周围的环境，填写地下水采样记录表。相关记录表格可以参考国家地下水污染调查规范并结合计划调查项目自行设计，参见表 3-1。

(2)水样采集方法根据采集对象不同、检测项目不同，差别较大。对于地表水采样，一般可以采用敞口定深采样器、闭合定深采样器以及惯性泵等设备进行采集。上述三种采样设备对不用分析项目的适用性可参见地下水污染调查规范。采集地下水样品，对于泉水或正在抽水的水井，可直接按相关检测要求采样。在钻孔取样之前，应对采样井进行全孔清洗或轻微扰动清洗，使全孔或采样部位的存储水排空。

(3)全孔清洗应采用大流量潜水泵或离心泵，排除水量应大于井孔储水量的 3 倍，且现场检测：水温、电导率、pH 值、氧化还原电位、溶解氧等趋于稳定(参数值不再持续升高或降低，而是在某一值附近波动，波动幅度与所用仪器精密度指标一致)等参数。

(4)轻微扰动清洗适用可调潜水泵采集至指定深度水样。轻微扰动清洗时应将泵的进水口置于采样层位，通过平稳地排出井孔储水的方式，引起含水层局部涌水，使采样部位储水得到更新。应待所选取的现场检测项目全部趋于稳定时，结束清洗工作。

(5)样品采集时，应在泵的出水口前通过一小直径支管分流出一部分排水，将支管的末端插入采样瓶底部，使水发生溢流，缓慢上移出水支管并移出采样瓶。根据不同的检测项目直接或加入相应的保护剂后迅速旋紧瓶盖。

(6)河流采样点应能客观反映水系或所在区域的水环境质量状况。即采用断面的位置在混合区或污染带之外，以了解河段的平均水质并能客观反映水质特征。最好选在水文监测站。

(7)湖泊、水库采样点位应能客观反映湖泊或水库的整体水环境质量状况。采样点位应远离岸边、河流入口和排污口。一般应在水面 0.5m 以下、距湖(库)底 0.5m 以上。水深不足 1m 时，采样点设在实际水深的 1/2 处。

表 3-1　水文调查表

编号

<table>
<tr><td rowspan="3">地点</td><td colspan="2" rowspan="3"></td><td colspan="2">调查时间</td><td>天气状况</td><td>水源种类</td><td colspan="3">纬度</td><td colspan="3">经度</td></tr>
<tr><td>日期</td><td>时刻</td><td rowspan="2"></td><td rowspan="2">地表水
地下水</td><td>N1</td><td>N2</td><td>N3</td><td>E1</td><td>E2</td><td>E3</td></tr>
<tr><td></td><td></td><td></td><td></td><td></td><td></td><td></td><td></td></tr>
<tr><td rowspan="3">环境状况</td><td>地形特征</td><td colspan="3"></td><td colspan="2">土壤</td><td colspan="6"></td></tr>
<tr><td>土地利用状况</td><td colspan="3"></td><td colspan="2">表流状况</td><td colspan="6"></td></tr>
<tr><td>泉水状况</td><td colspan="3"></td><td colspan="2"></td><td colspan="6"></td></tr>
<tr><td>照片(张数及内容)</td><td colspan="12"></td></tr>
<tr><td rowspan="4">采样情况</td><td>测定项目</td><td>常规离子及同位素</td><td colspan="3">重金属(铅,镉,总汞,总铬)</td><td colspan="3">其他的金属离子(铁等)</td><td colspan="4">酚类</td></tr>
<tr><td>固定剂</td><td>无</td><td colspan="3">加 HNO_3 至 pH=1</td><td colspan="3">加 HNO_3 至 pH=1</td><td colspan="4">加 H_3PO_4 至 pH>4,1g $CuSO_4$/L</td></tr>
<tr><td>深度</td><td></td><td colspan="3"></td><td colspan="3"></td><td colspan="4"></td></tr>
<tr><td>样品数</td><td></td><td colspan="3"></td><td colspan="3"></td><td colspan="4"></td></tr>
<tr><td colspan="13">现场测定项目</td></tr>
<tr><td colspan="2">Ground elevation(m)</td><td>Well depth(m)</td><td colspan="2">Temp(℃)</td><td colspan="2">pH</td><td colspan="2">DO(mg/L)</td><td colspan="2">ORP(mv)</td><td colspan="2">EC(us/m)</td></tr>
<tr><td colspan="2"></td><td></td><td colspan="2"></td><td colspan="2"></td><td colspan="2"></td><td colspan="2"></td><td colspan="2"></td></tr>
</table>

注:常规离子包括 K^+、Na^+、Ca^{2+}、Mg^{2+}、Cl^-、SO_4^{2-}、HCO_3^-、NO_3^-、NH_4^+;若测总铬和酚类,则要用玻璃瓶采样。采样点位一般应在水面 0.5m 以下、河床 0.5m 以上。水深不足 1m 时,采样点设在实际水深的 1/2 处。

2. 土样的采集

(1)在进行土样采集过程中，应观察记录采样点土壤类型、土地利用类型、农药化肥使用情况、土壤污染物种类及采样点周围的环境，填写土壤污染现状调查表。

(2)按试坑(长 1.2m，宽 0.8m，深 1.2m)剖面采集样品，地下水位较高时，剖面挖至地下水面；山地丘陵土层较薄时，剖面挖至风化层；每个剖面一般采集 B、C 两层土样，通常 B 层(沉淀层)在距地表 30～40cm 处、C 层(母质层)在距地表 100～200cm 左右采集；测量重金属的样品应在竹片或木片去除与金属采样器接触的部分再采样。剖面每层样品采集重量 1000g。

(3)无机化合物测定样一般用棉布袋包装，如潮湿样品可内衬塑料袋。有机化合物测定样需将样品置于专门处理的玻璃瓶内。

(4)土样采集后应妥善密封，防止湿度变化，严防暴晒或冰冻。在运输过程中应严防样品的损失、混淆和玷污。对光敏感的样品应有避光外包装；对易于震动液化和水分离析的图样应就近进行检测。

3. 采样记录

(1)现场即时填写采样记录表和采样标签。

(2)野外编号由省(市、区)简称＋县名拼音开头字母(大写)＋镇名拼音开头字母(小写)＋取样顺序号组成。

(3)采样记录应包含样品编号、采样时间、采样地点及地理坐标、水源类型、表现描述、现场检测参数、结果(例如水文、气温、电导率等)及天气情况、检测项目、保护剂类型及添加量、采样深度、取水层段位置等内容。

(4)采样瓶标签应填写样品编号、采样时间、采样地点等。

3.3.4　样品保存与送检(Samples Conservation and Delivering)

1. 样品保存

所有野外采集的样品，须按照规定的方法进行保存，具体保存方法见表 3－2 所列。

表 3－2　各种检测项目样品的保存方法(据 DD2008－01)

测定项目	最小采样量(mL)	容器	保存方法	允许保存时间(d)	备注
Eh	100	G,P			现场测定
NO_2^-	100	G,P	原样保存	1/3	最好现场测定或开瓶后立即测定
pH,NH_4^+	100	G,P	原样保存	3	
K^+，Na^+，Ca^{2+}，Mg^{2+}，SO_4^{2-}，Cl^-，HCO_3^-，CO_3^{2-}，F^-	500	G,P	原样保存	30	对矿化度高的重碳酸型水，HCO_3^-，Ca^{2+}，Mg^{2+}，游离 CO_2 应在现场测定

(续表)

测定项目	最小采样量(mL)	容器	保存方法	允许保存时间(d)	备注
Fe^{3+}, Fe^{2+}	250	G,P	加入硫酸-硫酸铵	30	现场固定
侵蚀性 CO_2	250	G,P	加入碳酸钙	30	现场固定
磷酸盐	100	G	加入硝酸酸化,使 pH≤2	10	现场固定
可溶性硅酸	100	P	含量<100mg/L,原样保存;>100mg/L,酸化,使 pH≤2	20	现场固定
NO_3^-	100	G,P	原样或 pH≤2	20	
总铬	100	G,P	加硝酸酸化,使 pH≤2	30	现场固定
六价铬	100	G,P	原样保存	30	
Mo,Se,As	100	G,P	原样或加酸,使 pH≤2	15	
Li,Rb,Cs,Ba,Sr	200	G,P	原样或加酸,使 pH≤2	30	
金属组分	1000	G,P	加硝酸,使 pH≤2	7	现场固定
硫化物	500	G	加醋酸锌	7	现场固定
溴	100	G	原样保存	10	
碘	100	G	原样保存	10	
耗氧量(COD)	100	G,P	原样或 4℃保存	3	
硼	100	P	原样保存	30	
挥发性酚,氰化物	1000	G	加 NaOH 使 pH≥12,4℃保存	1	现场固定
有机农药残留量	5000	G	加硫酸,使 pH≤2	7	现场固定
铀,镭,钍	1000	G,P	加硝酸,使 pH≤2	7	现场固定
氡	100	G	原样保存	1	
${}_1^2H$, ${}^{18}O$	100	G	原样保存		
${}_1^2H$	100	G	原样保存		
VOCs	40	专用瓶	浓盐酸为保存剂,4℃保存		取两瓶样
S-VOCs	1000	专用瓶	4℃保存		7d 内萃取,40d 内分析

注:G 玻璃瓶,P 塑料瓶

2. 样品送检

(1)样品运输。按采样计划在规定的时间内将样品送到指定的实验室。运输前应逐件核对样品记录表和样品瓶标签，分类装箱。需在 4℃保存的样品放在专用冷藏箱内运输。运输过程应采取防震措施，避免阳光照射。分析 VOCs、S－VOCs 及气体组分的样品瓶应按要求运输。冬季运输应采取防冻措施。

(2)样品交接。由送样人填写送样单，送样人和收样人共同核对样品，确认无误后双方在送样单上签字。送样单一式两份，双方各保存一份。

3.3.5　现场质量监控样品采集(Sampling in Situ)

对 NO_3^- 分析样、半挥发性有机样应进行现场质量监控样品的采集。原则上每批(约 20 个样)取重复样一组(取两份)，空白样一组。在经费限制情况下，每期工作可根据实际情况安排三次监控样，分别在工作初期、中期和末期采集重复样一组，空白样一组，加标样一组。

3.4　样品检测(Samples Testing)

3.4.1　样品测试指标(Index of Samples Testing)

1. 区域调查水样测试指标

区域调查水样现场测试、无机物测试以及有机物测试指标见表 3－3 所列。

表 3－3　区域调查水样测试指标(据 DD2008—01)

指标类型		指标名称	指标数
现场		气温、水温、pH 值、电导率、氧化还原电位、溶解氧、浊度	7
无机		溶解性总固体、总硬度、高锰酸盐指数、偏硅酸、硝酸根、亚硝酸根、铵离子、硫酸根、碳酸根、重碳酸根、氯离子、氟离子、碘离子、钠、钾、钙、镁、铁、锰、铅、锌、镉、六价铬、汞、砷、硒、铝	27
有机	卤代烃	三氯甲烷，四氯化碳，1,1,1-三氯乙烷，三氯乙烯，四氯乙烯，二氯甲烷，1,2-二氯乙烷，1,1,2-三氯乙烷，1,2-二氯丙烷，溴二氯甲烷，一氯二溴甲烷，溴仿，氯乙烯，1,1-二氯乙烯，1,2-二氯乙烯	36
	氯代苯类	氯苯，邻二氯苯，间二氯苯，对二氯苯，1,2,4 三氯苯	
	单环芳烃	苯，甲苯，乙苯，二甲苯，苯乙烯	
	有机氯农药	总六六六，α－BHC，β－BHC，γ－BHC，δ－BHC，滴滴涕，p,p′－DDE，p,p′－DDD，o,p－DDT，p,p′－DDT，六氯苯	

2. 重点区调查样品测试指标

(1)水样

水样现场测试、无机物测试以及有机物测试指标见表 3－4 所列。

(2)土样

土样理化测试、无机物测试以及有机物测试指标见表 3－5 所列。

表3-4　重点区调查水样测试指标(据DD2008-01)

指标类型			指标名称	指标数
现场			气温、水温、pH值、电导率、氧化还原电位、溶解氧、浊度	7
无机	必测		溶解性总固体、总硬度、高锰酸盐指数、偏硅酸、硝酸根、亚硝酸根、铵离子、硫酸根、碳酸根、重碳酸根、氯离子、氟离子、碘离子、钠、钾、钙、镁、铁、锰、铅、锌、镉、六价铬、汞、砷、硒、铝	27
	选测		挥发酚类(以苯酚计)、氰化物、阴离子合成洗涤剂(水源地必取)、硫化物(特殊地区必取)、总磷、溴、总铬、铜、钡、铍、钼、镍、硼、锑、银、铊可按总样量的10%～20%的比例,增加总α放射性和总β放射性、总大肠杆菌群和细菌总数	20
有机	必测	卤代烃	三氯甲烷,四氯化碳,1,1,1-三氯乙烷,三氯乙烯,四氯乙烯,二氯甲烷,1,2-二氯乙烷,1,1,2-三氯乙烷,1,2-二氯丙烷,溴二氯甲烷,一氯二溴甲烷,溴仿,氯乙烯,1,1-二氯乙烯,1,2-二氯乙烯	
		氯代苯类	氯苯,邻二氯苯,间二氯苯,对二氯苯,1,2,4三氯苯	
		单环芳烃	苯,甲苯,乙苯,二甲苯,苯乙烯	37
		有机氯农药	总六六六,α-BHC,β-BHC,γ-BHC,δ-BHC,滴滴涕,p,p′-DDE,p,p′-DDD,o,p-DDT,p,p′-DDT,六氯苯	
		多环芳烃	苯并(a)芘	
	选测	综合指标	TVOC,TOC,总石油烃	
		氯代苯类	1,2,3-三氯苯,1,3,5-三氯苯	
		汽油添加剂	甲基叔丁基醚(MTBE)	
		有机氯农药	七氯,七氯环氧,艾氏剂,狄氏剂,异狄氏剂,氯丹	
		有机磷农药	敌敌畏,甲基对硫磷,马拉硫磷,乐果,甲拌磷	
		其他农药	莠去津(阿特拉津),克百威,涕灭威	
		酚类	五氯酚,2,4,6-三氯酚,2,4-二氯酚,间甲酚,苯酚,对硝基酚	51
		酯类	二-(2-乙基己基)邻苯二甲酸酯,二(2-乙基己基)己二酸酯,二(2-乙基己基)磷酸酯	
		多环芳烃	多环芳烃总量,萘,苊,二氢苊,芴,菲,蒽,荧蒽,芘,苯并(a)蒽,屈、苯并(b)荧蒽,苯并(k)荧蒽,茚并(1,2,3)芘,二苯并(a,h)蒽,苯并(g,h,i)苝	
		多氯联苯类	多氯联苯	
		其他	二氯乙酸,三氯乙酸,三氯乙醛,硝基苯,苯胺	

表3-5　土样测试指标(据DD2008-01)

指标类型	项目类型	项目数量
理化	土壤含水量、土壤酸碱度、可溶盐、氧化还原电位、阳离子交换容量(CEC)、土壤颗粒级配、土壤有机质含量、土壤粘土矿物组成	8

（续表）

指标类型		项目类型	项目数量
无机		镉、汞、砷、铜、铅、总铬、锌、镍、总磷(TP)、总氮(TN)、氟化物、氰化物	12
有机	综合	滴滴涕(总量)、六六六(总量)、总油	48
	农药	六氯苯、七氯、七氯环氧、艾氏剂、狄氏剂、异狄氏剂、氯丹、毒杀芬、甲基对硫磷、马拉硫磷、乐果、敌百虫、乙酰甲胺磷、五氯酚、甲草胺、阿特拉津、甲胺磷	
	卤代烃类	三氯甲烷、四氯化碳、1,1,1-三氯乙烷、三氯乙烯、四氯乙烯	
	单环芳烃类	苯、甲苯、乙苯、二甲苯	
	多环芳烃	萘,苊,二氢苊,芴,菲,蒽,荧蒽,芘,苯并(a)蒽,屈,苯并(b)荧蒽,苯并(k)荧蒽,苯并(a)芘,茚并(1,2,3)芘,二苯并(a,h)蒽,苯并(g,h,i)苝	
	其他	三氯乙醛、挥发酚、邻苯二甲酸酯	

3.4.2　样品测试质量控制(Quality Control of Samples Testing)

样品测试质量控制包括样品测试条件控制以及实验过程质量控制。首先实验室资质条件要具备,实验仪器事前要校正核准;同时实验过程按国标进行。

3.5　地下水污染评价(Groundwater Contamination Assessment)

3.5.1　地下水质量评价(Groundwater Quality Assessment)

1. 地下水质量评价的原则

(1)地下水质量评价主要针对开采地下水的地区,当前研究比较多的是城市或工业区。不开采利用地下水的城市只需要进行环境地质条件的评价。

(2)地下水质量评价必须在已有的城市水文的基础上进行。没有开展过水文地质工程地质工作的城市,应同时开展环境水文地质研究工作。

(3)开展地下水质量评价,必须在具有地下水监测资料的基础上进行。在缺乏水质监测资料的地区首先要开展水化学的普查工作。

(4)地下水质量评价必须结合区域的环境水文地质条件类型。以地下水资源的质量变化和地质环境的变化为重点。

2. 评价因子的选择

在一般情况下,地下水污染因子可以分为几类:

第一类:构成地下水水化学类型和反映地下水性质的常规水化学的一般理化指标。它们有:K^+、Na^+、Ca^{2+}、$SO_4{}^{2-}$、Cl^-、$HCO_3{}^-$、$NH_4{}^+$、$NO_2{}^-$、$NO_3{}^-$、pH、矿化度、总硬度、溶解氧、耗氧量等。

第二类:常见的有金属和非金属物质:Hg、Cr、Pb、As、F等。

第三类:有机有害物质,如酚、有机氯、有机磷以及其他工业排放的有机物质。

第四类:细菌、病菌、病毒等。

进行地下水评价时,一般第一类中的理化指标是必测的,而第二、三、四类中的各因子则要根据各地区污染源的情况调查和污染的特点来选择。需说明的是,因为地下水呈埋藏状况,无疑地下水质将随着地面上的污染源、地层的地质结构、地貌特征、植被、水文地质条件及地下水开采情况的变化而变化。因此,常常把这些因素作为研究的选择对象,这是由于地下水富存运动的特殊条件而决定的。

3. 评价标准的确定

评价标准是进行地下水水质评价的依据。现行的地下水质量标准(GB/T 14848—93)依据我国地下水水质现状、人体健康基准值及地下水质量保护目标,并参照生活饮用水、工业、农业用水水质要求,将地下水质量分为五类。从作为生活饮用水的角度来看,Ⅲ类地下水的标准值,基本涵盖了生活饮用水卫生标准(GB 5749—85)。

4. 地下水水质评价方法

目前的地下水水质评价方法很多,概括起来主要有两大类:一类为给定临界数据的判定法;另一类为函数法,下面分别介绍。

给定临界数据的判定法:根据指定的水质标准,将监测值直接与之进行比较分析或以指数或分值形式来表示污染程度及水质等级。这类方法比较多,如数理统计法、综合评分法、内梅罗污染指数法、环境水文地质制图法、水质模型法等方法,目前有较多的应用。下面对此作一简介:

(1)给定临界数据的判定法

① 数理统计法

该法以监测点的检出值与背景值或生活饮用水卫生指标比较作依据,对监测区污染物质平均含量变化、监测样、监测井的超标率及其分布规律进行污染程度的评价。此法适用于环境水文地质条件简单、污染物质单一的地区采用。

② 综合评分法

该法是国标地下水质量标准(GB/T 14848—93)中所推荐的评价方法。该法先对各单项组分进行评价,划分组分所属质量类别,然后根据单项组分评价分值计算综合评价分值,再根据该值按规定标准划分地下水质量级别。

对各类别按下列规定分别确定单项组分评价分值 F_i(表3-6)。

表3-6 各类水质单项组分评价分值

类别	Ⅰ	Ⅱ	Ⅲ	Ⅳ	Ⅴ
F_i	0	1	3	6	10

按下列公式计算综合评价分值:

$$F=\sqrt{\frac{\overline{F}^2+F_{\max}^2}{2}} \tag{3-1}$$

$$\overline{F}=\frac{1}{n}\sum_{i=1}^{n}F_i \tag{3-2}$$

式中，$\overline{F}$——各单项组分评分值 F_i 的平均值；

F_{max}——各单项组分评价分值 F_i 中的最大值；

n——项数。

根据 F 值，按表 3-7 划分地下水质量级别，再将细菌学指标评价类别注在级别定名之后，如“优良(Ⅱ类)”“较好(Ⅲ类)”等。

表 3-7 综合评价分值法的划分办法对水质的分类

级 别	优良	良好	较好	较差	极差
F	<0.80	0.80～2.50	2.50～4.25	4.25～7.20	>7.20

③ 内梅罗污染指数法

该法按下列公式计算污染指数：

$$P_{ij}=\sqrt{\frac{\left(\frac{C_i}{L_{ij}}\right)^2_{最大}+\left(\frac{C_i}{L_{ij}}\right)^2_{平均}}{2}} \tag{3-3}$$

式中，P_{ij}——j 类水用途指数；

C_i——i 污染物的实测浓度；

L_{ij}——i 污染物对应 j 类水用途的标准。

根据 P_{ij} 的值，参照国标地下水质量标准推荐的综合评价分值法的划分办法对水质进行分类(参见表 3-7)。

④ 环境水文地质制图法

该法是以图件作为环境水文地质评价的重要表达形式，其评价条件可以分为以下三种：

第一种，环境水文地质基础图件。该图件又包括表层地质环境分区图、地下水资源赋存条件图和人工环境条件图三种。表层地质环境分区图，该图主要反映地表、地质，特别是第四系表层岩性、厚度的分区、地貌界限和微地貌形态。地下水资源赋存条件图，该图主要反映含水层分布情况、地下水赋存情况以及它的天然防护条件。人工环境条件图，该图主要反映污染物的分布、污染物在自然环境中迁移扩散的位置和人类工程活动对地质环境的影响。

第二种，单要素的地下水污染现状图。用等值线或指示符号进行污染程度分段、污染指数分级来表示一种或多种有害污染物质的污染位置、范围和程度。

第三种，环境水文地质评价图。该图又包括地下水污染类型图、地下水水质综合评价图两种。地下水污染类型图，该图是以污染源和地下水污染成因类型为依据而划分的。地下水水质综合评价图综合反映水质的好坏，是以各项污染物质、多项指标(毒物指标、理化指标、细菌指标等)、多方面综合因素或综合指标作为评价水质好坏的依据。

此外，还有专门性的分区图，如地下水资源保护条件分区图、水文地质环境碳酸盐含量分区图等。

⑤ 水质模型法

这一方法，主要是利用一定的计算技术把大量的监测数据在定性分类的基础上，建立各种水质模型,经过统计计算达到分类定量化。它对污染成因的划分具有一定的指导意义。例如,利用点群分析法和对应因子分析法,对地下水污染特征进行分类的办法就是此类方法。

上述方法虽各有千秋,但都未能从整体上对地下水所属质量类别作出判断,且多数尚存在片面性与主观性。

(2)函数法

函数法。此类方法通过函数关系把环境指标的监测值转化为反映环境质量优劣的质量值。由于地下水水质分级标准具有模糊性与灰色性,模糊数学与灰色系统理论方法在地下水水质评价中得到了较为广泛的应用。

① 模糊综合评判法

利用模糊综合评判法评价地下水水质的方法原理依下列关系式:

$$B=(b_j)_{1\times m}=(b_1,b_2,\cdots,b_m)=W\cdot R \tag{3-4}$$

式中,$B=(b_j)_{1\times m}=(b_1,b_2,\cdots,b_m)$为模糊综合评判向量;$b_j$为模糊综合评判向量元素;$W=(w_i)_{1\times n}=(w_1,w_2,\cdots,w_n)$或$W=(w_{ji})_{m\times n}$为权系数向量(矩阵);$w_i$或$w_{ji}$为权系数向量(矩阵)元素;$R=(r_{ij})_{n\times m}$为隶属度矩阵;$r_{ij}$为隶属度矩阵元素。权重的计算方法一般采用超标法按因子污染贡献率求其单因子权重。

关于模糊综合评判算法,可采用乘积算法、取小取大算法、取小相加法和相乘取大法等。例如,若采用乘积算法,有

$$b_j=\sum_{i=1}^{n}w_i\cdot r_{ij},j=1,2,\cdots,m \tag{3-5}$$

或

$$b_j=\sum_{i=1}^{n}w_{ji}\cdot r_{ij},j=1,2,\cdots,m \tag{3-6}$$

若采用取小取大算法,有

$$b_j=\bigcup_{i=1}^{n}(w_i\cap r_{ij}),j=1,2,\cdots,m \tag{3-7}$$

或

$$b_j=\bigcup_{i=1}^{n}(w_{ji}\cap r_{ij}),j=1,2,\cdots,m \tag{3-8}$$

根据最大隶属原则,若$b_{j0}=\max\{b_1,b_2,b_3,\cdots,b_m\}$,则待评判水样属于第$j_0$类。

② 灰关联度评价法。

该法又称灰关联聚类法,利用该方法进行地下水水质综合评价可归结为如下数学问题,即

$$B=(b_j)_{1\times m}=(b_1,b_2,\cdots,b_m)=\boldsymbol{W}\cdot\boldsymbol{R} \tag{3-9}$$

式中,$B=(b_j)_{1\times m}=(b_1,b_2,\cdots,b_m)$称为关联度序列;$b_j$称为关联度;$\boldsymbol{W}=(w_i)_{1\times n}=(w_1,w_2,\cdots,w_n)$称为灰关联权系数向量;$\boldsymbol{W}=(w_{ji})_{m\times n}$称为灰关联权系数矩阵;$\boldsymbol{R}=(r_{ij})_{n\times m}$称为关

联系数矩阵；r_{ij} 称为关联系数，其计算公式为

$$r_{ij}=\frac{\min_j\min_i\Delta_{ij}+A\cdot\max_j\max_i\Delta_{ij}}{\Delta_{ij}+A\cdot\max_j\max_i\Delta_{ij}} \tag{3-10}$$

$$\Delta_{ij}=\left|X_0(i)-X_j(i)\right| \tag{3-11}$$

式中，$X_0=\{X_0(i)\},i=1,2,\cdots,n$ 为子序列或待评价序列；$X_j=\{X_j(i)\},j=1,2,\cdots,m;i=1,2,\cdots,n$ 为母序列或评价标准序列；A 为灰色分辨率(系数)。

若采用加权集中法计算关联度 b_j，则有

$$b_j=\sum_{i=1}^{n}w_j(i)\cdot r_{ij},j=1,2,\cdots,m \tag{3-12}$$

上式中，w_{ji} 为第 j 个序列 i 中指标的权重值，它可以由模糊数学方法或层次分析方法等确定。一种考虑是取实测值与水质标准平均允许值之比超标加权值，最后再归一化。更简单的方法取 $w_{ji}=1/n$，则转化为平均值法。即

$$b_j=\frac{1}{n}\cdot\sum_{i=1}^{n}r_{ij},j=1,2,\cdots,m \tag{3-13}$$

根据灰关联分析原理，若 $b_{j0}=\max\{b_1,b_2,b_3,\cdots,b_m\}$，则待识别对象属于第 j_0 类。

③ 灰色聚类法

该方法的主要步骤为确定各类白化函数；确定聚类权重；求得聚类对象的聚类系数；确定各聚类对象所属级别。归结为如下数学问题，即

$$\boldsymbol{B}=(b_{ij})_{n\times m}=\boldsymbol{W}\cdot\boldsymbol{R} \tag{3-14}$$

式中，$\boldsymbol{B}=(b_{ij})_{n\times m}$ 为灰色聚类向量；b_{ij} 为灰色聚类系数，并且

$$b_{ij}=\frac{1}{h}\sum_{k=1}^{h}w_{kj}\cdot r_{ij}^{(k)},j=1,2,\cdots,m \tag{3-15}$$

$\boldsymbol{W}=(w_{kj})_{h\times m}$ 为标定聚类权系数矩阵，$k=1,2,\cdots,h$ 为水质监测各项目数，其中

$$w_{kj}=(1/\lambda_{ij})/\sum_{i=1}^{n}(1/\lambda_{ij}) \tag{3-16}$$

式中，λ_{ij} 为标定聚类权系数，即无量纲化水质污染分级标准；$\boldsymbol{R}=(r_{ij})_{n\times m}{}^{(k)}$ 为白化函数矩阵，其中 $r_{ij}{}^{(k)}$ 为白化函数矩阵元素，一般通过模糊数学中的降半梯形隶属函数求得。

根据最大隶属原则，对第 i 个监测井，若 $b_{j0}=\max\{b_1,b_2,b_3,\cdots,b_j\}$，则待识别对象属于第 j_0 类。

本类方法中，以上三种评价方法运用最为广泛，且不断有学者对之提出改进或完善，使其理论日趋成熟。

除以上方法外，尚有许多学者提出其他的评价方案，如人工神经网络识别技术、物元分析理论、灰色权距分析法、改进的层次分析法以及模糊灰色评价方法(Fuzzy - Grey 理论)等多种现代模式识别技术。

Fuzzy - Grey 模型综合考虑到了水质污染程度的灰色性和水质标注的模糊性，采用灰色理

论来解决模糊问题,通过建立合适的隶属函数模型,将不可比的数据映射成隶属度,并以超标加权法确定权重,在多目标综合评价决策矩阵中确定最佳局势。评价结果不仅可以明确各监测井水质的类别,还能得出造成某测井水质污染的主要污染物类别,以及各监测井水质的优劣次序。该模型理论严谨,层次清晰,是一种较为科学和实用的水质评价方法之一。

3.5.2　地下水污染评价(Groundwater Contamination Assessment)

地下水污染评价以地下水污染调查资料为依据,结合评价区的污染源分布、土地利用分区和水质条件进行。对评价结果除用图的形式表达外,应给出文字综述,分析污染原因。在资料充足的情况下分析预测污染变化趋势。

1. 评价指标

与相应调查测试主表一致。

2. 评价标准

地下水污染评价对于无机污染组分来说,评价标准应采用对照值;微量有机污染组分采用生活饮用水卫生标准限值为评价基准,指标不足部分参照国际公认饮用水卫生标准。

对照值确定原则上依据最早的分析资料。在资料比较多、研究程度较高地区建立的地下水质量对照值系列,可作为毗邻地区对照值系列参考使用;对缺乏地下水质量资料的地区,可根据区中无明显污染源部位的补充调查资料统计确定。

根据区内分析资料,用下列公式进行数理统计确定对照值:

$$Y = X \pm 2S \tag{3-17}$$

式中,Y——对照值;

X——单项测定指标的算术平均值;

S——为标准偏差。

3. 评价方法

计算公式为:

$$I = C/C_0 \tag{3-18}$$

式中,I——某项指标的变化指数;

C——某项指标的失策含量;

C_0——某项指标的背景值或对照值。

4. 评价方法

在进行地下水污染单项评价时,I 值越大,表明地下水污染程度越重。在进行地下水污染综合评价时,应对无机指标和有机指标的污染评价结果最后进行综合评判,从劣不从优。应在阐明污染状况的前提下,指出地下水污染指标、污染程度及污染区分布等。

3.6　地下水污染图件编制(Drawing Groundwater Contamination)

在地下水污染调查中,常编制防止地下水污染的专门水文地质图系或图件。这些图件的名称不一,有地下水污染图、地下水保护图、环境水文地质图等。自 20 世纪 60 年代以来,世界上许多国家都在积极编制地下水保护图。这类图件尽管在名称上有些差异,但图件的实质大体上是一样的，都表示出地下水污染的现状及今后可能发生污染趋势的预报，图的比例尺为 1∶100 万到 1∶5 万。有关这类图件的编图原则、内容与方法可参阅有关参考书。

3.6.1　一般要求(General Demand)

地下水调查评价图系主要由基础图件和成果图件组成。基础图件和主体成果图件比例尺区域调查为 1∶250 000，重点区调查为 1∶50 000，提交成果图可根据调查面积等做适当调整。辅助图件可根据具体情况选定比例尺。地理底图应采用国家地理信息中心的 1∶250 000 地理地图和 1∶50 000 地理底图，内容视工作区情况进行取舍。编图使用的资料应准确，能客观反映调查成果，方法应规范，图式图例应统一。图面清晰，重点突出，层次分明，实用易读。水文地质条件复杂、研究程度高的地区，可以将综合性图件分解，编制单要素图。

3.6.2　基础图件

基础性图件：即反映调查区地下水形成基础的各类地质图、构造图、第四纪地质图及地貌图等。

1∶250 000 基础图件主要包括：遥感影像图、地貌图、水文地质图及地下水系统划分图、地下水资源与开发利用图、土地利用分区图、实际材料图。可根据实际情况合并或分解。

1∶50 000 基础图件包括：地貌图、水文地质图、地下水资源与开发利用图、土地利用分区图、实际材料图。可根据实际情况合并或分解。

需说明几点：

(1)在每项调查的成果图中，实际材料图是必须编制的。它主要反映出调查时各工种的工作量是否达到了相应的精度要求，部署上是否合理。

(2)水文地质图系以平面图幅为主，也常要求编制某些具代表性的剖面图。

(3)在同一套图系中，各图幅所表示的同一内容和基本的水文地质条件应一致。

(4)在同一套图系中，主要图幅的比例尺皆应与该次调查阶段的比例尺相一致；非主要要图幅，可编制成较小比例尺的附图或镶图。

上述各种图幅的编图原则和方法，可按参考文献[5]～[9] 等有关规定编制。

3.6.3　成果图件(Figures Demanded)

1. 地下水化学图组

基本内容包括地下水化学类型、典型微量元素环境背景、溶解性总固体(TDS)、硬度、温度、pH 等。根据情况编制单要素等值线。

2. 地下水质量分布图组

按评价标准和评价结果编制地下水质量综合评价图件，反映不同质量等级地下水区域分布。影响地下水质量类别的主要指标可编制单要素评价图或编在地下水质量综合评价图中。

3. 地下水污染现状图组

主要污染源分布图，包括污染源类型、主要污染物、排放强度。

地下水污染现状图组依据评价结果编制，反映不同污染程度地下水区域分布。地下水重要污染指标应编制单要素图。

4. 地下水防污性能图

编制各评价因子单因素分布图和综合评价图,区域上地下水防污性能评价结果分为三个等级,重点区地下水防污性能评价结果划分为五个等级。

5. 地下水污染防治区划图

根据调查结果,结合地下水开发利用情况和地区特点,编制地下水污染防治区划图。

3.7 地下水污染调查评价成果报告编写提纲(Outline for Report)

根据中国地质调查局地质调查技术标准(DD 2008 - 01),地下水污染调查评价成果报告编写提纲如下:

1. 前　言

包括:调查工作的目的任务,地质及水文地质研究程度,调查阶段,投入的工种和工作量,工作概况,存在问题及解决情况。应附交通位置图及研究程度图等。

2. 第一章　区域自然地理及经济概况

3. 第二章　区域水文地质条件

4. 第三章　地下水资源开发利用

5. 第四章　污染源与土地利用

6. 第五章　区域地下水质量与污染

调查分区及指标选取;水质现状评价;污染现状评价;污染原因分析。

7. 第六章　区域地下水防污性能评价和防治区划

8. 第七章　重点区水文地质结构

9. 第八章　地下水资源开发利用状况

10. 第九章　污染源及分布特征

11. 第十章　地下水质量与污染

指标选取;水质现状评价;污染现状评价;污染源原因发展趋势分析等。

12. 第十一章　地下水污染防治区划

地下水防污性能评价

地下水污染防治区划

13. 第十二章　数据库与信息系统

14. 结　论

地下水污染调查评价主要结论、存在问题及建议。

主要附图:

区域水文地质图

地下水化学图组

地下水质量分布图组(影响地下水质量类别的主要指标单因素图和综合评价图)

主要污染源分布图

地下水污染现状图组(重要污染指标单要素图和综合评价图)

地下水防污性能分区图(各评价因子单要素分布图和综合评价图)

地下水污染防治区划图

思考题(Questions)

1. 地下水污染调查的内容和方法有哪些？
2. 怎样制订地下水水质监测方案？
3. 根据污染源分布特点，怎样布设采样点和确定采样类型？
4. 水样有哪几种保存方法？试举几个实例说明根据被测物质的性质选用不同的保存方法。
5. 地下水质量与污染评价的内容和方法有哪些？

参考文献(References)

[1] 孙博．浅谈地下水污染及其防治[J]．科技情报开发与经济，2008，18(3)：122－123.

[2] 冯筠，黄新宇．遥感技术在资源环境监测中的作用及发展趋势[J]．遥感技术与应用，1999，14(4)：59－65.

[3] 房佩贤，卫中鼎，廖资生，等．专门水文地质学[M]．北京：地质出版社，1996.

[4] 尚海敏，李国敏，于进庆．环境同位素技术在地下水研究中的应用[J]．地下水，2008，30(2)18－22.

[5] 国家计划委员会地质局．区域水文地质普查规范(试行)[M]．北京：地质出版社，1975.

[6] 地质矿产部．区域水文地质普查规范补充规定(试用)[M]．北京：地质出版社，1982.

[7] 钱家忠，汪家权．中国北方型裂隙岩溶水模拟及水环境质量评价[M]．合肥：合肥工业大学出版社，2003.

[8] 国家出版总局．综合水文地质图编图方法与图例(试行)[M]．北京：地质出版社，1979.

[9] 中国地质调查局．中国地质调查局地质调查技术标准．DD 2008－01

第4章 地下水污染物运移

随着工农业的不断发展,地下水正面临着日益严重的污染。地下水中污染物质种类繁多,主要包括合成有机化合物、碳氢化合物、无机阴阳离子、病原体(大肠杆菌等)、热量以及放射性物质等。这些物质中,溶解于水的物质被称为溶质,而溶解度非常小或几乎不溶于水物质被称为非水相(重的非水相即 DNAPLs,轻的非水相即 LNAPLs)。溶质随地下水运移,而非水相物质和水组成二相流或多相流。污染物质在随地下水渗流过程中经历着复杂的物理、化学和生物作用,因此,模拟预测污染物在地下水中的迁移转化规律,是一项艰巨而复杂的系统工程,同时对地下水污染防治具有十分重要的意义。

4.1 污染物运移过程中的物理、化学和生物作用(Physical,Chemical and Biological Action in the Process of Contaminant Transport)

4.1.1 渗流过程中污染物的吸附作用(Adsorption Action)

岩石对污染水中物质的吸附(收)作用是使污染地下水运移过程复杂化的一种重要的物理化学作用。当污染地下水在含水层中渗流时,水与岩石颗粒的接触面积很大,这就促使粗分散、胶状与溶解的杂质在水中被吸收以及被吸附。

根据王秉忱等(1985)等研究,吸附作用大小用岩石的吸附容量 N 表示,它是在已知条件下,物质成分以浓度 C 存在于水中时,单位体积岩石对该物质的吸附极限。吸附容量的单位与溶液的浓度一样。实验证明,当物质浓度较小时,认为符合质量作用定律,吸附容量与浓度成正比。根据实验资料,细分散杂质与乳化物质在细粒岩石中渗透时的吸附速度可用下式表征:

$$\frac{\partial N}{\partial t}=\alpha^{*}(N_0-N)C-\beta^{*}N \tag{4-1}$$

式中,N——吸附容量;

N_0——与浓度 C_0 平衡时的吸附体全容量;

C——现有的溶液浓度;

α^{*},β^{*}——动力系数。

此式是非线性的,难以用来求解地下水中的污染物运移问题。考虑到决定渗流时污染物质吸附(吸收)的物理化学作用的多样性与复杂性及必然是近似预测的情况,宜于根据比较简单的动力学方程来解。尤其是在吸附作用速度受扩散速度限制的条件下,或针对含水层物质对流——扩散运移的渗流条件时,动力方程常取下列形式:

$$\frac{\partial N}{\partial t}=\alpha(C-\beta N) \tag{4-2}$$

式中，α——吸附速度系数；

β——平衡条件下物质的分布系数$\left(\beta=\frac{C_0}{N_0}\right)$；

C_0和 N_0——溶液与吸附体中的极限平衡浓度。

应把 α 和 β 看作是决定渗流时溶解物质从水中排除的各种吸收作用的综合特征。

方程式(4-2)可按某些试验资料加以判断，总的说来被用于预测地下水中各种污染物的运动情况。这种预测的可靠性在很大程度上取决于综合动力参数 α 和 β 的准确性，它们通常通过试验方法测定，而且在特别复杂与极重要的情况下要根据在野外现实条件下进行的试验来测定。

方程式(4-2)也可用来描述可逆作用——解吸与物质离开吸附体及依靠渗透溶液富集的其他现象。

当取决于含水层吸附容量(吸收容量)无限大的吸附(吸收)为不可逆作用，$\beta<l$ 时，方程式(4-2)取如下形式：

$$\frac{\partial N}{\partial t}=\alpha C \tag{4-3}$$

同时，分析方程式(4-2)表明，当吸附作用大时，α 值大，吸附作用可具有平衡的性质。实际上，如果令 $\alpha=\infty$，则由方程式(4-2)得出 $N=\frac{1}{\beta}C$，相应的

$$\frac{\partial N}{\partial t}=\frac{1}{\beta}\cdot\frac{\partial C}{\partial t} \tag{4-4}$$

即在此条件下吸附速度与溶液中物质浓度的变化速度成正比。

地下水中细菌污染物的分布屡屡可见。生物吸附作用在总体上是和 $\beta^*=0$ 时吸附(吸收)作用的非线性动态方程式(4-1)相应的，在该情况下，方程式如下形式：

$$\frac{\partial N}{\partial t}=\alpha(N_0-N)C \tag{4-5}$$

式中，N_0——岩石的全吸附(吸收)容量；

N——所吸附微生物的数量；

C——其在水中的浓度；

α——吸附动态参数。

最后应指出，严格说来，研究吸附作用应考虑到这种现象随时间的变化规律。但理论分析表明，孔隙内吸附作用动态变化的影响一般是不大的。

4.1.2　岩石中所含盐类的溶解作用(Solution Action)

岩石中所含盐类的溶解作用通常会导致地下水的附加污染。现有的研究资料说明，应区分两种类型固体化合物的溶解作用：第一种类型是含水岩，如石膏、硬石膏、石灰岩、白云岩等的溶解；另一种类型是先前形成的污染质沉淀物的溶解，这些沉淀物常分散分布在含水砂、亚砂土、亚粘土及带有砂、亚砂土、亚粘土和粘土充填物的砾石层内。

含水岩石的溶解使水的矿化度与 Ca^{2+}、Mg^{2+}、$SO_4{}^{2-}$ 与 $HCO_3{}^-$ 离子的含量增高，但经

常的情况是,这种变化并不会造成水质的明显恶化。但先前形成的污染质固体化合物的溶解却可引起较严重后果,大多数情况下是水中极限允许浓度低的毒性污染质浓度增大,所以要对第二种类型的溶解作用进行较详细研究。含水层内污染质固体化合物的溶解,一般是由于在工业综合体混合废水均衡中个别企业改换生产工艺或废水排放量时渗入废水的成分变化所致。

固体化合物的溶解首先形成于位于不同相界面上的反应带。反应带的形成及其后作用过程的发展是按三个阶段进行的:第一阶段的特征是溶剂和溶解组分的分子由液相体积向固体物质表面迁移;在第二阶段进行相间的相互作用;第三阶段是把反应产物由反应带排入溶液。实质上,第一阶段与第三阶段都是物质的运移。

对反应机理的许多研究表明,第一阶段与第三阶段的组分运移具有扩散的特性。由此可见,溶解作用的总速度是扩散速度与相间相互作用速度的函数。因此当作用速度受反应物质与生成物质运移阶段的限制时,溶解作用的机理可能是纯扩散的。在溶解作用的化学活动上,相间相互作用是最慢的。当上述所有阶段的速度可共同度量时,认为溶解作用的机理是混合的。

被废水污染的地下水与洁净的地下水相比较,常具有更大的侵蚀性,它的渗透伴随着岩石、矿物的强烈溶解,最终导致水成分的变化。针对盐化岩石中渗流的情况,其溶解活动的方程式可为下列形式。

当盐化物质以分散形式存在时,

$$\frac{\partial N}{\partial t}=-\alpha_P(C_H-C)\sqrt{N} \tag{4-6}$$

当为薄膜状盐化时,

$$\frac{\partial N}{\partial t}=-\alpha_P(C_H-C) \tag{4-7}$$

式中,N——t 时刻时土中存在的固体盐分物质(N_0—$t=0$ 时固体盐分的初始数量);

C_H 和 C——饱和溶液的浓度与现有浓度;

α_P——溶解速度常数。

在静止条件下,当浓度仅与 t 有关及 N 与 C 为线性关系时,由式(4-6)得

$$C=C_H-(C_H-C_0)e^{-\alpha' t} \tag{4-8}$$

式中,C_O——$t=0$ 时的浓度;

α'——溶解速度的综合常数。

饱和溶液的浓度 C_H 因不同的固体沉淀物而异,此外也与溶剂的成分及其温度有关。

在含有其他盐分和化合物的溶液中,某种低溶解盐分的溶解度可根据水化学分析资料,并考虑到形成络合离子等其他反应的可能性,利用活度积进行计算。

当测定岩石和矿物的溶解度时,常常利用通过试验直接测定 C_H 的方法。溶解速度常数 α_P 与岩石的盐化特性——盐分含量、盐粒大小与形式及其与水的接触条件有关。此外,通过理论与试验研究确定出 α 与渗透速度 V 的关系。例如,当在砂中渗透时,细分散石膏的溶解是由表 4-1 所列的 α_P 表征的。

表 4-1　参数表(王秉忱等,1985)

$CaSO_4 \cdot 2H_2O$的含量 (占干土绝对重量的%)	渗流速度 (米/昼夜)	石膏颗粒直径 (厘米)	α_F (1/昼夜)
1	0.17～189.3	0.039	13.3～405
5	1.73～231.3	0.039	96.8～1574.2
25	2.25～224.6	0.039	171.9～15457.0
25	8.64	2.1	218.6
25	34.6	2.1	1028.2

根据Γ·Π·萨平斯卡娅的资料,当渗流速度为 0.3～1 米/昼夜时,Na_2SO_4的溶解可在 $\alpha_P=(0.001\sim0.24)\cdot10^{-4}$或为 0.01～2.131/昼夜的情况下进行。

α_P与渗流速度、溶剂粘度、被溶解物体形状的关系说明水动力因素对溶解作用过程有影响。

4.1.3　放射性元素的衰变作用(Radionuclide Decay)

在自然界的各种岩石和土壤中都存在着多种放射性元素,如铀系、镭系、钍系列和钾 40 等元素,它们在自然衰变的过程中会释放出 α、β、γ 射线,地下水中所见到的放射性物质如铀、镭、锶、铯、氚及某些其他元素有天然成因与人工成因两种。

放射性元素的衰变是按下式进行的:

$$\frac{\partial N_P}{\partial t}=-\alpha C \tag{4-9}$$

式中,N_P——受到衰变作用的放射性物质数量;

C——溶液中物质的总浓度。

此式反映出不可逆反应的特征。当 N 与 C 之间取线性关系时,得

$$\frac{\partial C}{\partial t}=-\alpha^* C\ ;\ C=C_0\mathrm{e}^{-\alpha^*} \tag{4-10}$$

或

$$t=\frac{1}{\alpha^*}\ln\frac{C_0}{C}$$

式中,α^*——决定元素衰变速度的系数;

C_0——$t=0$ 时放射性物质的浓度。

当$\frac{C}{C_0}=0.5$时,半衰期 $t_{0.5}$ 由式(4-10)得出

$$t_{0.5}=\frac{0.693}{\alpha^*} \tag{4-11}$$

放射性同位素都存在有半衰期,所谓半衰期是指任一原始放射性物质在数量上减少一半所需要的时间。例如 C^{14} 的半衰期较长,为 5760 年;氚的半衰期为 12.26 年;I^{131} 的半衰期

为 8.04 天；很短的半衰期则如 O^{14}（76.5 秒）、O^{19}（29.5 秒）与 O^{15}（11.8 秒）。

式(4－10)也可用来描述污染地下水中组分沉淀的动力学状况。

4.2　水动力弥散理论(Theory for Hydrodynamic Dispersion)

4.2.1　水动力弥散现象及其机理(Phenomena and Mechanism)

在静止的清水或饱和的含水砂土中，注入极少量示踪剂溶液能够直接观察到的示踪剂溶液以一定速度向外扩展的现象，这种现象正是弥散的具体表现。当溶质在溶液中分布不均匀时，即使溶液是静止的，没有流动，溶质也会从高处浓度向低浓度处扩散。扩散通量即单位时间通过单位横截面的溶质质量 J_d 和浓度梯度成正比，有

$$J_d = -D^* \frac{dC}{dn} \tag{4-12}$$

式中，C——溶质在溶液中的浓度；

n——浓度梯度的方向；

D^*——比例系数，称为扩散系数。

式中的负号表示溶质移动的方向和浓度梯度的方向相反。式(4－12)称为费克定律(Fick's Law)。

人为制作一个被清水饱和的均质砂柱，并造成一维稳定流动。若在上端瞬时脉冲注入含有示踪剂浓度为 C_0 的溶液，去代替砂柱中不含示踪剂的清水溶液，在砂柱的末端测量示踪剂的浓度变化 $C_{(t)}$，并绘出示踪剂相对浓度 $C_{(t)}/C_0$ 对时间的曲线，称为穿透曲线，见图 4－1。假若不存在弥散，那么穿透曲线应呈现图 4－1 中虚线所示的形式即有一个以平均流速移动的直立锋面。但实际上穿透曲线具有图 4－1 中实线所示的形式，含示踪剂的水与不含示踪剂的水超前于驱替的平均流速而发生混合，这也是弥散现象的表现。

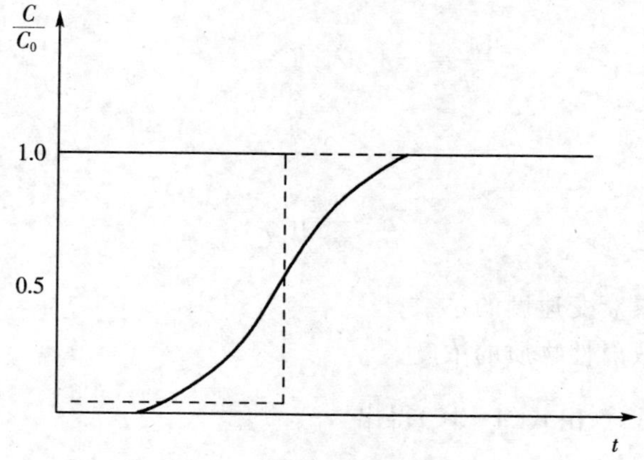

图 4－1　弥散现象（穿透曲线）

在多孔介质中，仅仅在孔隙中充满了水，而固体颗粒所占的部分不会发生扩散，故式(4－12)应改写为：

$$J_d = -nD' \frac{dc}{dn} \tag{4-13}$$

式中，n——多孔介质的孔隙度；

D'——多孔介质中的扩散系数。

由于孔隙弯弯曲曲，故 D' 比 D^* 小，有：

$$D' = \tau D^* \tag{4-14}$$

τ 值大约为 0.67。

溶质在地下水中运移，除了由于浓度差引起的分子扩散以外，还有溶质分子随水质点一起的流动，称为对流（Advection），以及多孔介质中由于液体流动速度的大小和方向不一致引起的机械弥散。机械弥散和分子扩散合称为水动力弥散（Hydraulic Dispersion），二者很难截然分开。由于水动力弥散的作用，当我们在含水层中某一点注入示踪剂，随着地下水的流动，示踪剂浓度的峰值将愈来愈低，但扩展的范围愈来愈大，如图 4-2 所示。其中机械弥散起了很重要的作用。机械弥散主要是由以下三种情况引起的：(1)在同一孔隙中，由于摩擦阻力，孔隙中不同部位的水流速都不同，中心最大，孔隙壁上为零，速度分别如图 4-3(a)所示。(2)由于多孔介质中孔隙大小的差异，大孔隙中的溶质随水流得快，小孔隙中溶质走得慢，图 4-3(b)所示。(3)由于孔隙本身弯弯曲曲，其中水流方向也不断改变。使随水流动的溶质（示踪剂）占据的范围愈来愈大。

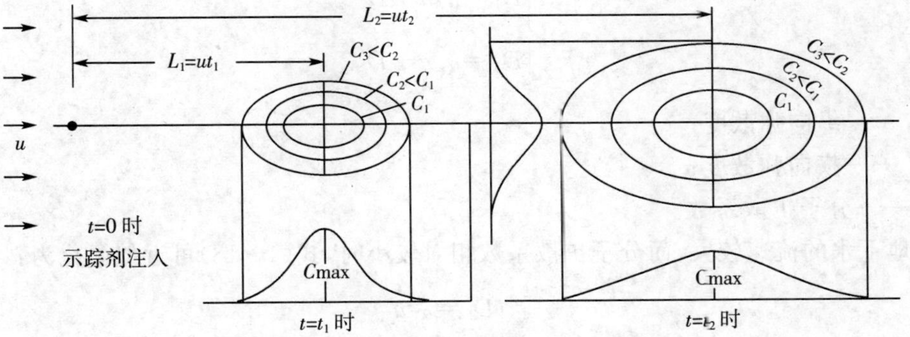

图 4-2　水动力弥散现象（据 J. Bear）

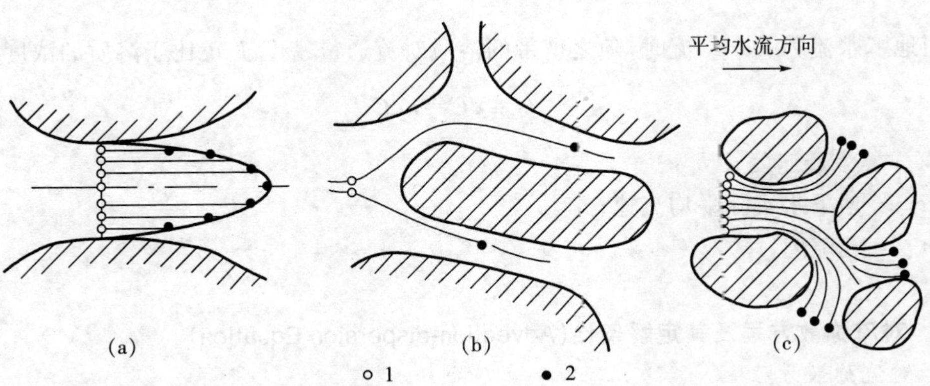

1为 t 时刻，2 为 $t+\Delta t$ 时刻液体质点的位置

图 4-3　机械弥散引起的示踪剂扩展

由于机械弥散引起的溶质运移,近似地也可用费克定律表示,即

$$J_m = -nD_m \frac{\mathrm{d}c}{\mathrm{d}n} \tag{4-15}$$

式中,J_m——由于机械弥散引起的溶质质量通量;

D_m——机械弥散系数,其余符号同前。

由于机械弥散和分子扩散很难区分,故综合式(4-13)和式(4-15),得到由于水动力弥散引起的溶质质量通量 J 的表达式为

$$J = J_d + J_m = -nD \frac{\mathrm{d}c}{\mathrm{d}n} \tag{4-16}$$

或

$$J = -nD\mathrm{grad}c \tag{4-17}$$

上二式中的参数 D 称为水动力弥散系数。

水动力弥散系数 D 是一个与水流速度 u 有关的参数,它也是一个二秩张量。当坐标轴 x 轴取得和水流方向一致,y 轴和 z 轴和水流方向垂直时,此时 x 轴方向的弥散系数 D_x 称为纵向弥散系数 D_L,而 y 轴和 z 轴方向的弥撒系数 D_y 和 D_z 称为横向弥散系数 D_T。D_L 和 D_T 的表达式(J. Bear,1964)为:

$$\begin{cases} D_L = \alpha_L u + D' \\ D_T = \alpha_T u + D' \end{cases} \tag{4-18}$$

式中,α_L——纵向弥散度;

α_T——横向弥散度;

D'——分子扩散系数。

当地下水的流速较大,而分子扩散系数相对较小时,式(4-18)可近似简化为:

$$\begin{cases} D_L = \alpha_L u \\ D_T = \alpha_T u \end{cases} \tag{4-19}$$

当地下水流为 Darcy 流时,随之携带的溶质对流通量密度 J_c 正比于溶质的浓度 C,即

$$J_c = VC = nuC \tag{4-20}$$

式中,V——渗透速度;

u——地下水实际平均流速;

n——孔隙度。

4.2.2 对流弥散方程及其定解条件(Advection-dispersion Equation)

1. 对流弥散方程

在推导对流弥散方程时,仅考虑对流、分子扩散和机械弥散,而不考虑吸附、离子交换、植物吸收、微生物活动等。假设地下水流为沿 l 方向的一维流动,我们在流场内取一六面体

单元 x 轴的方向平行地下水的流向 l，Δy 和 Δz 取垂直于流向，如图 4-4 所示。

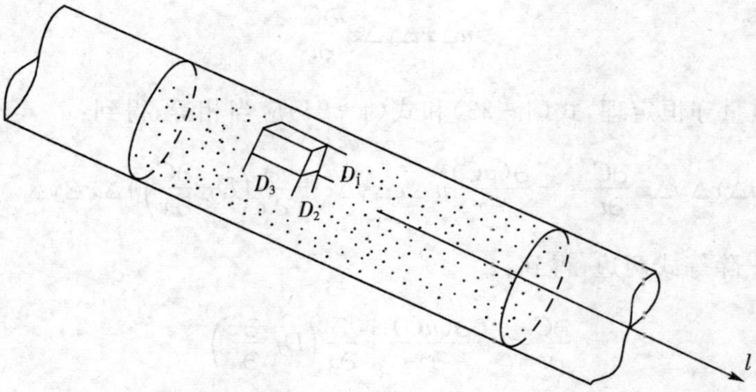

图 4-4　一维流动条件下的单元六面体（据 C. Zheng and G. D Bennett 修改）

设由 x 方向流入单元体的流量为 $v\Delta y\Delta z$，水的溶质浓度为 C，则随水流对流流入的溶质质量为 $vC\Delta y\Delta z$，由 x 方向流出单元体的溶质质量为：

$$\left[vC+\frac{\partial(vC)}{\partial x}\Delta x\right]\Delta y\Delta z$$

流入的质量减去流出的质量为：

$$-\frac{\partial(vC)}{\partial x}\Delta x\Delta y\Delta z$$

因为 x 轴的取向和水流的方向一致，故沿 y 轴和 z 轴方向都没有水流流动，故也没有由于对流引起的质量变化。由于对流引起的单位体内质量的总变化为

$$-\frac{\partial(vC)}{\partial x}\Delta x\Delta y\Delta z=-\frac{\partial(uC)}{\partial x}n\Delta x\Delta y\Delta z \tag{4-21}$$

式中，u——实际平均流速；

v——渗透速度；

n——孔隙度。

除了对流，水动力弥散也引起单元体内溶质质量的变化。沿 x 轴方向单位时间单位面积上由于水动力弥散进入的水量为：

$$-D_L\frac{\partial C}{\partial x}n\Delta y\Delta z$$

沿 x 方向的流入流出的质量差为：

$$\frac{\partial}{\partial x}\left(D_L\frac{\partial C}{\partial x}\right)n\Delta x\Delta y\Delta z \tag{4-22}$$

式中，D_L——纵向弥散系数。

因此，由于对流和水动力弥散，单位时间内流入流出单元体的总的质量差应为：

$$-\frac{\partial(vC)}{\partial x}\Delta x\Delta y\Delta z+\frac{\partial}{\partial x}\left(D_L\frac{\partial C}{\partial x}\right)n\Delta x\Delta y\Delta z \tag{4-23}$$

而单位时间内,单元体中溶质质量的变化为:

$$n\Delta x\Delta y\Delta z\,\frac{\partial C}{\partial t} \tag{4-24}$$

显然,根据质量守恒定理,式(4-23)和式(4-24)应当相等,得到:

$$n\Delta x\Delta y\Delta z\,\frac{\partial C}{\partial t}=-\frac{\partial(uC)}{\partial x}n\Delta x\Delta y\Delta z+\frac{\partial}{\partial x}\left(D_L\,\frac{\partial C}{\partial x}\right)n\Delta x\Delta y\Delta z$$

用 $n\Delta x\Delta y\Delta z$ 除等式两边,得到:

$$\frac{\partial C}{\partial t}=-\frac{\partial(uC)}{\partial x}+\frac{\partial}{\partial x}\left(D_L\,\frac{\partial C}{\partial x}\right) \tag{4-25}$$

式中,u——实际平均流速,其值为$\frac{v}{n}$。

式(4-25)为一维对流弥散方程。

类似地,可求得一维对流二维弥散方程:

$$\frac{\partial C}{\partial t}=-\frac{\partial(uC)}{\partial x}+\left[\frac{\partial}{\partial x}\left(D_L\,\frac{\partial C}{\partial x}\right)+\frac{\partial}{\partial y}\left(D_T\,\frac{\partial C}{\partial y}\right)\right] \tag{4-26}$$

如果在单元体内存在源、汇项(源为正、汇为负),则方程(4-25)右端应加一项 I,即:

$$\frac{\partial C}{\partial t}=-\frac{\partial(uC)}{\partial x}+\frac{\partial}{\partial x}\left(D_L\,\frac{\partial C}{\partial x}\right)+I \tag{4-27}$$

式(4-27)为源汇项的对流——弥散方程。

源汇项一般有下面几种:

(1)注水和抽水

假设我们所考虑的渗流区域为某一个含水层,单位时间单位体积向含水层注入含有溶质浓度为 C_Q的注水量为 Q_c。量纲为[1/T]。则有

$$I=\frac{Q_C C_Q}{n} \tag{4-28}$$

式中,n——多孔介质的空隙率。

抽水时假若单位时间、单位体积对单位含水层抽水量为 Q_c,抽水点处的溶质浓度为 C_Q。则

$$I=-\frac{Q_C}{n}C_Q \tag{4-29}$$

(2)当吸附作用为物理吸附时

物理吸附作用是表面作用,所以吸附剂的总表面积越大,吸附作用也越强。孔隙含水层表面积的大小决定于物质颗粒的大小和孔隙的多少。物质颗粒越小,外表面积越大;孔隙越多,内表面积越大。因此,物质的颗粒越小,孔隙越多,其吸附作用越强。所以源汇项 I 可由 4.1.1 中式(4-2)表示。

(3)放射性衰变

若溶质含有放射性物质，当放射性溶质通过多孔介质运移的时候要发生放射性衰变，I 可用 4.1.3 中式(4-9)表示。

(4)化学吸附作用

当盐化物质以分散形式存在时，详见 4.1.2 中式(4-6)。

当为薄膜状盐化时，详见 4.1.2 中式(4-7)。

(5)生物吸附作用

地下水的生物污染可由各种微生物——藻类、细菌、病毒等引起。在来自污水池、牲畜圈和有问题的下水道网系等的生活污水大量、长期渗流地段进入潜水的致病微生物的污染是最危险的。生物污染物质在地下水中扩展的距离与速度，一方面取决于渗流与污染的条件；另一方面取决于微生物在地下水中的存活时间，其源汇项 I 可用 4.1.1 中式(4-5)表示。

2. 对流弥散方程的定解条件

(1)初始条件

初始条件的一般表达式如下：

$$C(x,y,z,0)=C_0(x,y,z), \quad 在\ \Omega\ 上 \tag{4-30}$$

式中，Ω——计算区域；

C_0——已知的浓度分布。

如果 C 代表污染物的浓度，而该污染物在正常的地下水中不存在，则有：

$$C(x,y,z,0)=0, \quad 在\ \Omega\ 上 \tag{4-31}$$

(2)边界条件

对流弥散方程的边界条件也有三类：

① 第一类边界条件，也称狄义克利(Dirichlet)条件。即在研究的时间段内边界上的浓度是已知的，即：

$$C(x,y,z,t)=C_1(x,y,z), \quad 在\ \Gamma_1\ 上\ t>0 \tag{4-32}$$

式中，Γ_1——第一类边界条件；

C_1——在第一类边界条件上的已知浓度。

和水流模型类似，第一类边界条件的作用相当于一个源或汇。相当于源时，不断向研究区提供溶质质量。

② 第二类边界条件，也称纽曼(Neuman)条件，即垂直于边界方向的浓度梯度是已知的。表达式为：

$$D_{ij}\frac{\partial C}{\partial x_j}=f_i(x,y,z), \quad 在\ \Gamma_2\ 上\ t>0 \tag{4-33}$$

式(4-33)也可写成：

$$\begin{cases}-\left(D_{xx}\dfrac{\partial C}{\partial x}+D_{xy}\dfrac{\partial C}{\partial y}+D_{xz}\dfrac{\partial C}{\partial z}\right)=f_x(x,y,z)\\ -\left(D_{yx}\dfrac{\partial C}{\partial x}+D_{yy}\dfrac{\partial C}{\partial y}+D_{yz}\dfrac{\partial C}{\partial z}\right)=f_y(x,y,z)\\ -\left(D_{zx}\dfrac{\partial C}{\partial x}+D_{zy}\dfrac{\partial C}{\partial y}+D_{zz}\dfrac{\partial C}{\partial z}\right)=f_z(x,y,z)\end{cases} \tag{4-34}$$

式中，Γ_2——第二类边界条件；

$f(x,y,z)$——已知函数，其在坐标轴上的三个分量为 f_x，f_y 和 f_z。

如果在隔水边界上或潜水面上，则有：

$$D_{ij}\frac{\partial C}{\partial x_j}=0,\quad 在\ \Gamma_2\ 上\ t>0 \tag{4-35}$$

③ 第三类边界条件，也称柯西(Kauchy)边界条件。该情况下，沿边界方向的浓度和越过边界的梯度的组合已知，亦即越过边界的对流和弥散通量两者都是已知的，有

$$-D_{ij}\frac{\partial C}{\partial x_j}+u_iC=g_i(x,y,z),\quad 在\ \Gamma_3\ 上\ t>0 \tag{4-36}$$

式中，Γ_3——第三类边界条件；

$g(x,y,z)$——已知函数，代表垂直于边界的总的质量通量，包括对流和弥散。

对于不透水边界上，无论是对流和弥散都等于零，故 $g(x,y,z)=0$

如果在流入或流出边界，对流通量和弥散通量相比占绝对优势，则式(4-36)可简化为：

$$u_iC=g_i(x,y,z),\quad 在\ \Gamma_3\ 上\ t>0 \tag{4-37}$$

4.2.3 某些简单解析解(Some Simple Analytic Solution)

由对流弥散方程可知，污染物运移问题比地下水运动问题更复杂，更难求得解析解。只有当含水层为均质各向同性，而且计算区域几何形状简单时，才有可能求得解析解。下面介绍几种简单的解析解。

1. 一维问题简单的解析解

实验室中的土柱试验就是一个简单的一维问题。一个土柱中装满砂，用水饱和并且让水以固定的速度向下流动。水中的示踪剂浓度为0。试验开始时土柱上部换装示踪剂浓度为 C_0 的溶液，一直保持到试验结束。如果不考虑吸附、化学反应和放射性衰变，取流向为 x 轴，则对流弥散方程(4-24)简化为

$$\frac{\partial C}{\partial t}=D_L\frac{\partial^2 C}{\partial x^2}-u_x\frac{\partial C}{\partial x} \tag{4-38}$$

$$初始条件\ C(x,0)=0\qquad x\geqslant 0$$

$$边界条件\begin{cases}C(0,t)=c_0 & t\geqslant 0\\ C(\infty,t)=0 & t\geqslant 0\end{cases}$$

该问题的解为(Ogata 和 Banks，1961)：

$$C(x,t)=\frac{C_0}{2}\left[\operatorname{erfc}\left(\frac{x-u_xt}{2\sqrt{D_Lt}}\right)+\exp\left(\frac{u_xx}{D_L}\right)\operatorname{erfc}\left(\frac{x+u_xt}{2\sqrt{D_Lt}}\right)\right] \tag{4-39}$$

式中，erfc——余误差函数；

exp ——指数。

在天然情况下，一维运动往往出现在有一段平直的被污染的河流或渠道，河水渗漏补给地下水，地下水以固定速度 u 作一维流动。

Sauty(1980)求得该情况下的解为：

$$C(x,t)=\frac{C_0}{2}\left[\operatorname{erfc}\left(\frac{x-u_xt}{2\sqrt{D_Lt}}\right)-\exp\left(\frac{u_xx}{D_L}\right)\operatorname{erfc}\left(\frac{x+u_xt}{2\sqrt{D_Lt}}\right)\right] \tag{4-40}$$

式(4－39)和式(4－40)在第二项前面符号不同。当 Peclet 数 $Pe=\frac{xu_x}{D_L}$ 相当大时，上二式第二项比第一项小得多，故近似有：

$$C(x,)t=\frac{C_0}{2}\operatorname{erfc}\left(\frac{x-u_xt}{2\sqrt{D_Lt}}\right) \tag{4-41}$$

公式(4－41)适用 $Pe\geqslant 10$ 的情况。

2. 二维问题的简单解析解

(1)二维均匀流场中瞬时注入问题的解

如果有一二维的均匀流场，取水流方向为 x 轴，流速为 u_x。同样不考虑吸附、化学反应和放射性衰变，方程(4－24)简化为：

$$\frac{\partial C}{\partial t}=D_L\frac{\partial^2 C}{\partial x^2}+D_T\frac{\partial^2 C}{\partial y^2}-u_x\frac{\partial C}{\partial x} \tag{4-42}$$

如果在 $t=0$ 时刻在原点($x=0,y=0$)的一口完整井中瞬时注入示踪剂(或污染源)，单位厚度的注入质量为 M，则有：

$$C(x,y,t)=\frac{M}{n}\delta(x)\delta(y) \tag{4-43}$$

式中，n——有效孔隙度。

通过二维 Fourier 变换和变数代换，可求出其解为：

$$C(x,y,t)=\frac{M}{n}\frac{1}{4\pi t\sqrt{D_LD_T}}\exp\left(-\frac{(x-u_xt)^2}{4D_Lt}-\frac{y^2}{4D_Tt}\right) \tag{4-44}$$

(2)二维均匀流场中连续注入问题的解

如果地下水流仍为二维的均匀流场，水流方向为 u_x，如果在其中打一口完整井，连续注入示踪剂。设注入的溶质浓度为 c_0，单位含水层厚度的注入流量为 Q，Bear(1972)求得当时间无限长时的解为：

$$C(x,y)=\left(\frac{C_0Q}{2\pi\sqrt{D_LD_T}}\right)\exp\left(\frac{u_xx}{2D_LD_T}\right)K_0\left[\left(\frac{u_x^2}{4D_L}\left(\frac{x^2}{D_L}+\frac{y^2}{D_T}\right)\right)^{\frac{1}{2}}\right] \tag{4-45}$$

式中,K_0[ ]——修正的第二类零阶贝塞尔函数。

3. 三维问题的简单解析解

让我们考虑一个承压含水层中的三维对流弥散问题,设地下水流为均匀流,流速为 u_x,x 轴取向和流动方向一致。污染源成片状位于 $x=0,-y_0<y<y_0,z_1<z<z_2$ 处。

此时的运移方程为

$$R\frac{\partial C}{\partial t}=D_x\frac{\partial^2 C}{\partial x^2}+D_y\frac{\partial^2 C}{\partial y^2}+D_z\frac{\partial^2 C}{\partial z^2}-u_x\frac{\partial C}{\partial x}-\lambda RC \tag{4-46}$$

如果令:

$$\begin{cases} u'_x=\dfrac{u_x}{R} \\ D'_x=\dfrac{D_x}{R} \\ D'_y=\dfrac{D_y}{R} \\ D'_z=\dfrac{D_z}{R} \end{cases} \tag{4-47}$$

则有:

$$\frac{\partial C}{\partial t}=D'_x\frac{\partial^2 C}{\partial x^2}+D'_y\frac{\partial^2 C}{\partial y^2}+D'_z\frac{\partial^2 C}{\partial z^2}-u'_x\frac{\partial C}{\partial x}-\lambda C \tag{4-48}$$

式中,R——阻滞因子;

D_x,D_y,D_z——当 x 轴方向和流速一致时在 x,y,z 方向的弥散系数,且有:

$$\begin{cases} D_x=\alpha_L u_x+D' \\ D_y=\alpha_{TH}u_x+D' \\ D_z=\alpha_{TV}u_x+D' \end{cases} \tag{4-49}$$

式中,α——纵向弥散度;

α_{TH}——水平方向的横向弥散度;

α_{TV}——垂直方向的横向弥散度;

D'——多孔介质中的有效扩散系数;

λ——放射性蜕变常数;

C——溶质的浓度。

其定解条件如下：

$$
\begin{cases}
C(x,y,z,0)=0 \\
C(0,y,z,t)=\begin{cases} C_0(t) & -y_0<y<y_0 \text{ 和 } z_1<z<z_2 \\ 0 & \text{其余地点} \end{cases} \\
C(\infty,y,z,t)=0 \\
C(x,-\infty,z,t)=0 \\
C(x,\infty,z,t)=0 \\
\dfrac{\partial C(x,y,B,t)}{\partial z}=0 \\
\dfrac{\partial C(x,y,0,t)}{\partial z}=0
\end{cases}
\tag{4-50}
$$

求得了上述数学模型的解：

$$
C(x,y,z,t)=\frac{x}{4B\sqrt{\pi D'_x}}\int_0^t C_0(t-\xi)\,\frac{1}{\xi^{\frac{3}{2}}}\exp\left[-\lambda\xi-\frac{(x-u'_x\xi)^2}{4D'_x\xi}\right]\left[\operatorname{erfc}\left(\frac{y-y_0}{2\sqrt{D'_y\xi}}\right)\right]
$$

$$
\left\{(z_2-z_1)+\frac{2B}{\pi}\sum_{n=1}^{\infty}\frac{1}{n}\left[\sin\left(\frac{n\pi z_2}{B}\right)-\sin\left(\frac{n\pi z_1}{B}\right)\right]\cos\left(\frac{n\pi z}{B}\right)\exp\left(-D'_z\frac{n^2\pi^2}{B^2}\xi\right)\right\}\mathrm{d}\xi
\tag{4-51}
$$

事实上，要求出污染源浓度 $C_0(t)$ 的数学表达式是很困难的。当 $C_0(t)$ 不是常数而是随时间变化时，可把 $C_0(t)\sim t$ 曲线离散成 N 个柱体，第 i 个柱体和第 $i\sim1$ 个柱体之间的浓度差为 ΔC_i，则式(4-51)变为：

$$
C(x,y,z,t)=\frac{x}{4B\sqrt{\pi D'_x}}\sum_{i=1}^{N}\Delta C_i\int_0^{t-t_i}\frac{1}{\xi^{\frac{3}{2}}}\exp\left[-\lambda\xi-\frac{(x-u'_x\xi)^2}{4D'_x\xi}\right]\left[\operatorname{erfc}\left(\frac{y-y_0}{2\sqrt{D'_y\xi}}\right)\right]
$$

$$
\left\{(z_2-z_1)+\frac{2B}{\pi}\sum_{n=1}^{\infty}\frac{1}{n}\left[\sin\left(\frac{n\pi z_2}{B}\right)-\sin\left(\frac{n\pi z_1}{B}\right)\right]\cos\left(\frac{n\pi z}{B}\right)\exp\left(-D'_z\frac{n^2\pi^2}{B^2}\xi\right)\right\}\mathrm{d}\xi
\tag{4-52}
$$

解析解式(4-51)和式(4-52)直接用手算比较困难，要利用一个简单的程序用计算机计算。

4.2.4　水动力弥散系数确定(Coefficient of Hydrodynamic Dispersion)

先考虑一维情况，在 $x=0$ 点，连续注入浓度 C_0 的溶液，水流方向为 x 轴，则污染物运移模型为：

$$\begin{cases}\dfrac{\partial C}{\partial t}=D_L\dfrac{\partial^2 C}{\partial x^2}-u\dfrac{\partial C}{\partial x}\\ C(x,0)=0 & 0\leqslant x<\infty\\ C(0,t)=C_0 & 0<t<\infty\\ C(\infty,t)=0 & 0<t<\infty\end{cases}$$

其解为:

$$\frac{C(x,t)}{C_0}=\frac{1}{2}\left\{\operatorname{erfc}\left[\frac{x-ut}{2\,(D_2t)^{1/2}}\right]+\exp\left[\frac{ux}{D_L}\right]\times\operatorname{erfc}\left[\frac{x-ut}{2\,(D_Lt)^{1/2}}\right]\right\}\tag{4-53}$$

由于第二项比较小,可忽略,故有:

$$\frac{C(x,t)}{C_0}=\frac{1}{2}\operatorname{erfc}\left[\frac{x-ut}{2\,(D_Lt)^{1/2}}\right]=\frac{1}{\sqrt{\pi}}\int_{\frac{x-ut}{2\sqrt{D_Lt}}}^{\infty}\exp\,(-\eta^2)\,d\eta$$

$$=1-\frac{1}{\sqrt{2\pi}}\int_0^{\frac{x-ut}{2\sqrt{D_Lt}}}\exp\,(-\eta^2)\,d\eta\tag{4-54}$$

对于给定时刻 t,把 x 作为变数,式(4-54)作为正态分布函数 $1-N\left[\dfrac{x-ut}{\sqrt{2D_Lt}}\right]$,根据正态分布的一个典型性质 $N[-1]=0.16$ 便可以求出 D_L,方法如下:

$$N[0]=0.5\qquad N[1]=0.84$$

根据试验资料,在 $t=t_0$ 时,不同观测孔的浓度资料绘制 C/C_0 随 x 的曲线,如图4-5所示。

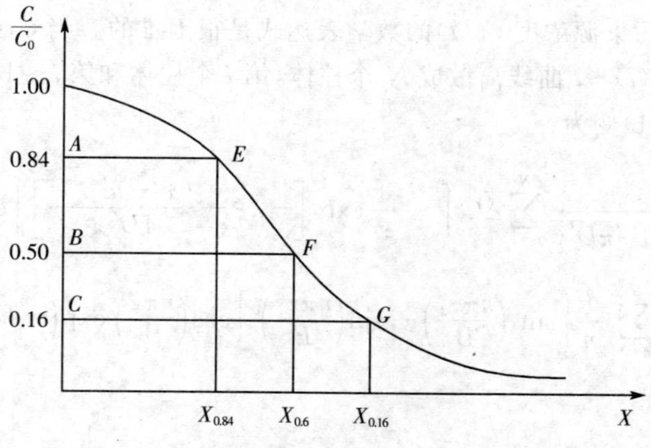

图4-5　满足正态分布时的 C/C_0 与 x 的关系

当 $\dfrac{x-ut_0}{\sqrt{2D_Lt_0}}=1$ 时,$\dfrac{C}{C_0}=1-N\left[\dfrac{x-ut_0}{\sqrt{2D_Lt_0}}\right]=1-N[1]=1-0.84=0.16$

满足 $\dfrac{x-ut_0}{\sqrt{2D_Lt_0}}=1$ 的点 G,它的横坐标记为 $x_{0.16}$,

即
$$\frac{x_{0.16}-ut_0}{\sqrt{2D_Lt_0}}=1$$

当$\frac{x-ut_0}{\sqrt{2D_Lt_0}}=-1$时，$\frac{C}{C_0}=1-N\left[\frac{x-ut_0}{\sqrt{2D_Lt_0}}\right]=1-N[-1]=1-0.16=0.84$

满足$\frac{x-ut_0}{\sqrt{2D_Lt_0}}=-1$时的点 E，横坐标记为 $x_{0.84}$，

即
$$\frac{x_{0.84}-ut_0}{\sqrt{2D_Lt_0}}=-1$$

于是$\frac{x_{0.16}-ut_0}{\sqrt{2D_Lt_0}}-\frac{x_{0.84}-ut_0}{\sqrt{2D_Lt_0}}=2$

亦即：
$$D_L=\frac{1}{8t_0}(x_{0.16}-x_{0.84})^2 \tag{4-55}$$

因此，求 D_L 的问题化为求 $x_{0.16}$ 和 $x_{0.84}$ 的问题，而 $x_{0.16}$ 和 $x_{0.84}$ 可以用下法求得。

在曲线上先找坐标(0,0.84)，(0,0.5)，(0,0.16)的三点 A,B,C，然后做平行 x 轴三条直线 AE,BF,CG，分别与曲线相交于 E,F,G 三点(图 4－5)。然后作 x 轴垂直线与 x 轴相交三点，则三点的 x 轴坐标分别为 $x_{0.84}$，$x_{0.6}$，$x_{0.16}$，由式(4－55)可以求出 D_L。

如果观察孔只有一个，亦即式(4－54)中 x 是固定数，式(4－54)把 t 作为变数，仍为正态分布，根据实验资料，在 $x=x_0$ 时，绘制 C/C_0 随 t 变化曲线。于是与上面同样处理，并用 $t_{0.84}$ 记为 C/C_0 达到 0.84 时的时刻，$t_{0.16}$ 记为 C/C_0 达到 0.16 时刻。于是
$$\frac{x_0-ut_{0.16}}{\sqrt{2D_Lt_{0.16}}}-\frac{x_0-ut_{0.84}}{\sqrt{2D_Lt_{0.84}}}=2$$

则：
$$D_L=\frac{1}{8}\left[\frac{x_0-ut_{0.16}}{\sqrt{t_{0.16}}}-\frac{x_0-ut_{0.84}}{\sqrt{t_{0.84}}}\right]^2 \tag{4-56}$$

这个试验可以在河流旁边进行，如图 4－6 所示。当河水补给地下水时，若河水已被污染，而浓度 C_0 时，利用观察孔测得地下各点瞬时浓度分布，或某点长期观察值，便能求出 D_L。

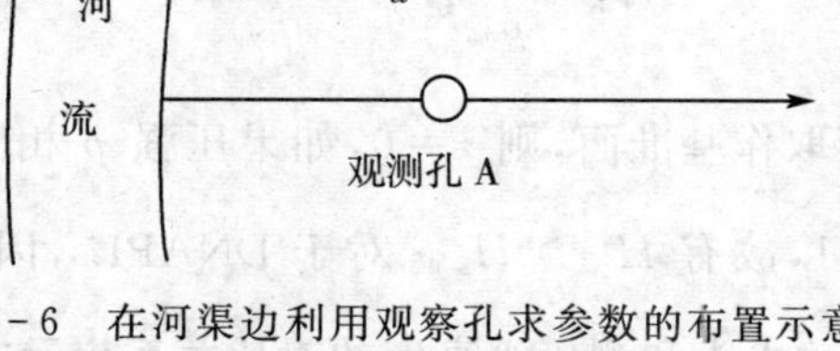

图 4－6　在河渠边利用观察孔求参数的布置示意图

4.3 多相流及其监测(Multiphase Flow and Monitoring)

4.3.1 基本概念(Basic Concepts)

1. NAPLs

如果污染物是不能和水混容的液体,或称非水相的流体(Nonaqueous Phase Liquids),简写为NAPLs。它进入含水层以后不能和水混合,而是作为单一相流动而且单独占据一部分含水层的体积。NAPLs的容重可能比水大,也可能比水小。比水重的称"Dense Nonaqueous Phase Liquids"简称DNAPLs,如沥青、三氯乙烯等。比水轻的称"Light Nonaqueous Phase Liquids",简称LNAPLs,如汽油、煤油等。

2. 流体的势和水头

如果用下标 ω 表示水,而下标 $n\omega$ 表示NAPLs,水的流体势(Fluid Potential)如下:

$$\varphi_{\omega}=gz+\frac{p}{\rho_{\omega}} \tag{4-57}$$

而NAPLs的势为

$$\varphi_{n\omega}=gz+\frac{p}{\rho_{n\omega}} \tag{4-58}$$

式中,φ_{ω} 和 $\varphi_{n\omega}$——分别为水和NAPLs的势;

g——重力加速度;

ρ_{ω} 和 $\rho_{n\omega}$——分别为水和NAPLs的密度。

将式(4-57)代入式(4-58),可得

$$\varphi_{n\omega}=\frac{\rho_{\omega}}{\rho_{n\omega}}\varphi_{\omega}-\frac{\rho_{\omega}-\rho_{n\omega}}{\rho_{n\omega}}gz \tag{4-59}$$

上式表示在同一位置上非湿润相流体的势和水的流体势的关系。因为势和水头之间关系为:

$$\varphi_{n\omega}=gH_{n\omega};\quad \varphi_{\omega}=gH_{\omega} \tag{4-60}$$

式中,$H_{n\omega}$——非湿润相(NAPLs)液体的总水头;

H_{ω}——水的总水头。

将式(4-60)代入式(4-59),得

$$H_{n\omega}=\frac{\rho_{\omega}}{\rho_{n\omega}}H_{\omega}-\frac{\rho_{\omega}-\rho_{n\omega}}{\rho_{n\omega}}z \tag{4-61}$$

如果取同一的 z,将其取作基准面,则 $z=0$,如果压强 p 相同,由式(4-59)可知,对于LNAPLs,$\rho_{n\omega}<\rho_{\omega}$,则 $\frac{\rho_{\omega}}{\rho_{n\omega}}>1$,故有 $H_{n\omega}>H_{\omega}$。对于DNAPLs,因为 $\rho_{n\omega}>\rho_{\omega}$,故 $\frac{\rho_{\omega}}{\rho_{n\omega}}<1$,因而 $H_{n\omega}<H_{\omega}$。三种情况下的总水头和测压管高度的对比关系表示在图4-7中。

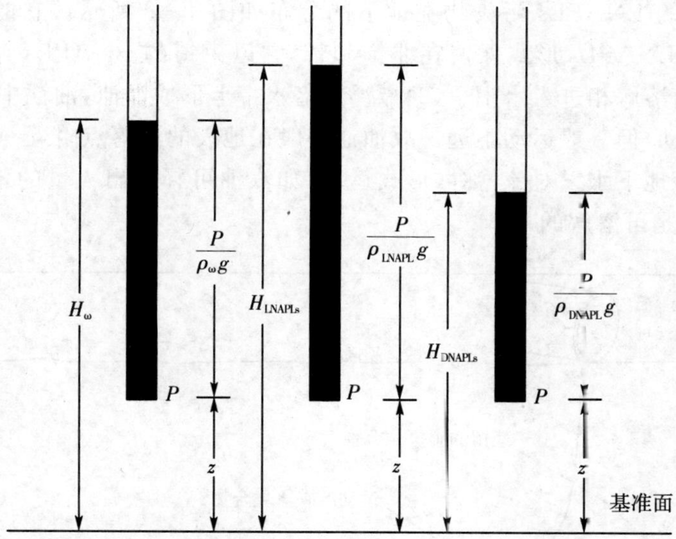

图 4-7　水、LNAPLs 和 DNAPLs 的总水头，压力水头 $\frac{p}{\rho g}$ 和位置水头（根据 C. W. Fetter）

4.3.2　轻的非水相流体的迁移（Migration of LNAPLs）

1. LNAPLs 的垂直运动

如果有较多的 LNAPLs 泄露，超过在包气带中的残余饱和度时，则向下运动，最终到达地下水面以上的毛细管带（Capillary Fringe）的顶部，其过程如图 4-8 所示。最终泄露的油变成油层存在于毛细管带上，而使水的毛细管带变薄。如油较多时可使水毛细管带消失，水位上升，并且形成油毛细管带。

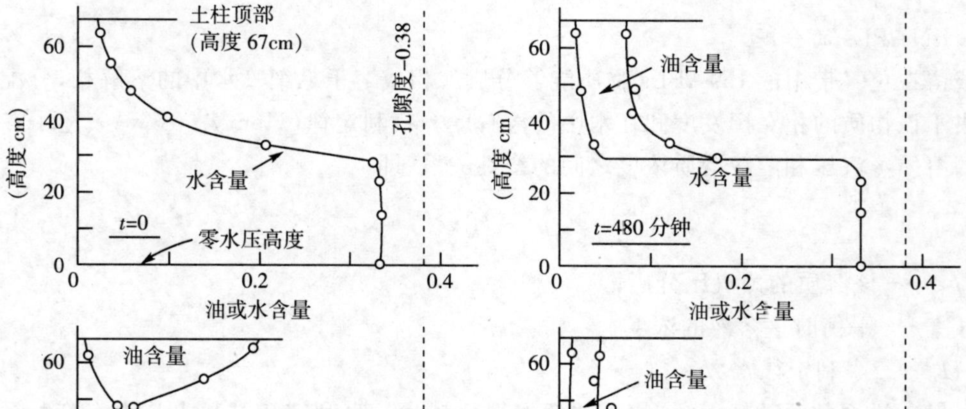

图 4-8　当油加到砂柱顶部，不同时间油的垂直分布变化（根据 D. K. Eckberg 和 D. K. Sunada）

散落在地表的 LNAPLs 污染物在地下的分布如图 4－9 所示。它的分布可分为三部分:(1)以残留的 LNAPLs 形式保留在非饱和带,它以束缚的 LNAPLs 存在。但可分离出气相,也可分离出溶解相进入水中。(2)漂浮在潜水带上形成油池,油池中的 LNAPLs 可沿水力坡度方向运动,但一般运动不远。故油池一般在地表的溅落点附近。(3)一部分可溶物质溶解于水中,随地下水以对流-弥散形式运动,如汽油可释放出大量的苯、甲苯、乙苯和二甲苯(BTEX),都是可溶解的。

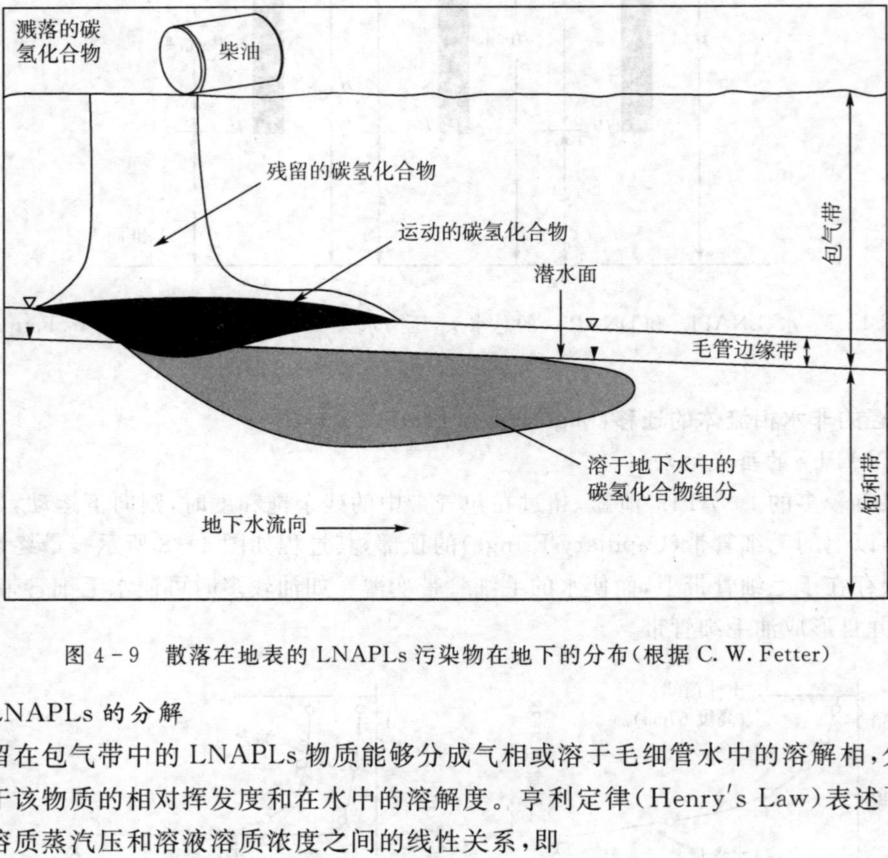

图 4－9　散落在地表的 LNAPLs 污染物在地下的分布(根据 C. W. Fetter)

2. LNAPLs 的分解

残留在包气带中的 LNAPLs 物质能够分成气相或溶于毛细管水中的溶解相,分配的比例取决于该物质的相对挥发度和在水中的溶解度。亨利定律(Henry′s Law)表述了在液体上方的溶质蒸汽压和溶液溶质浓度之间的线性关系,即

$$p_x = H_L C_X \tag{4-62}$$

式中,p_x——该溶质的蒸汽压分压;

C_X——平衡时该溶液的浓度;

H_L——亨利定律常数。

一般来说系数 H_L 越大,该物质的挥发性也越大。亨利定律常数也与水汽分配系数有关。所谓水汽分配系数是指一定温度下某一物质在水中的溶解度(毫克/升)和该物质纯粹相的饱和蒸汽浓度(也就是毫克/升)的比值。水汽分离系数较大者为亲水相,而较小者为亲气相。

芳香族化合物具有较高的水汽分离系数,而非芳香族化合物具有较低的水汽分离系数,见表 4－2 所列。残留油中的乙烷、n-正己烷、正辛烷等成分,水汽分离系数低,为亲气相,在包气带中挥发为蒸汽。而苯、甲苯、乙苯等水汽分离系数大,为亲水相,溶于下渗的土壤水中，进入含水层，污染地下水。

表 4-2　几种有机化合物的水汽分配系数

	有机化合物	分子式	分子重量	水汽分配系数
芳香族	苯	C_6H_6	78	5.88
	甲苯	C_7H_8	92	3.85
	邻二甲苯	C_8H_{10}	106	4.68
	乙苯	C_8H_{10}	106	3.80
非芳香族	环已烷	C_6H_{12}	84	0.15
	已烯	C_6H_{12}	84	0.067
	正已烷	C_6H_{14}	86	0.015
	正辛烷	C_8H_{18}	114	0.0079

3. 漂浮的 LNAPLs 厚度的测量

了解浮油池的体积，对于石油污染治理是很重要的。要了解体积必须要知道浮油层厚度，因为油比水轻，在检测中测得的浮油层厚度(T)并不是自然界中潜水面以上的浮油层厚度，但两者之间存在一定的关系。图 4-10 表示了实际浮油层的分布和观测井中的浮油层的关系。图中显示由地面至潜水面以上毛细管带浮油可分为 5 个带，自上而下依次为不移动的残留油，厚度为 D_a^{aow}；在重力作用下能垂直移动的油，底板深度为 D_a^{aa}；油毛细管带；可移动油层，可沿水毛细管带的坡度水平运动；最底部为不移动油层。在此之下则为水毛细管带和饱和带的地下水。图的右边为饱和度曲线，左边为监测井，监测井的过滤器要安装到油层的顶板以上。

当一定时间以后，监测井和含水层中的油水达到平衡。在监测井底部的油水界面上，有

$$p_0 = p_w \tag{4-63}$$

式中，p_0——界面上油的压强，其值为 $p_0=\rho_0 T$；

ρ_0——油的密度；

T——监测井中的油层厚度；

p_w——界面来自水的压强，其值为 $p_w=\rho_w W$；

ρ_w——水的密度；

W——由界面算起的水层厚度。

因而可得

$$W=\frac{\rho_0}{\rho_w}T \tag{4-64}$$

由于油层的存在，使水毛细管带变薄，可近似认为 T—W 为非饱和带中的油层厚度。因此当毛细管带厚时效果差，该带薄或接近零时效果好。细粒含水层由于毛细管带厚，误差较大。

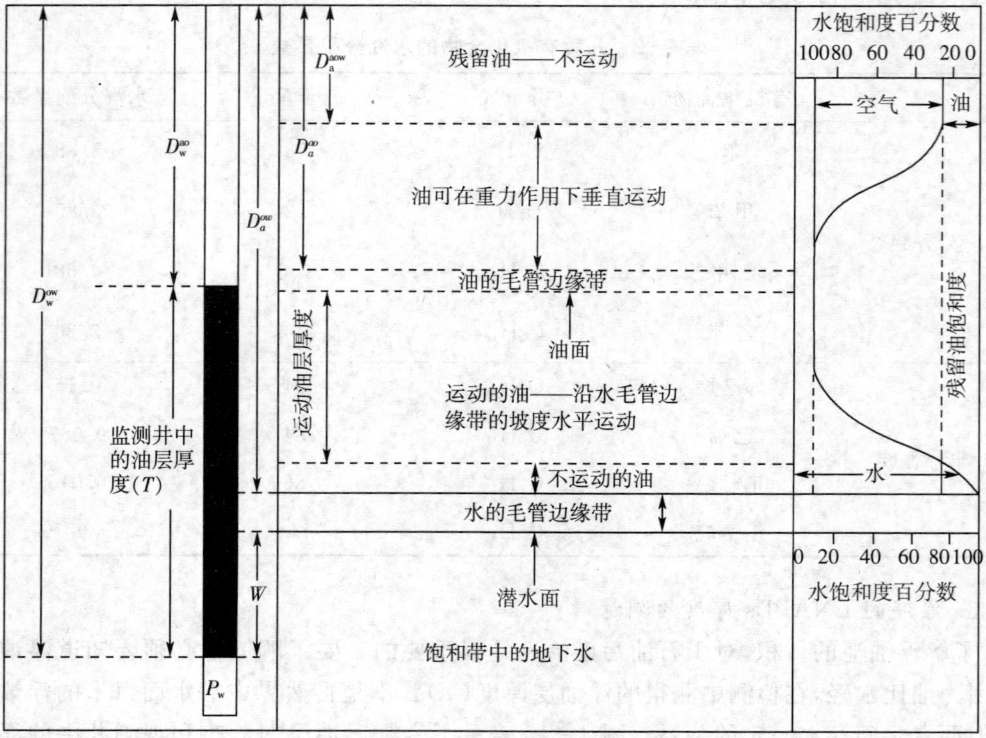

图 4－10　当油层下存在水毛细管带时，含水层中油的分布及检测井中浮油层厚度的比较
(根据 C. W. Fetter)

油层顶底板埋深也可用下式求出：

$$D_a^{ao}=D_\omega^{ao}-\frac{p_d^{ao}}{\rho_0 g} \tag{4-65}$$

$$D_a^{o\omega}=D_\omega^{o\omega}-\frac{p_d^{o\omega}}{(\rho_\omega-\rho_0)g} \tag{4-66}$$

因为 $D_\omega^{o\omega}-D_\omega^{ao}=T$，则

$$D_a^{o\omega}=D_\omega^{ao}+T-\frac{p_d^{o\omega}}{(\rho_\omega-\rho_0)g} \tag{4-67}$$

式中，D_a^{ao}——包气带油气界面埋深；

D_ω^{ao}——监测井中油气界面埋深；

p_d^{ao}——Brooks－Corey 空气-有机物置换压力强度；

$D_a^{o\omega}$——油水界面实际埋深；

$D_\omega^{o\omega}$——监测井中油水界面埋深；

$p_d^{o\omega}$——Brooks－Corey 有机物—水置换压力强度；

g——重力加速度。

非残留油在包气带中的单位柱体中的总体积可按下式计算：

$$V_0 = n\left\{\int_{D_a^{o\omega a}}^{D_a^{o\omega}} (1-S_\omega)\,dz - \int_{D_a^{o\omega a}}^{D_a^{o\omega}} [1-(S_\omega+S_o)]\,dz\right\} \tag{4-68}$$

式中，V_0——单位面积柱体中油的体积；

n——孔隙度；

S_ω——水的饱和度；

Z——垂直坐标，向下为正；

$D_a^{o\omega a}$——不运动残留油的底板深度。

其余符号同前。

4. 地下水面升降对 LNAPLs 分布的影响

含水层中的地下水面常随季节而变化。地下水面升降对残留油和可运动的油池的影响如图 4-11 所示。该情况下为地下水面先下降，然后再上升。

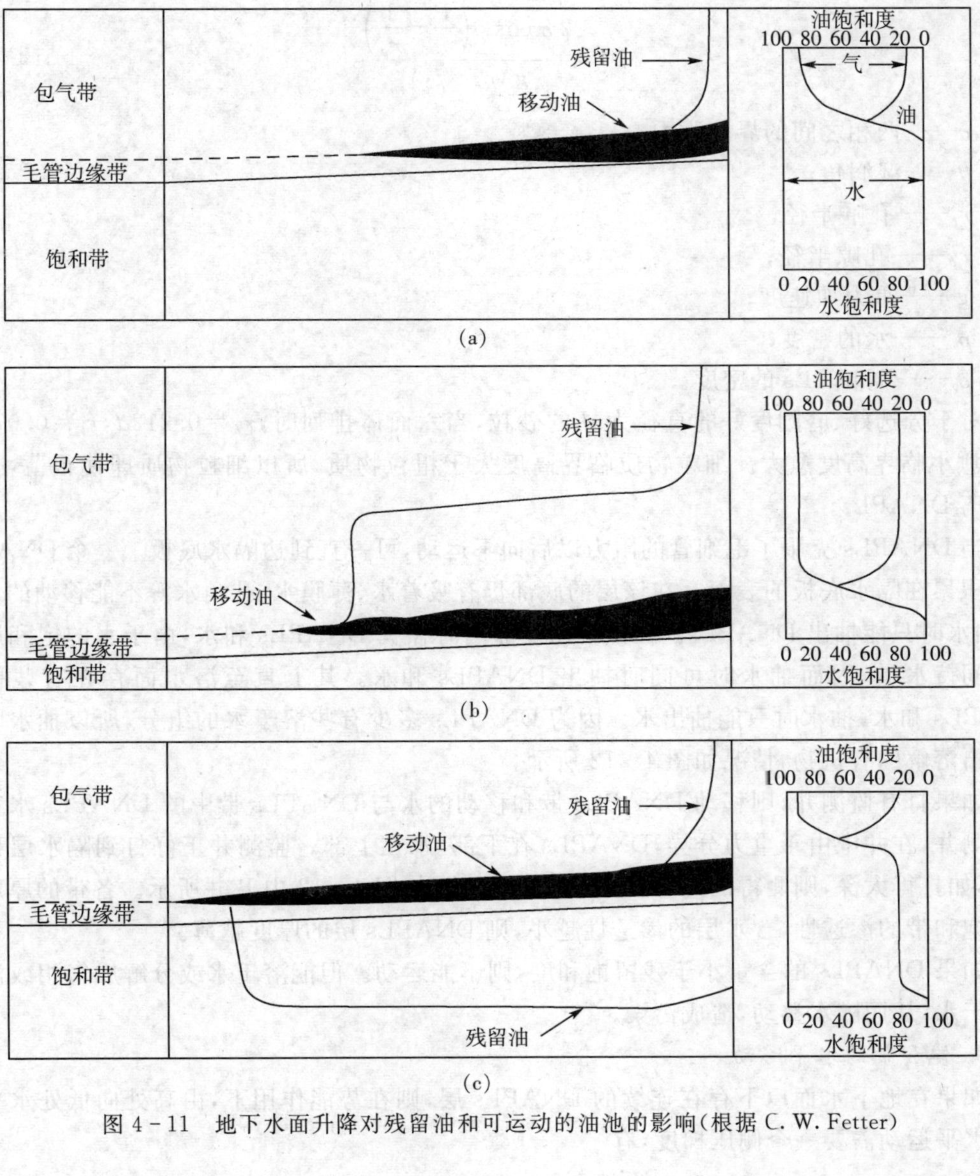

图 4-11　地下水面升降对残留油和可运动的油池的影响（根据 C. W. Fetter）

4.3.3　重的非水相流体的迁移(Migration of DNAPLs)

1. 非饱和带的迁移

DNAPLs 比水重,其比值大于 1。在包气带中只要超过残留饱和度值,就在重力作用下向下运动。因为水是湿润相液体,故在包气带中占据较小的孔隙,而 DNAPLs 则取代空气,通过较大的孔隙向下运动。故包气带中对 DNAPLs 的渗透性比水大。当 DNAPLs 到达毛细管边缘带时,因为该带为水所充满,则首先取代水,再向下运动。

2. 饱和带的垂直运动

DNAPLs 要在重力作用下连续向下运动,必须置换充填于孔隙中的水,必须有足够数量的 DNAPLs 去克服使水保持在孔隙中的毛细管力。垂直方向上 DNAPLs 链达到一定高度时,才能克服水的毛细管力向下移动。临界高度 h_0 可按 Hobson 公式计算。

$$h_o=\frac{2\sigma\cos\theta\left(\frac{1}{r_t}-\frac{1}{r_p}\right)}{g\left(\rho_\omega-\rho_o\right)} \tag{4-69}$$

式中,σ——两相之间的界面张力;

θ——湿润角;

r_t——孔喉半径;

r_p——孔隙半径;

g——重力加速度;

ρ_ω——水的密度;

ρ_o——DNAPLs 的密度。

对于分选好、磨圆度好的直径为 d 的砂粒,当六面体排列时,$r_p=0.212d$,$r_t=0.077d$,故 d 愈小临界高度愈大。细粒物质临界高度大于粗粒物质,所以细粒物质即使很薄,也可能隔离 DNAPLs。

当 DNAPLs 克服了毛细管的阻力以后向下运动,可一直到达隔水底板。一个 DNAPLs 层将积累在隔水底板的表面。在该层的底部仍有吸着水、薄膜水、孔角水等不能移动的水存在,抽水时只能抽出 DNAPLs。在该带的上部同时存在 DNAPLs 和水,由于水的饱和度大于田间持水量,因而抽水时可同时抽出 DNAPLs 和水。其上直至潜水面存在有残留的 DNAPLs 和水,抽水时只能抽出水。因为 DNAPLs 多少有些溶于水的组分,所以抽水时总能抽出溶解的有机物,情况如图 4-12 所示。

如果打有监测井,则移动 DNAPLs 带和移动的水与 DNAPLs 带中的 DNAPLs 水都流入监测井,在井中由于重力分异,DNAPLs 在下部,水在上部。监测井正好打到隔水层顶板即可,如打得太深,则测得的 DNAPLs 厚度不正确,如图 4-12 中 B 井所示。各带的厚度取决于饱和带的渗透性,含水层的渗透性越小,则 DNAPLs 层的厚度越薄。

如果 DNAPLs 的含量小于残留饱和度,则不能运动。但能溶于水或分解成气相或液相再溶于水,从而随水移动,造成污染。

3. 饱和带的水平移动

如果在地下水面以下存在连续的 DNAPLs 层,则在势能作用下,由高处向低处水平运动。水平运动需要一个侧压梯度,有

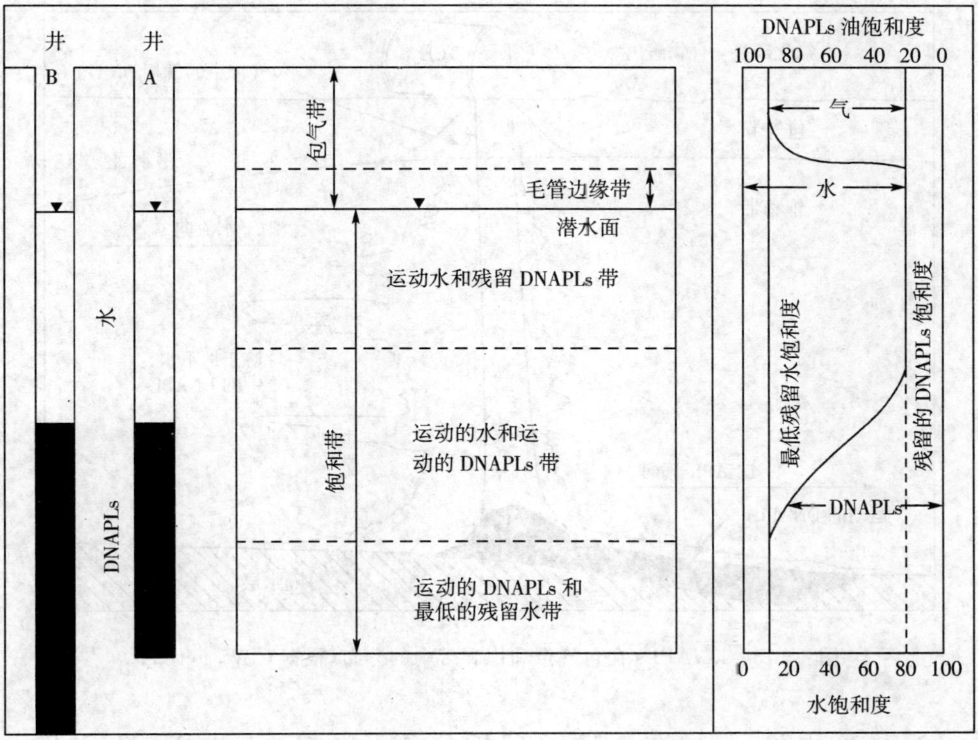

图 4-12　DNAPLs 的分带和各带的饱和度(根据 C. W. Fetter)

$$\text{grad } p=\frac{2\sigma}{L_0\left(\dfrac{1}{r_t}-\dfrac{1}{r_p}\right)} \tag{4-70}$$

式中，σ——界面张力；

L_0——流向上的连续的 DNAPLs 相的长度；

r_t——孔喉半径；

r_p——孔隙半径。

一旦入渗的 DNAPLs 到达含水层底板，它沿底板的坡度向低洼处流动。即使地下水面水平，它也能运动，有时其流动方向甚至和地下水流的方向相反，如图 4-13 所示。如果 DNAPLs 聚集在隔水层(或弱透水层)上下运动，而其上的地下水在流动，静止的 DNAPLs 将造成一个坡角，如式(4-71)所示。

$$\tau=\frac{\rho_\omega}{\rho_\omega-\rho_{\text{DNAPLs}}}\frac{\mathrm{d}H}{\mathrm{d}l} \tag{4-71}$$

式中，τ——界面的坡角；

$\dfrac{\mathrm{d}H}{\mathrm{d}l}$——潜水面的坡角。

$\tau>0$ 时，DNAPLs 表面的坡度和水面坡度相同；$\tau<0$ 时，两者的坡度相反。

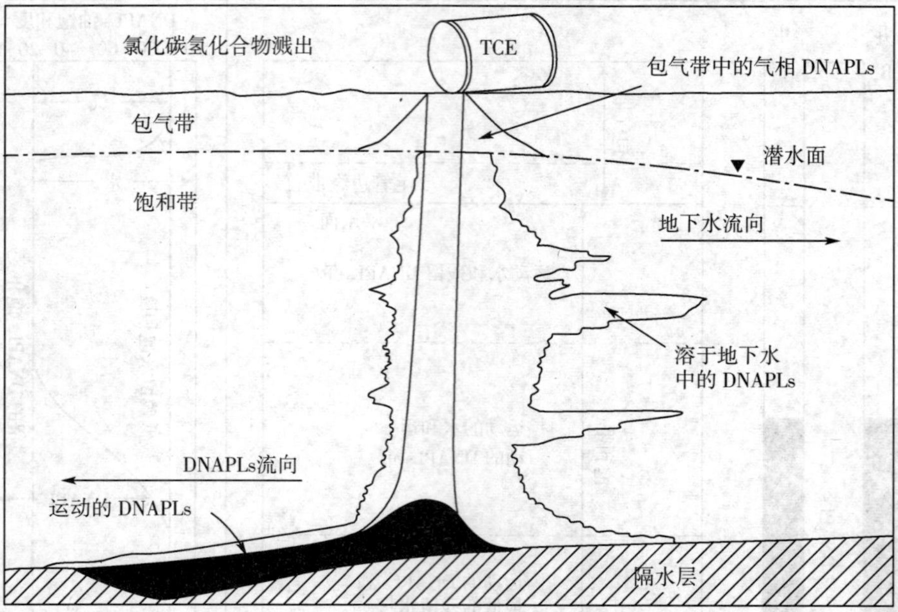

图4-13　DNAPLs在包气带和饱和带中的分布(根据C. W. Fetter)

4.4　含水介质地下水热量运移(Heat Transport in Groundwater)

随着新能源、新技术的发展,20世纪后期以来,国际上在含水介质地下水热量运移领域相继开辟了不少具有重要应用背景的新研究方向,开展了有关含水介质中地下水热量运移规律及模拟模型的探索。能源利用产生的环境问题促使人们寻求新的能源利用形式,如地热能开发、含水层储能、地(水)源热泵等,含水介质地下水热量运移研究逐渐兴起。另外,稠油热采、核反应堆运行、核废料安全贮存及大型水利工程中涉及的多相流动、核传热、河流峡谷区地下水温度异常等问题,也使含水介质中地下水热量运移问题备受学界关注。

地下水热量运移过程中,地下水流动和热量输运在含水介质中同时发生,地下水流场——温度场相互耦合作用。地下水热量输运过程不仅与地下水本身及其所在介质有关,而且与地下水运动状态联系密切,属于同一介质中两种物理场的耦合问题。有关含水介质地下水热量运移的研究始于20世纪中后期,主要应用于地热能开发、含水层储能、地下水源热泵、核工程等新能源开发及大型水利工程中地下水温度异常等实际应用中。

4.4.1　地下水热量运移应用概述(Genaral Application)

1. 地热能开发

地表以下深度每下降100m,温度平均升高3℃;地热异常区,如大型构造断裂带,温度随深度增加得更快。高温熔岩加热其附近的地下水,直接取用加热后的地下水是运用地热能最简单、最经济的方法。将埋藏较深的地下水作为热的载体,通过"深井开采"或"回灌开采"的方式开采,是地热能开发(Geothermal Development)的重要手段。目前,地热资源评价研究从计算地热资源总量发展到研究地下热水的运移,从单一描述地下热水运动或热量运动到同时描述地下热水水流和热量运移，地下水热量运移研究广泛开展于地热能开发应用中。

2. 含水层储能技术(ATES)

地下含水层储能技术(Aquifer Thermal Energy Storage)利用地下岩层中的储水空间，及地下水在其中流速缓慢和水温变化小的特点，用管井回灌的方法，将“冷能”或“热能”季节性地储存在含水层中，在冷、热不同需要时抽取使用。含水层储能技术向含水层中注入的冷水或热水不断向四周运移，自身发生热量流动和传导的同时，与含水层骨架及原来的地下水之间进行热量输运，存在着地下水渗流场和热量运移温度场的双场耦合运移问题。随含水层储能技术发展，国内外针对其地下水热量运移问题开展了广泛研究。

3. 地下水源热泵工程

地下水源热泵(Groundwater Source Heat Pump)属热泵空调系统工程的分支，利用地下水温恒定的特性，通过输入少量的高品位能源(如电能)，实现热量从低位热源向高位热源的转移，将地下水分别在冬季和夏季作为热源和冷源，起到冬季制热、夏季制冷的作用。与含水层储能技术相似，将地下水作为热量或冷量的载体，含水介质中地下水热量运移问题也是地下水源热泵工程需要重点论证和研究的内容。

4. 核工程传热问题

核电站、反应堆置于地下较深处，在反应运行和衰变过程中，释放的热量对围岩和地下水产生影响。国际上普遍认为，对核废物进行深部地质处置是最为安全可靠的措施。高放射性核废料埋置于地下数百米深处的稳定岩层中，处置库周围存在着核废料发热、缓冲层吸水湿润及其膨胀应力、岩体内地下水流动和围岩压力等，形成了复杂的热-水-应力耦合场。在核反应堆运行、核废料安全贮存工程中多相流动、核传热问题也涉及含水介质地下水热量运移研究。

5. 大型水利工程地下水温度异常问题

水利水电工程所处河流峡谷区及隧道工程等地段，由于特有的地形地貌、地质特征等条件，地下水温度场常表现出异常现象。我国大中型水利水电工程多建于河流峡谷地区。在工程前期勘测工作中发现，峡谷区一定深度范围内钻孔揭露有热水或温水，如隔河岩水电站坝址区、彭水水电站坝址区、万家寨水电站坝址区和溪洛渡水电站坝址区等。通过深部地下水热量运移研究，查清河流峡谷区地下水温度场异常的原因，正确认识和评价工程区地下水温度异常现象，直接关系到工程选址和具体实施，对研究区域工程水文地质条件和水利水电工程安全建设具有重要的意义。

4.4.2　地下水热量运移机理(Mechanism of Heat Transport in Groundwater)

一般说来，热量的输运有三种方式：传导、对流和辐射。

第一种方式，传导。这种传热方式的机理在于相互碰撞但又无明显位移的分子之间动能的交换。Fourier 定律(1822)从宏观上表达了在流体或固体连续介质中由传导方式所输运的热量或热能。该定律确定热通量(J_h)与温度梯度成正比：

$$J_h = -\lambda \mathrm{grad} T \tag{4-72}$$

式中的比例系数 λ 是所考虑的导热物质的热传导系数，例如，对于 32^0 F 的水，其 $\lambda=$

0.377Btu/ft hr^0F;对于 32^0F 的空气,其 $\lambda=0.0140$Btu/ft hr^0F。J_h 的量纲是 ML^0T^{-3};它在 c.g.s 制中的单位是 Cal $cm^{-2}sec^{-1}$(卡/(厘米)^2 · 秒),在英制中是 Btu/$ft^{-2}hr^{-1}$。λ 的量纲是 $MLT^{-3}\theta^{-1}$;它在 c.g.s 制中的单位是 cal/(cm^2sec^0C/cm)=cal/cm sec^0C,而在英制中则为 Btu $ft^{-1}hr^{-1}\theta^{-1}$。在流动的流体中,$J_h$ 表示与局部流体运动有关的热能通量(由于传导)。在各向异性介质中 λ 为二秩张量。

λ 在气体和液体中,热传导系数依赖于温度和压力。低密度气体的热传导系数随温度的增加而增加,但绝大多数液体的热传导系数却随温度的增加而减少。极性的或结合性的液体,例如水,在曲线 $\lambda=\lambda(T)$ 上可以出现一个极大值。气体的热传导系数随压力的变化依赖于该气体是单原子的还是多原子的。但一般说来,随温度的变化要比它随压力的变化更为明显。

第二种方式,对流。在流体中的这种传热机理联系着实际的流体物质从一个区域到另一个区域的运动。当流体运动时,它把自已所含的热量也一起带走。由于外部原因造成的对流为强制对流,由于流场中温度变化引起密度差异而造成的流体运动称为自由对流或自然对流。

我们常常对预测流体和固体表面之间的热输运速率感兴趣(例如流体在导管中流动或围绕着固体流动)。在通过多孔介质的流动中也遇到了这种情形,此时热量可能由流体转移到固体,或者反过来由固体转移到流体。因为紧靠固体表面的流体或者静止不动或者做层流运动,所以在固体-流体表面热量输运的机理本质上是属于传导类型。原则上说,这样的输运能用式(4-73)来表示,我们把它写为下列形式:

$$(J_h)_n=-\lambda_f\partial T_f/\partial n \tag{4-73}$$

式中,f——流体,$(J_h)_n$ 是热通量沿固体壁法线方向的分量;

$\partial T_f/\partial n$——流体中沿固体-流体分界面的法向温度梯度。

假若我们已经知道了某一流动的流动状态和热输运过程的细节,则能确定出流体中的温度分布并且可由式(4-73)计算出通过固体-液体交界面所输运的热量的速率。可是在许多对流问题中,交界面具有复杂的几何形状,上述细节以及关于速度和温度分布的信息是不知道的。多孔介质就是这种情形的一个典型例子,此种情形下热量输运的知识基本上是从经验得到的。为方便起见,我们定义一个热输运系数(或表面输运系数):

$$h=(J_h)_n/(T_s-T_f) \tag{4-74}$$

式中,T_s——固体表面的温度;

T_f——流体的某个代表温度。

在液体的自由对流中典型的 h 值是(10～60)Cal $cm^{-2}hr^{-1}℃^{-1}$(卡/厘米^2 · 小时 · 度)。

第三种方式,辐射。这种传热机理本质上是电磁波发射,它携带能量以光速通过没有任何物体的空间区域进行传输。若一个固体物体是热的,它的表面就要发出辐射,称为热辐射。其波长约在0.1微米到10微米之间,波长的精确值依赖于固体物体的温度和性质。

在其空隙为运动着的流体所充满的多孔介质中,上述三种基本的传热方式可以表现为下列六种传输途径(Lagarde,1965):

(1)由于传导作用,通过固相(当作连续介质)输运的热量;

(2)由于传导作用，通过液相(当作连续介质)输运的热量；

(3)由于对流作用，通过液相(当作连续介质)输运的热量；

(4)由于热弥散作用，通过液相输运的热量。热弥散产生的热输运现象与流体动力弥散产生的物质输运现象是完全类似的。造成热弥散的原因与造成流体动力弥散的原因也是相同的，其一是由于颗粒和互相连通的孔隙系统的存在使得局部速度分布不均一；其二是由于热的传导。与流动动力弥散相比，前者类似于机械弥散，后者类似于分子扩散。热弥散倾向于增进流体所携带的热量的传播。

(5)热量从固相迁移到液相。

(6)当流体为气体时，由于辐射作用造成固体颗粒间的热量迁移。

在通过多孔介质流动的实际情形中，上述这些传热途径所占的地位并不相同，它们的相对重要性将根据实际情况而定。

4.4.3　地下水热量运移模型(Model for Heat Transport in Groundwater)

由于地下水热量运移模型的建立是个非常复杂的过程，因此，以地下水含水层储能数学模型为例，介绍地下水热量运移模型。

建立该模型时，假设：介质不发生变形；水的密度不随压力变化而变化；水与含水层多孔骨架之间的热动平衡是瞬时完成的，多孔骨架与周围的流动水具有相同的温度，因而可不考虑水与多孔骨架之间的热量运移；其次忽略了因温差造成的水的密度不同而形成的垂向自然对流；含水层的上、下均有隔水层。

在该模型中用笛卡尔坐标系研究地下含水层中的热动力学方程。在多孔介质的热运动区域内，取一无限小平行六面体，且假设在此六面体内含水层多孔介质是均质各向同性的。边长分别为 dx, dy, dz 且坐标轴平行，作为平衡单元体(图 4-14)。

则在 dt 时间内引起多孔介质中单元体温度变化的热量运移基本模式主要为上节提到的六种热传输方式中的前四种。

1. 通过对流作用(水力压头作用下的强迫对流)输运的热量

设地下水渗流速度为 $v, v_x、v_y、v_z$ 为地下水渗流速度 v 的三个分量。水的热容量为 c_w，多孔介质中任一点 (x, y, z) 的温度为 $T(x, y, z)$，则在 dt 时间内 $x、y、z$ 三个方向，由于对流作用沿 x 轴流入和流出该单元体的热量差为：

$$dt\,dy\,dz[c_w T v_x(x, y, z) - c_w T v_x(x+\Delta x, y, z)] = -\frac{\partial}{\partial x}(c_w T v_x)\,dx\,dy\,dz\,dt \quad (4-75)$$

同理，沿 y 轴和 z 轴方向由于对流作用流入和流出单元体的热量差分别是

$$-\frac{\partial}{\partial y}(c_w T v_y)\,dx\,dy\,dz\,dt \quad (4-76)$$

$$-\frac{\partial}{\partial z}(c_w T v_z)\,dx\,dy\,dz\,dt \quad (4-77)$$

所以在 dt 时间内，由于对流作用流入和流出这个单元体的总热量差为

$$-\mathrm{div}(c_w T v)\,dx\,dy\,dz\,dt \quad (4-78)$$

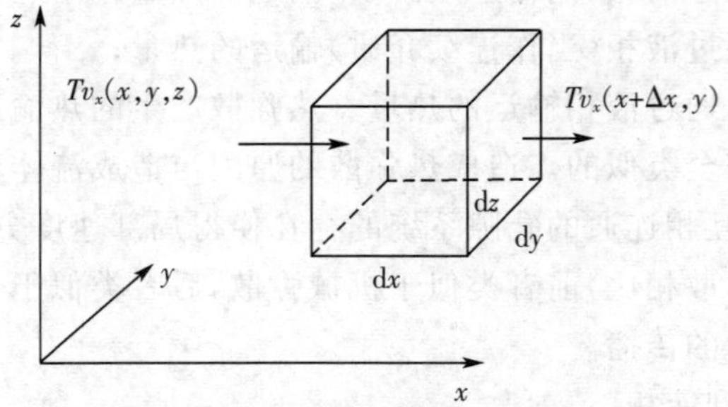

图 4-14　多孔介质中的单元体示意图

2. 通过热传导作用由液相和固相输运的热量

设 I_T 为单位时间内由传导作用通过单位面积的热通量，根据 Fourier 定律有：

$$I_T=-\lambda_T \mathrm{grad}T \tag{4-79}$$

式中，λ_T 为多孔介质的热传导系数。

3. 类似于溶质运移过程中的机械弥散引起的热量运移

由于多孔介质中各点的局部流速分布不均一，引起热量的平均化。和溶质运移的机械弥散类似，其热通量 I_D 为：

$$I_D=\lambda_D \mathrm{grad}T \tag{4-80}$$

式中，λ_D 为热机械弥散系数。

$$\lambda_D=c_w g\alpha\left|V\right| \tag{4-81}$$

式中，α 为热弥散度。把式(4-79)，式(4-80)两项合起来，得到单位时间内通过单位面积相应的热量通量 I 为：

$$I=I_T+I_D=(\lambda_T+\lambda_D)\mathrm{grad}T=-\lambda \mathrm{grad}T \tag{4-82}$$

$$\lambda=\lambda_T+\lambda_D \tag{4-83}$$

式中，λ 为热动力弥散系数。

在 $\mathrm{d}t$ 时间内由于传导和弥散作用流入和流出这个单元体内的总热量差为：

$$-\mathrm{div}(I)\mathrm{d}x\mathrm{d}y\mathrm{d}z\mathrm{d}t \tag{4-84}$$

另一方面，在 $\mathrm{d}t$ 时间内由于单元体内温度的变化所增加的热量为：

$$c\frac{\partial T}{\partial t}\mathrm{d}x\mathrm{d}y\mathrm{d}z\mathrm{d}t \tag{4-85}$$

式中，c——含水层的热容量。

单元体内热量变化(即热量的增加)是流入与流出这个单元体内的热量差造成的，根据能量守恒定律，有

$$c\frac{\partial T}{\partial t}=\mathrm{div}(\lambda \mathrm{grad}T)-\mathrm{div}(c_w T v) \tag{4-86}$$

如果考虑承压含水层中水流为稳定流，且无源汇地点，则水头应满足：

$$\mathrm{div}(K\mathrm{grad}H)=0 \tag{4-87}$$

又因为：

$$v=v_x i^w+v_y j^w+v_z k^w \tag{4-88}$$

$$v_x=-K\frac{\partial H}{\partial y},v_y=-K\frac{\partial H}{\partial y},v_z=-K\frac{\partial H}{\partial z} \tag{4-89}$$

故式(4-87)可写成 $\mathrm{div}(v)=0$，从而，式(4-86)可改写成：

$$c\frac{\partial T}{\partial t}=\mathrm{div}(\lambda \mathrm{grad}T)-c_w \mathrm{vgrad}T \tag{4-90}$$

为便于采用数值法，

$$\frac{\mathrm{d}r}{\mathrm{d}t}=\frac{c_w}{c}v \tag{4-91}$$

式中 $r=xi+yj+zk$，而 i,j,k 分别为沿 x,y,z 轴正向的单位矢量。

应用 Lagrange 坐标系或水动力导数：

$$\frac{d}{\mathrm{d}t}=\frac{\partial}{\partial t}+ug\,\nabla \tag{4-92}$$

式中的梯度算子$\nabla=i\frac{\partial}{\partial x}+j\frac{\partial}{\partial y}+k\frac{\partial}{\partial z}$。于是式(4-86)可改写成：

$$\frac{\partial T}{\partial t}=\frac{1}{c}\mathrm{div}(\lambda \mathrm{grad}T)-\left(\frac{c_w}{c}\right)T\,\mathrm{div}V \tag{4-93}$$

而

$$u=\frac{\mathrm{d}r}{\mathrm{d}t} \tag{4-94}$$

则式(4-92)变为：

$$\frac{\mathrm{d}T}{\mathrm{d}t}=\frac{1}{c}\mathrm{div}(\lambda \mathrm{grad}T) \tag{4-95}$$

所以，得到非稳定流条件下的方程为式(4-93)。在稳定渗流情况下，在无源汇点，相应的方程为式(4-95)。忽略地面温度的影响和方程相应的定解条件可简化为初始条件：

$$T(x,y,z,0)=T_0(x,y,z),(x,y)\in F \quad M_2\leqslant z\leqslant M_1 \tag{4-96}$$

边界条件:

$$T(x,y,z,t)\Big|_{\Gamma}=\Phi(x,y,z,t),(x,y)\in F \quad M_2\leqslant z\leqslant M_1 \tag{4-97}$$

$$T(x,y,M_1,t)=T_1(x,y),(x,y)\in F \tag{4-98}$$

$$T(x,y,M_2,t)=T_2(x,y),(x,y)\in F \tag{4-99}$$

$$T(x,y,z,t)\Big|_{w_1}=\Phi_1(z,t),(x,y)\in F \quad M_2\leqslant z\leqslant M_1 \tag{4-100}$$

式中,F——计算区的平面域;Γ——计算区域的外边界。

思考题(Questions)

1. 试写出轴对称条件下一维弥散方程式。

2. 为什么确定弥散问题的解需要给出研究区域水头场的分布?如果只知道水头的初始状态、边值和有关参数怎么办?

3. 水动力弥散系数如何确定?

4. 试推导地下水污染物运移的对流-弥散方程。

5. 在研究地下水流问题中,什么叫边界条件?可分为几类?在实际中应如何进行处理?

参考文献(References)

[1] 孙讷正. 地下水污染——数学模型和数值方法. 北京:地质出版社,1989

[2] 张蔚榛. 地下水与土壤水动力学[M]. 北京:中国水利电力出版社,1996

[3] 仵彦卿. 多孔介质污染物迁移动力学[M]. 上海:上海交通大学出版社,2007

[4] 金士博(W. Kinzelbach). 水环境数学模型[M]. 北京:中国建筑工业出版社,1987

[5] 薛禹群. 地下水动力学(第二版)[M]. 北京:地质出版社,1997

[6] 朱学愚,钱孝星. 地下水水文学[M]. 北京:中国环境科学出版社,2005

[7] 朱学愚,谢春红. 地下水运移模型[M]. 北京:中国建筑工业出版社,1990

[8] 陈崇希,唐仲华. 地下水流动问题数值方法[M]. 武汉:中国地质大学出版社,1990

[9] 陈雨孙. 地下水运动与资源评价[M]. 北京:中国建筑工业出版社,1986

[10] 杨悦所,林学钰. 实用地下水管理模型[M]. 长春:东北师范大学出版社,1992

[11] 王秉忱,杨天行. 地下水污染、地下水水质模拟方法[M]. 北京:北京师范大学出版社,1985

[12] 张蔚榛. 地下水非稳定流计算和地下水资源评价[M]. 北京:科学出版社,1983

[13] 朱学愚,钱孝星,刘新仁. 地下水资源评价[M]. 南京:南京大学出版社,1987

[14] 周志芳. 裂隙介质水动力学原理[M]. 北京:高等教育出版社,2007

[15] 马捷. 地下含水层储能原理及其工程应用[M]. 上海:上海交通大学出版社,2007

[16] 陈墨香,汪集. 中国地热研究的回顾和展望[J]. 地球物理学报,1994,37(S1):320-338

[17] 周训,陈明佑,吴胜军,等. 天津市深层基岩地下热水系统数值模拟中若干问题的处理[J]. 地球科学——中国地质大学学报,2000,27(2):163-167

[18] 薛传冬,刘星,杨浩,等. 昆明市地热田越流含水系统中地下热水的数值模拟[J]. 地球科学进展,2003,18(6):899-905

[19] Xue Y., Xie C., Li Q.. Aquifer Thermal Energy Storage: a Numerical Simulation of Field Experiments in China[J]. Water Resources Research, 1990, 26(10): 365 - 375

[20] 倪龙，封家平，马最良．地下水源热泵的研究现状与进展[J]. 建筑热能通风空调，2004，23(2)：26 - 31

[21] Li Xiangling, Bernier Frederic, Bel Johan. The Belgian HLW Repository Design and Associated R&D on the THM Behavior of the Host Rock and EBS[J]. Chinese Journal of Rock Mechanics and Engineering, 2006, 25(4): 681 - 692

[22] 周志芳，王锦国．河流峡谷区地下水温度异常特征分析[J]. 水科学进展，2003，14(1)：62 - 66

[23] 龙翔，万曼影，马捷．地下水含水层储能的数学模型及其流动条件的研究[J]. 能源研究与利用，2005：14 - 18

[24] 周彦章，陈耿．含水介质地下水热量运移研究综述[J]. 黑龙江水专学报，2008，35(2)：123 - 128

第 5 章　地下水污染数值模拟

5.1　概述(Introduction)

国内外许多学者对污染物在含水层中的运移、控制、修复进行了大量的研究工作。具体包括:(1)污染物在地下水中运移的模拟及预测;(2)防止污染源扩散的方案设计;(3)海水入侵问题;(4)高辐射性核废料处置库的选址问题;(5)饱气带中污染物的运移问题;(6)已污染含水层的修复研究。

运用数学模拟方法研究污染物在地下水中迁移转化越来越受到国内外专家学者的重视。对地下水水质进行模拟研究首先要建立数学模型即地下水水质模型。世界上许多国家开展了此项研究,建立了预测型的地下水水质模型。应用数学模型模拟可溶性污染物在地下水中的迁移,可以预测污染物浓度时空变化规律,预测地下水污染的时空动态与扩展范围,为制订合理有效的地下水污染防治措施、选择最佳治理方案提供科学依据。

地下水水质模型分为两类,即确定性水质模型和随机水质模型。建立在弥散理论基础上的对流-扩散(弥散)模型是应用较广的确定性水质模型。弥散理论是建立在对自然弥散现象研究基础上的。孔隙介质中渗流的弥散作用是成分不同的两种易混合的液体间的过渡带发生和演变的现象,参与其过程的有物理作用、化学作用及生物作用。在实际研究中,弥散作用是通过密度、浓度和速度这三个物理量和弥散系数来描述的。描述孔隙介质中溶质运移的基本方程组包括:连续方程、运动方程、浓度方程和状态方程。这种模型在理论上比较严谨,在解法上比较完善,其不足之处主要是预测精度不是很高。不过,当缺乏长期观测资料时,这种方法几乎是地下水水质预测中唯一可用的方法。随机水质模型的理论基础是以回归分析和时间序列为主要方法的概率统计。这类方法以大量观测资料为依据,外推时间取决于观测时间的长短,具有很大的实用性,预测结果在允许范围内比较精确,而且一般不需作专门试验,计算简便。但是在无观测资料的地区,这种方法对水质预测是无能为力的。

早在 20 世纪初,国外就开始应用数学模型来研究地下水问题,但把数学模型应用于地下水水质模拟研究则是 20 世纪 60 年代的事情。对孔隙介质中水动力弥散研究的详细综述则是 1976 年由苏联 R·别尔等科学家完成的。J. Fried 在 1972 年进一步研究了经典模型与水动力弥散方程,该方程式建立在宏观孔隙介质连续的前提下的,增加了水动力弥散方程中的补充项。L. Konikow 等人研制出来了可预测含水层中污染物浓度的复杂数学模型。美国地质调查局在 1978 年提出的一份地下水水质模型报告可作为范例,该模型是计算地下水流中不起反应的溶质浓度瞬态变化的数值模型,其计算程序是求解两个联立的偏微分方程。一个是描述含水层中压力水头分布的地下水流方程;另一个是描述含水层系统中污染物的浓度方程。该模型通过联立求解地下水流方程与浓度方程来解决稳态水流和瞬态水流问题。

近年来，国外学者在地下水溶质迁移理论和实验研究方面取得了新的进展。大量的实验研究使得迁移方程中的衰减、离子交换、生物、化学反应的系数考虑得更全，取值更加合理，并考虑了污染物的固相和液相浓度的相互转化关系，吸附条件则由平衡等温模式发展到考虑非平衡吸附模式。对污染物迁移的弥散系数提出了与时空相关的表达式，特别是在边界条件和初始条件设定方面，更趋于合理和全面。考虑到地下资料监测的复杂和变异性，国外对污染物迁移转化的随机模型也开始广泛地研究，新的成果不断问世。在迁移载体水分运动方面，又发展到考虑可动水体和不可动水体等因素。

我国对地下水水质模型的研究起步很晚，直到20世纪80年代初才开始研究污染物在含水层中的运移。1980年初山东地质局、长春地质学院、地质部水文地质研究所、山东大学等单位在济南市郊区进行了为预测地下水污染发展趋势的地下水质模拟试验研究工作。我国地下水水质模型的研究进展很快，它的应用已遍及与地下水有关的各个领域和各个产业部门。从建立的模型来看，以水流模型为主，溶质运移模型次之。水流模型包括饱和的、非饱和的、饱和-非饱和的、地下水-地表水联合的几类，以饱和带模型为主。同时出现了考虑地下水-地表水的模型。

吴吉春、薛禹群建立了越流含水层系统地下水污染的数学模型，导出了包括越流项和井流项的溶质运移方程，并将其应用于太原盆地地下水污染控制。2001年，吴吉春、薛禹群、黄海等建立了地下水中 Cl^- 运移行为的局部区域二维可混溶溶质运移模型，模型考虑了地下水中溶解盐分浓度的变化引起的地下水密度的改变，及其导致的地下水水头的变化，并将该模型应用于山西柳林泉地区，用所建模型预报了柳林电厂水源地投入使用后对区域地下水位和水质的影响。蒋辉对河南沁阳市地下水水质进行了数值模拟，效果不错。陶庆法等对佳木斯市的地下水资源进行了研究，建立了该市的地下水水流模型和地下水污染的数学模型研究了溶质运移规律。

另外，一些学者对海水入侵、卤水-咸水入侵和污水中高浓度污染物运移问题进行了研究，并应用于生产实践。

除了对地下水运动及污染运移数值模拟的理论研究外，专业软件的开发及优化也是国内外研究的热点之一。目前应用较为广泛的专业软件绝大部分由国外科研人员开发，主要包括 Visual MODFLOW（加拿大 Waterloo 水文地质公司在 MODFLOW 的基础上开发研制的三维地下水流和溶质运移模拟评价的标准可视化专业软件系统）、FEFLOW[德国水资源规划与系统研究所研发的基于三维（Galerkin）有限元的地下水模拟可视化软件包]、MODFLOW[美国地质调查局（USGS）开发的专门用于孔隙介质中三维有限差分地下水流数值模拟的软件]、MT3D[美国 S. S. Papodopulos & Associates 公司的 Zheng 博士设计的模拟三维地下水溶质运移程序 MT3D(1990)的增强版]、PEST 2000（澳大利亚 Watermark Computing 公司开发的模型独立的参数估计程序）、Visual Groundwater（唯一的主要用于地下水模拟后处理的三维可视化软件包）、GMS[美国 Brigham Young 大学环境模拟研究实验室（Environmental Modeling Research Laboratory]和美国军队排水工程试验室工作站开发的最先进的基于概念模型的地下水环境模拟软件等。这些专业软件的开发与应用极大地促进了地下水流运动、污染物运移等相关研究的发展。

国内外地下水水质模拟问题的研究已取得很大进展，但也存在着许多有待于进一步研究的问题。目前对地下水质模拟作用过程的机理、水动力弥散系数的物理解释及孔隙介质其他参数之间的关系有待于进一步查明,弥散系数的实测分析方法也有待完善,污染物迁移过程的化学、生物变化的研究还不够,而且参数的确定还有许多问题,非定常系数方程的解析解和数值解还很不足,以及非保守性污染物的迁移转化问题则更需进一步加强。

5.2 地下水污染数值模拟法(Numerical Method)

地下水污染物运移数学模型建立以后,只有对于极少数的简单情况可以求得解析解。虽然解析解是精确解,但对于绝大多数的实际问题是无法求得解析解的,因而用数值模拟方法(simulation)求解是一种很好的选择。数值模拟方法随其在各领域的应用过程中得到了不断发展:从最初的有限差分法(Finite difference method,FDM)和有限单元法(Finite analysis method,FAM),发展到后来的有限差分法(FDM)、有限单元法、边界单元法(Boundary element method,BEM)和有限分析法(Finite analysis method,FAM)等多种方法并存。每一种方法本身在解决具体问题的过程中也在不断地被发展和完善,例如从有限单元法中派生出的混合有限元法(HFEM)、特征有限元法(CFEM),以及随机有限元法(SFEM)等等。

5.2.1 数值模拟基本原理(Basic Principle)

本节将分别对地下水污染数值模拟中最常用的两种方法——有限差分法和有限单元法的基本原理进行介绍。

1. *有限差分法*

有限差分法是一种古典的近似的数值计算方法,其理论浅显易懂、程序编写简单、计算方便。随着计算机技术的普及与发展,有限差分法已被广泛地应用于科研、生产中。

以地下水流动及溶质运移问题为例进行说明。利用有限差分法求解这些问题的基本步骤是:①对计算区和计算时间进行剖分,以有限个空间离散点和时间离散点分别替代连续的计算区和计算时间;②在这些离散点上,按照数学上差商($\Delta F/\Delta x$,或 $\Delta F/\Delta t$)替代微商($\mathrm{d}F/\mathrm{d}x$,或 $\mathrm{d}F/\mathrm{d}t$)的方法,将描述地下水流动及溶质运移的数学模型化为差分方程即线性代数方程组;③求解线性代数方程组,可得到数学模型在离散点上的近似解。因此可见,离散化、差分方程的建立以及实际问题的处理尤为重要。

(1)离散化

如果将一个三维的含水层系统划分为一个三维网格系统,整个含水层被剖分为若干层(lay),每一层又剖分为若干行(row)和若干列(column),这样含水层就被剖分成许多小长方体,如图 5-1 所示。每一个小长方体称为单元(格点)。把各长方体的交点或长方体的中心点称为节点。

首先对编号做一些约定:行次序是沿 y 方向,编号为 i,行距为 $\Delta r_j(\Delta y)$,行的延伸方向和 x 轴平行,下标 j 随 x 值而增加;列次序是沿 x 方向,编号为 j,列距为 $\Delta c_i(\Delta x)$,列的延伸方向和 y 轴平行,下标 i 随 y 值的增加而增加。层次序是自上而下,编号为 k,间距为 Δv_k。

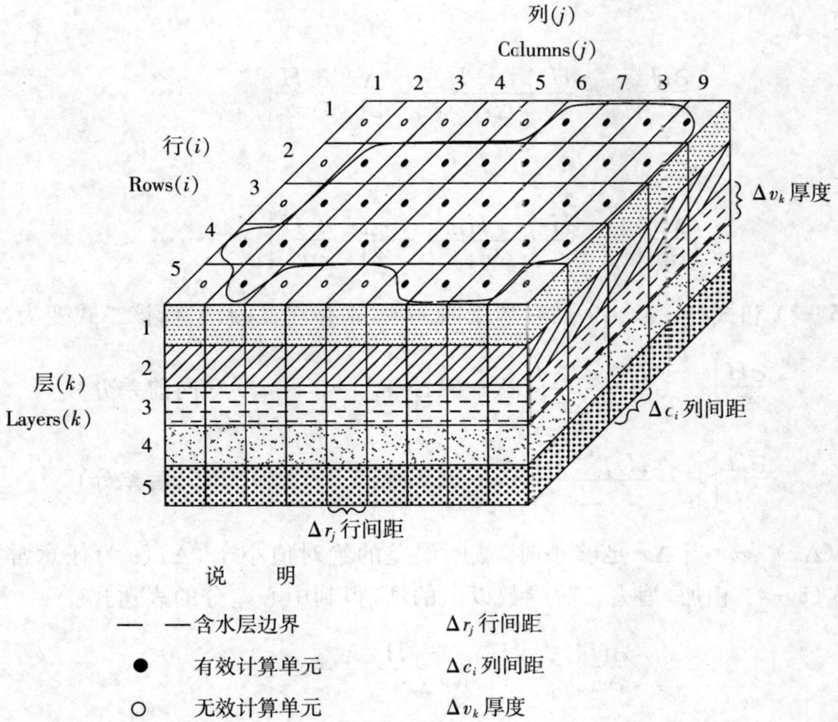

图 5-1　三维含水层的空间离散

(2)地下水稳定运动方程的差分近似

设在图 5-1 中选取任一层 k，该层的水头 $H(x,y,k)$ 如图 5-2(a) 所示。

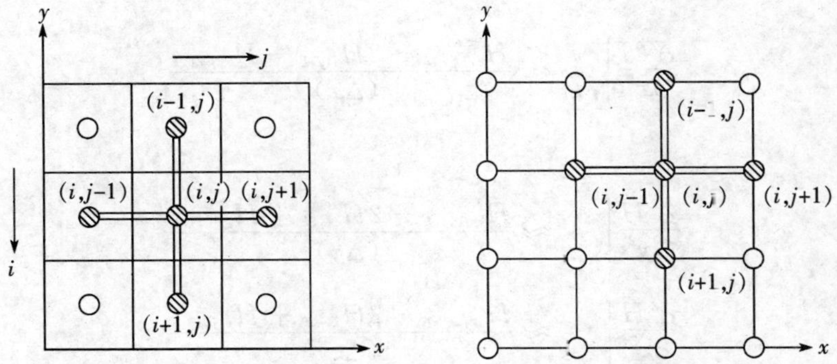

(a)块中心节点　　　　(b)网格中心节点

图 5-2　有限差分法的计算模式(据 P. S. Huyakorn 和 G. F. Pinder，1983)

设(i,j)点的水头为 $H_{i,j}$，则在 i 行其邻域$(i,j-1)$点和$(i,j+1)$点的水头 $H_{i,j-1}$ 和 $H_{i,j+1}$ 可利用泰勒(Tayler)级数展开：

$$H_{i,j+1}=H_{i,j}+\Delta x\left.\frac{\partial H}{\partial x}\right|_{i,j}+\frac{(\Delta x)^2}{2!}\left.\frac{\partial^2 H}{\partial x^2}\right|_{i,j}+\frac{(\Delta x)^3}{3!}\left.\frac{\partial^3 H}{\partial x^3}\right|_{i,j}+\cdots\cdots \tag{5-1}$$

$$H_{i,j-1}=H_{i,j}+(-\Delta x)\left.\frac{\partial H}{\partial x}\right|_{i,j}+\frac{(-\Delta x)^2}{2!}\left.\frac{\partial^2 H}{\partial x^2}\right|_{i,j}+\frac{(-\Delta x)^3}{3!}\left.\frac{\partial^3 H}{\partial x^3}\right|_{i,j}+\cdots\cdots \tag{5-2}$$

经整理后有

$$\left.\frac{\partial H}{\partial x}\right|_{i,j}=\frac{H_{i,j+1}-H_{i,j}}{\Delta x}-\frac{\Delta x}{2!}\left.\frac{\partial^2 H}{\partial x^2}\right|_{i,j}-\cdots\cdots \tag{5-3}$$

或

$$\left.\frac{\partial H}{\partial x}\right|_{i,j}=\frac{H_{i,j}-H_{i,j-1}}{\Delta x}+\frac{\Delta x}{2!}\left.\frac{\partial^2 H}{\partial x^2}\right|_{i,j}-\cdots\cdots \tag{5-4}$$

在式(5-3)和式(5-4)中,如右端仅取一项,则存在截断误差,该二式变为

$$\left.\frac{\partial H}{\partial x}\right|_{i,j}=\frac{H_{i,j+1}-H_{i,j}}{\Delta x}+0(\Delta x) \quad \text{(向前差分)} \tag{5-5}$$

$$\left.\frac{\partial H}{\partial x}\right|_{i,j}=\frac{H_{i,j}-H_{i,j-1}}{\Delta x}+0(\Delta x) \quad \text{(向后差分)} \tag{5-6}$$

符号 $0(\Delta x)$ 表示当 Δx 足够小时,截断误差的绝对值小于 $c\Delta x$(c 为任意常数)。将式(5-3)和式(5-4)相加,消去二阶导数以上的项,得到中心差分的表达式

$$\left.\frac{\partial H}{\partial x}\right|_{i,j}=\frac{H_{i,j+1}-H_{i,j-1}}{2\Delta x}+0(\Delta x^2) \tag{5-7}$$

如果将式(5-3)和式(5-4)相减,得到

$$\left.\frac{\partial^2 H}{\partial x^2}\right|_{i,j}=\frac{H_{i,j+1}-2H_{i,j}+H_{i,j-1}}{(\Delta x)^2}+0(\Delta x^2) \tag{5-8}$$

或

$$\left.\frac{\partial^2 H}{\partial x^2}\right|_{i,j,k}\approx\frac{H_{i,j+1,k}-2H_{i,j,k}+H_{i,j-1,k}}{(\Delta x)^2} \tag{5-9}$$

类似地

$$\left.\frac{\partial^2 H}{\partial y^2}\right|_{i,j,k}\approx\frac{H_{i-1,j,k}-2H_{i,j,k}+H_{i+1,j,k}}{(\Delta y)^2} \tag{5-10}$$

$$\left.\frac{\partial^2 H}{\partial z^2}\right|_{i,j,k}\approx\frac{H_{i,j,k+1}-2H_{i,j,k}+H_{i,j,k-1}}{(\Delta z)^2} \tag{5-11}$$

因此,当 $\Delta x=\Delta y$ 为方形网格时,二维拉普拉斯(Laplace)方程

$$\frac{\partial^2 H}{\partial x^2}+\frac{\partial^2 H}{\partial y^2}=0$$

的差分格式为

$$H_{i,j}=\frac{H_{i-1,j}+H_{i+1,j}+H_{i,j-1}+H_{i,j+1}}{4} \tag{5-12}$$

上式表明,地下水作二维稳定运动时,某一节点的水头为相邻节点水头的平均值。式(5-12)称为五点格式。类似的,当 $\Delta x=\Delta y=\Delta z$ 时,三维拉普拉斯方程的差分格式为

$$H_{i,j,k}=\frac{H_{i-1,j,k}+H_{i+1,j,k}+H_{i,j-1,k}+H_{i,j+1,k}+H_{i,j,k-1}+H_{i,j,k+1}}{6} \tag{5-13}$$

有限差分的计算模式有两种：一种为块中心节点，即节点为各个单元的中心，为格点，此时每个网格都是一个小均衡单元，因此这类剖分网格称为均衡网格；另一种称为网格中心节点，节点为各单元的角点，这类剖分网格称节点网格，如图 5-2 所示。必须注意，节点网格本身并非小均衡单元。

实际的二维地下水运动常常有抽水井和垂向补给 W，此时的微分方程为

$$T\frac{\partial^2 H}{\partial x^2}+T\frac{\partial^2 H}{\partial x^2}+W-Q\delta(x-x_0,y-y_0)=0 \tag{5-14}$$

式中，T—— 导水系数；

W—— 垂向补给强度；

Q—— 固定的抽水量。

令

$$R=\begin{cases} W-\dfrac{Q}{\Delta x^2} & \text{抽水井节点} \\ W & \text{其他节点} \end{cases} \tag{5-15}$$

则地下水运动的微分方程变为泊松(Poisson)方程：

$$\frac{\partial^2 H}{\partial x^2}+\frac{\partial^2 H}{\partial y^2}=-\frac{R}{T} \tag{5-16}$$

当 $\Delta x=\Delta y$ 时的差分方程为

$$H_{i,j}=\frac{H_{i-1,j}+H_{i+1,j}+H_{i,j-1}+H_{i,j+1}+(\Delta x)^2\dfrac{R}{T}}{4} \tag{5-17}$$

(3) 地下水非稳定运动方程的差分近似

设有如下的二维非稳定运动的方程

$$\frac{\partial^2 H}{\partial x^2}+\frac{\partial^2 H}{\partial y^2}=\frac{\mu^*}{T}\frac{\partial H}{\partial t}-\frac{R}{T} \tag{5-18}$$

式中，$\dfrac{\partial^2 H}{\partial x^2}$ 和 $\dfrac{\partial^2 H}{\partial y^2}$ 的差分表达式和前述相同。对时间的偏导数可表达为

$$\frac{\partial H}{\partial t}=\frac{H_{i,j}^{k+1}-H_{i,j}^{k}}{\Delta t} \tag{5-19}$$

μ^* —— 贮水系数，[L^{-1}]；

$H_{i,j}^{k+1}$ ——(i,j) 点在 $k+1$ 时刻的水头，[L]；

$H_{i,j}^{k}$ ——(i,j) 点在 k 时刻的水头，[L]。

那么对于空间导数 $\dfrac{\partial^2 H}{\partial x^2}$ 和 $\dfrac{\partial^2 H}{\partial y^2}$ 也有取哪一时刻水头的问题，因此可以有几种差分格式。

① 显式差分格式

此时对空间导数都取 k 时刻的水头，则式(5-18)的差分表达式为

$$\frac{H_{i,j+1}^{k}-2H_{i,j}^{k}+H_{i,j-1}^{k}}{\Delta x^{2}}+\frac{H_{i+1,j}^{k}-2H_{i,j}^{k}+H_{i-1,j}^{k}}{\Delta y^{2}}=\frac{\mu^{*}}{T}\frac{H_{i,j}^{k+1}-H_{i,j}^{k}}{\Delta t}-\frac{R_{i,j}^{k}}{T} \tag{5-20}$$

式(5-20)称为显式差分格式(Explicit finite difference approximation)。

如果令 $\Delta x=\Delta y=a$，并且因为 k 时刻的水头已知，移到方程的右端，得

$$H_{i,j}^{k+1}=(1-\frac{4T\Delta t}{\mu^{*}a^{2}})H_{i,j}^{k}+\frac{4T\Delta t}{\mu^{*}a^{2}}\left(\frac{H_{i+1,j}^{k}+H_{i-1,j}^{k}+H_{i,j+1}^{k}+H_{i,j-1}^{k}}{4}\right)+\frac{R_{i,j}^{k}\Delta t}{\mu^{*}} \tag{5-21}$$

显式差分格式易于计算，但解的收敛和稳定是有条件的。在二维情况下只有当

$$\frac{T\Delta t}{\mu^{*}a^{2}}\leqslant 0.25\text{ 时，}$$

其解才收敛和稳定，当前这一格式已很少应用。

② 隐式差分格式

隐式差分取 $\frac{\partial^2 H}{\partial x^2}$ 和 $\frac{\partial^2 H}{\partial y^2}$ 的水头时，不再用前一时刻 k 的值，而是取 k 时刻和 $k+1$ 时刻的加权平均，如

$$\frac{\partial^{2}H}{\partial x^{2}}=\alpha\,\frac{H_{i,j+1}^{k+1}-2H_{i,j}^{k+1}+H_{i,j-1}^{k+1}}{\Delta x}+(1-\alpha)\,\frac{H_{i,j+1}^{k}-2H_{i,j}^{k}+H_{i,j-1}^{k}}{\Delta x^{2}} \tag{5-22}$$

式中，α 为权重，其值在 0～1 之间。当 $\alpha=0$ 时，即为显示格式，当 $\alpha=1$ 时，式(5-22)右端第二项为 0，即 H 完全取 $k+1$ 时刻的未知水头，称为全隐式格式，当 $\alpha=\frac{1}{2}$ 时，H 中 k 时刻和 $k+1$ 时刻的水头各占一半，称为克兰克-尼柯尔松(Crank-Nicalson)格式。

$\frac{\partial^2 H}{\partial y^2}$ 和 $\frac{\partial^2 H}{\partial z^2}$ 也可类似处理。式(5-18)的全隐式差分表达式为

$$\frac{H_{i,j+1}^{k+1}-2H_{i,j}^{k+1}+H_{i,j-1}^{k+1}}{\Delta x^{2}}+\frac{H_{i+1,j}^{k+1}-2H_{i,j}^{k+1}+H_{i-1,j}^{k+1}}{\Delta y^{2}}=\frac{\mu^{*}}{T}\frac{H_{i,j}^{k+1}-H_{i,j}^{k}}{\Delta t}-\frac{R_{i,j}^{k}}{T} \tag{5-23}$$

式(5-23)中包含有5个未知数：$H_{i,j}^{k+1}$，$H_{i-1,j}^{k+1}$，$H_{i+1,j}^{k+1}$，$H_{i,j-1}^{k+1}$，$H_{i,j+1}^{k+1}$，因而不能直接求解。而必须对每一时间水平上的所有节点都写出类似式(5-23)的方程，形成一个线性代数方程组，然后用迭代法或消去法求解。

(4) 边界条件的处理

块中心节点和网格中心节点在处理边界条件时稍有不同，下面做一介绍。

① 第一类边界条件

第一类边界条件，边界上的水头已经给出。如为网格中心节点，j 列位于边界上，则

$$H_{i,j}=H_{b} \tag{5-24}$$

如为块中心节点，区域边界和块边界一致，则要在区域外半个空间步长($\frac{\Delta x}{2}$)处引进一列虚节点，如图 5-3(a) 所示，虚节点为 $j+1$ 列，则有

$$\frac{1}{2}(H_{i,j}+H_{i,j+1})=H_b \tag{5-25}$$

② 第二类边界条件

先考虑网格中心节点，设边界条件为

$$\frac{\partial H}{\partial x}=\frac{1}{T}q_b \tag{5-26}$$

q_b 为已知的单宽流量。如果区域边界和最右面一列(j 列)节点吻合，则要在边界外映射出一列虚节点 $j+1$ 列，如图 5-3(b) 所示，则边界条件式(5-26)表达为

$$\frac{H_{i,j+1}-H_{i,j-1}}{2\Delta x}=\frac{1}{T}q_b \tag{5-27}$$

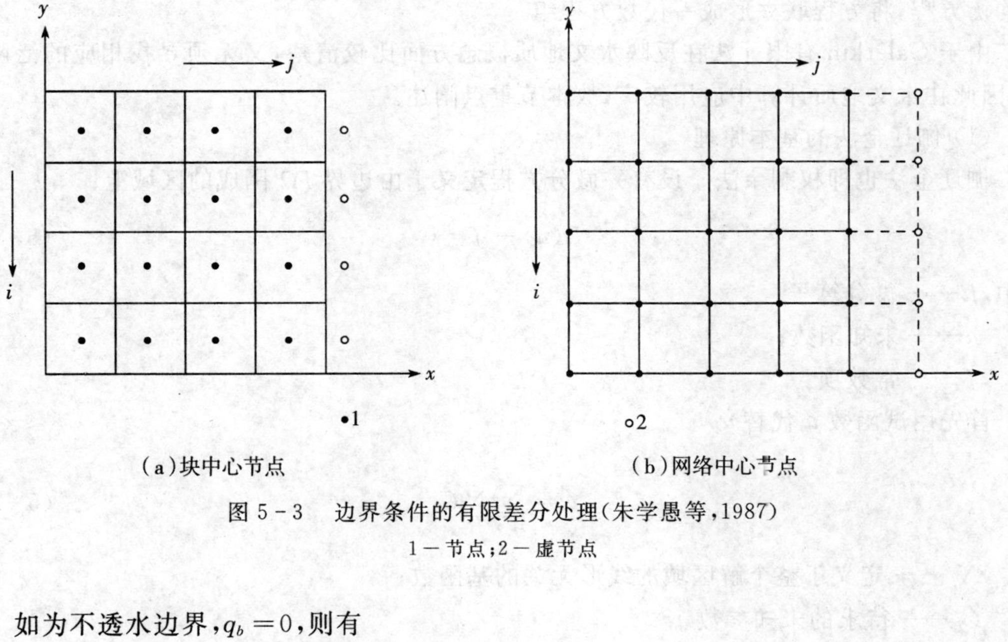

图 5-3　边界条件的有限差分处理(朱学愚等，1987)

1—节点；2—虚节点

如为不透水边界，$q_b=0$，则有

$$H_{i,j+1}=H_{i,j-1} \tag{5-28}$$

如为块中心节点，则在区域外 $\Delta x/2$ 映射一列虚节点($j+1$ 列)，则边界条件为

$$\frac{H_{i,j+1}-H_{i,j}}{\Delta x}=\frac{1}{T}q_b \tag{5-29}$$

对于不透水边界，有

$$H_{i,j+1}=H_{i,j} \tag{5-30}$$

2. 有限单元法

有限单元法(Finite element method)简称有限元法或FEM,是采用"分片逼近"来近似求解偏微分方程的一种数值方法。该方法想象解区域由有限个小的、相互联系的亚区域组成。这些亚区域常采用简单的形状(如三角形、四边形、四面体、立方体等),称为单元。这些单元集合起来,代表不同几何形状的解区域。假定在每一单元内,函数(如地下水运动中的水头)取简单的表达式,如二维问题,单元内水头假定满足平面方程。我们用有限个单元的拼合平面拟合实际的水头平面。

依据建立代数方程组的途径不同,有限单元法又分为Galerkin有限元法、变分有限元法和均衡法。变分有限元法也称Ritz有限元法。该方法是以变分原理和剖分插值为基础的。首先应用变分原理把定解问题的求解等价为求某个泛函的极小值问题,再用剖分插值把求泛函极小值的问题化成求解线性方程组。Galerkin有限元法是以剩余加权法为基础的。首先,利用剖分、插值将定解问题离散化,提出一含有若干未知数的近似解(此处未知数为未知结点的水头值)。将该近似解代入原定问题后产生的误差,称之为剩余函数。使剩余函数在区域内的加权积分为零,导出相应的代数方程组,最后求解代数方程组,从而得出所求的近似解。均衡有限元法是利用均衡原理,对区域剖分后形成每一个小均衡子域,并建立相应的水均衡方程,将方程联立形成一代数方程组。

由于Galerkin有限元法在反映水文地质概念方面比较清楚,又无须寻找相应的泛函形式,因此在水文地质计算中应用较广,故本节重点阐述。

(1) 伽辽金法的基本原理

伽辽金法也即权剩余法。设有一微分方程定义于由边界$\Gamma\Omega$围成的区域上:

$$L(u)-f=0 \tag{5-31}$$

式中,L—— 微分算子;

u—— 未知函数;

f—— 常数项。

首先用试函数$\hat{u}$代替u

$$\hat{u}=\sum_{l=1}^{n}N_lC_l \tag{5-32}$$

式中,N_l—— 定义于整个解区域的线形无关的基函数;

C_l—— 待求的未知参数。

因为$\hat{u}$仅仅是u的近似值,不能完全满足式(5-31),将它代入式(5-31)后,存在一个剩余

$$\varepsilon=L(\hat{u})-f \tag{5-33}$$

然后将剩余ε在整个解区域Ω上求数值积分,并令它等于零,即

$$\int_{\Omega}W_l\varepsilon\,\mathrm{d}\Omega=\int_{\Omega}W_l[L(\hat{u})-f]\,\mathrm{d}\Omega=0 \quad (l=1,2,\cdots,n) \tag{5-34}$$

式中的W_l为权函数。如果取权函数为基函数,即

$$W_l = N_l$$

则

$$\int_{\Omega} N_l [L(\hat{u}) - f] \mathrm{d}\Omega = 0 \quad (l = 1, 2, \cdots, n) \tag{5-35}$$

当待求函数为水头 H 时，并取未知函数 C_l 为各单元节点的水头值，则试函数为

$$\hat{H} = \sum_{l=1}^{n^e} N_l H_l \tag{5-36}$$

式中，N_l—— 在单元 e 上分片定义的基函数；

H_l—— 单元节点上的水头值；

n^e—— 单元节点的数目，三角形单元为 3，四边形单元为 4，六面体单元为 8。

将式(5-36) 的 $\hat{H}$ 代替式(5-35) 中的 $\hat{u}$，得

$$\int_{\Omega} N_l [L(\hat{H}) - f] \mathrm{d}\Omega = \sum_{e=1}^{M} \int_{\Omega^e} N_l [L(\hat{H}) - f] \mathrm{d}\Omega = 0 \tag{5-37}$$

这样得到一个方程组。求解方程组即可得到个节点的水头值。

(2) 基函数

基函数一般用各次多项式。而以线性函数用得最多。

① 一维问题

一维问题的 m 阶多项式为

$$P_m(x) = \sum_{i=1}^{m} \alpha_i x^{i-1} \tag{5-38}$$

当 $m=2$ 时，即为一维的线性插值公式

$$P_2(x) = \hat{H} = \alpha_1 + \alpha_2 x \tag{5-39}$$

在节点上试函数应取节点上的水头，有

$$\hat{H}(x_1) = H_1; \hat{H}(x_2) = H_2 \tag{5-40}$$

于是有

$$\begin{bmatrix} H_1 \\ H_2 \end{bmatrix} = \begin{bmatrix} 1 & x_1 \\ 1 & x_2 \end{bmatrix} \begin{Bmatrix} \alpha_1 \\ \alpha_2 \end{Bmatrix} \tag{5-41}$$

解出

$$\begin{bmatrix} \alpha_1 \\ \alpha_2 \end{bmatrix} = \frac{1}{L} \begin{bmatrix} x_2 & -x_1 \\ -1 & 1 \end{bmatrix} \begin{Bmatrix} H_1 \\ H_2 \end{Bmatrix}$$

式中，$L = x_2 - x_1$。将式(5-41) 代回式(5-39)，得

$$\hat{H}(x) = \frac{1}{L}(x_2 - x) H_1 + \frac{1}{L}(x - x_1) H_2 \tag{5-42}$$

可求出单元基函数为

$$\begin{cases} N_1^e = \dfrac{1}{L}(x_2 - x) \\ N_2^e = \dfrac{1}{L}(x - x_1) \end{cases} \quad \text{当 } x_1 \leqslant x \leqslant x_2 \text{ 时} \tag{5-43}$$

其图形如图 5-4 所示。

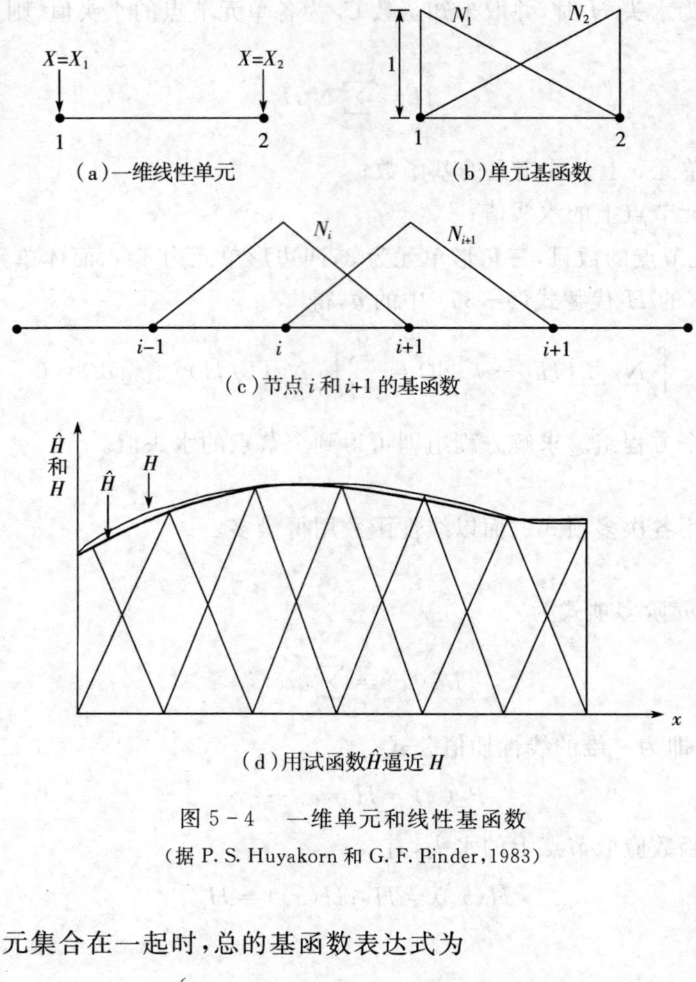

(a)一维线性单元 (b)单元基函数

(c)节点 i 和 i+1 的基函数

(d)用试函数 $\hat{H}$ 逼近 H

图 5-4 一维单元和线性基函数

(据 P. S. Huyakorn 和 G. F. Pinder,1983)

当我们把单元集合在一起时,总的基函数表达式为

$$N_l = \begin{cases} \dfrac{x - x_{l-1}}{x_l - x_{l-1}} & \text{当 } x_{l-1} \leqslant x \leqslant x_l \text{ 时} \\ \dfrac{x_{l+1} - x}{x_{l+1} - x_l} & \text{当 } x_l \leqslant x \leqslant x_{l+1} \text{ 时} \end{cases} \tag{5-44}$$

基函数的形状像一顶帽子。在本节点取值为 1,而在相邻节点取值为 0。在两节点之间的点,如在 i 和 $i+1$ 之间的点 N_i 和 N_{i+1} 的取值都在 0 到 1 之间,如图 5-4(c) 所示。因此 $\hat{H}$ 仅仅是真实水头的分片线性近似。

② 二维三角形单元

对于二维问题,一般表达式为

$$Pm(x,y)=\sum_{k=1}^{n}\alpha_k x_i y_j \qquad i+j=m \tag{5-45}$$

当 $m=1$ 时为线性插值公式

$$P_1(x,y)=\hat{H}(x,y)=\alpha_1+\alpha_2 x+\alpha_3 y \tag{5-46}$$

对于典型的三角形单元，节点 i,j,k 按逆时针的顺序编号。在三角形的三个接点 i,j,k 上的试函数取该点的水头值(H_1,H_2,H_3)，则有

$$\begin{Bmatrix}H_1\\H_2\\H_3\end{Bmatrix}=\begin{bmatrix}1 & x_1 & y_1\\1 & x_2 & y_2\\1 & x_3 & y_3\end{bmatrix}\begin{Bmatrix}\alpha_1\\\alpha_2\\\alpha_3\end{Bmatrix} \tag{5-47}$$

经推导可求得：

$$\hat{H}(x,y)=\frac{1}{2A}[(a_i+b_i x+c_i y)H_i+(a_j+b_j x+c_j y)H_j+(a_k+b_k x+c_k y)H_k] \tag{5-48}$$

式中，

$$\begin{cases}a_i=x_j y_k-x_k y_j & b_i=y_j-y_k & c_i=x_k-x_j\\a_j=x_k y_i-x_i y_k & b_j=y_k-y_i & c_j=x_i-x_k\\a_k=x_i y_j-x_j y_i & b_k=y_i-y_j & c_k=x_j-x_i\end{cases} \tag{5-49}$$

A 为三角形单元 i,j,k 的面积，计算公式为

$$A=\frac{1}{2}\begin{vmatrix}1 & x_i & y_i\\1 & x_j & y_j\\1 & x_k & y_k\end{vmatrix} \tag{5-50}$$

由式(5-30)和式(5-48)的对比，可知

$$N_l=\frac{1}{2A}(a_l+b_l x+c_l y) \qquad (l=i,j,m) \tag{5-51}$$

三角形单元上的基函数有如下性质：

其一，N_l 在节点 l 上(l 可分别为 i,j,k)为 1，在其他两个节点上为零；

其二，N_l 沿着三角形的边随距离作线形变化；

其三，在三角形中心处，$N_l=1/3$；

其四，在节点 l 的对边，$N_l=0$；

其五，在单元内的任一点，都有 $N_i+N_j+N_k=1$；

其六，单元内任一点的坐标(x,y)，都可由基函数及三节点的坐标求得

$$\begin{cases}x=x_i N_i+x_j N_j+x_k N_k\\y=y_i N_i+y_i N_j+y_k N_k\end{cases} \tag{5-52}$$

把节点l周围的所有三角形都集合在一起形成一个拼块D。在D中基函数N_l是各单元分片定义的，在节点l上都是1，但在拼块D的边界B上及边界以外都是零。其形状如同一个角锥，如图5-5所示。

将式(5-51)代入式(5-48)，得

$$\hat{H}(x,y)=N_iH_i+N_jH_j+N_kH_k \tag{5-53}$$

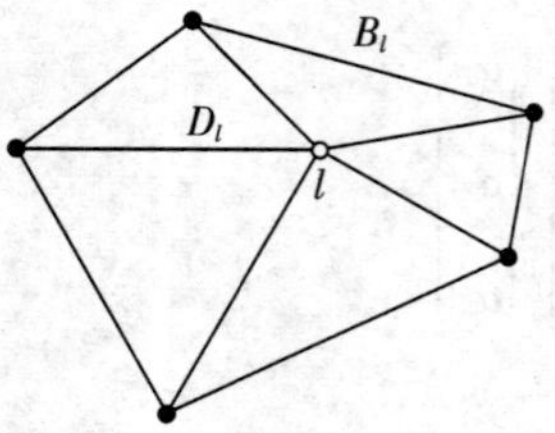

(a)以节点l为中心的拼块

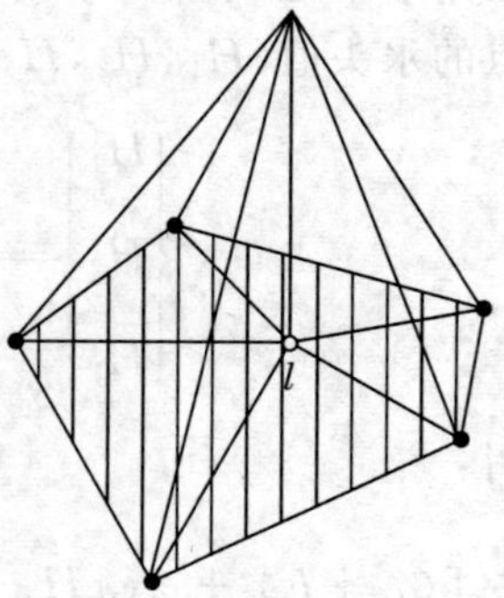

(b)拼块上单元基函数N_l的图形

图5-5　三角形单元和线形基函数

③ 二维四边形单元

对于任意的四边形单元，依其四条边的形状可分为双线形单元、二次边单元和三次边单元。四条边都是直线，节点在四边形的顶点；二次边单元，除四角为节点外，在每条边的中点各加一个节点，一个单元有8个节点；三次边单元，每条边的次数和节点数不同，如图5-6所示。对于任意四边形单元一般用等参有限元法求解。

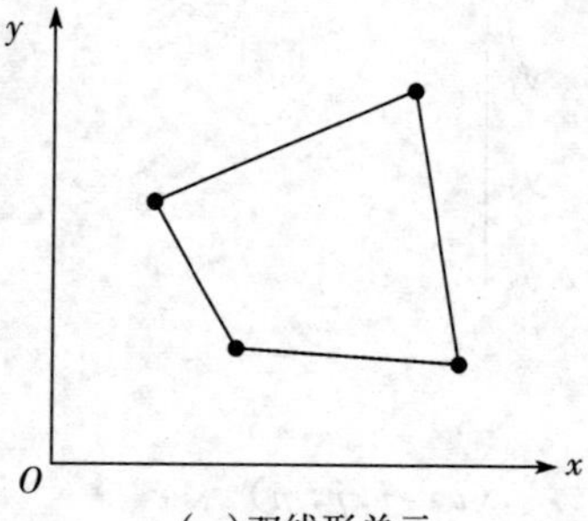

(a)双线形单元

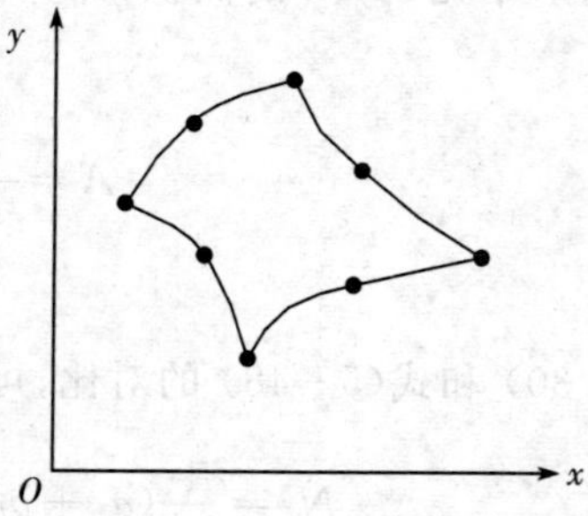

(b)二次边单元

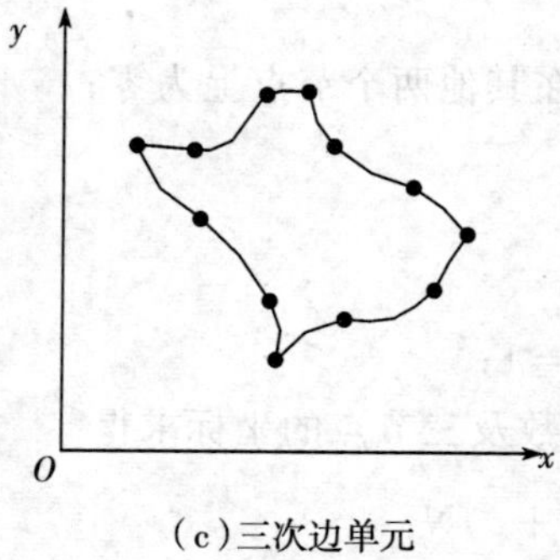

(c)三次边单元

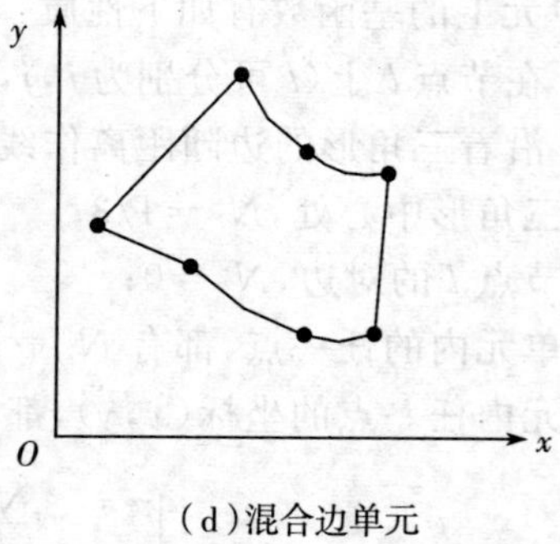

(d)混合边单元

图5-6　几种典型的任意四边形单元

下面介绍双线形单元，即 4 个节点的单元。首先进行坐标变换。引进局部坐标(ξ,η)，该坐标也称“等参”坐标。原坐标(x,y)称为总体坐标。利用坐标变换可把总体坐标下的形状不规则的四边形变换成(ξ,η)坐标系中的2×2的正方形区域。原来四边形的四个角点i，j,k,m在(ξ,η)坐标中为$(-1,-1)$，$(1,-1)$，$(1,1)$，$(-1,1)$，如图 5-7 所示。

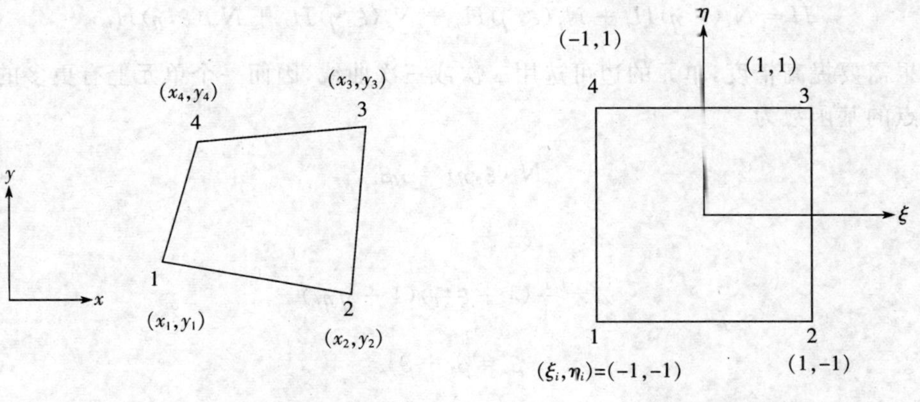

图 5-7　双线形四边形单元

总体坐标和局部坐标之间的变换公式为

$$\begin{cases} x=N_i(\xi,\eta)x_i+N_j(\xi,\eta)x_j+N_k(\xi,\eta)x_k+N_m(\xi,\eta)x_m \\ y=N_i(\xi,\eta)y_i+N_j(\xi,\eta)y_j+N_k(\xi,\eta)y_k+N_m(\xi,\eta)y_m \end{cases} \tag{5-54}$$

基函数也应具有如下性质

$$N_l(\xi,\eta)=\begin{cases}1 & \text{在 } l \text{ 节点}, l=i,j,k,m \\ 0 & \text{在其他节点}\end{cases}$$

$$\sum_{l=i,j,k,m} N_l=1 \tag{5-55}$$

四边形单元的节点编号也和三角形单元一样，是逆时针的。编号从左下角开始，依次为i,j,k,m。因此

$$\begin{cases} N_i(\xi,\eta)=\dfrac{1}{4}(1-\xi)(1-\eta) \\ N_j(\xi,\eta)=\dfrac{1}{4}(1+\xi)(1-\eta) \\ N_k(\xi,\eta)=\dfrac{1}{4}(1+\xi)(1+\eta) \\ N_m(\xi,\eta)=\dfrac{1}{4}(1-\xi)(1+\eta) \end{cases} \tag{5-56}$$

或写成一般的表达式

$$N_l(\xi,\eta)=\frac{1}{4}(1+\xi\xi_l)(1+\eta\eta_l) \tag{5-57}$$

以 l 点为中心的拼块上的基函数形状也是一角锥。四边形单元内任一点的水头,可按下式求得

$$\hat{H}=N_i(\xi,\eta)H_i+N_j(\xi,\eta)H_j+N_k(\xi,\eta)H_k+N_m(\xi,\eta)H_m \tag{5-58}$$

如果需要提高精度,单元的边可选用二次或三次曲线,因而一个单元上有更多的节点。此时角点的基函数为

$$N_l(\xi,\eta)=\alpha_l\beta_l \tag{5-59}$$

式中,

$$\alpha_l=\frac{1}{4}(1+\xi\xi_l)(1+\eta\eta_l)$$

$$\beta_l=\beta_\xi+\beta_\eta \tag{5-60}$$

β_ξ 和 β_η 的取值见表5-1所列。

表5-1　参数 β_ξ 和 β_η

边的次数	β_ξ	β_η
线性的	$\frac{1}{2}$	$\frac{1}{2}$
二次的	$\xi\xi_l-\frac{1}{2}$	$\eta\eta_l-\frac{1}{2}$
三次的	$\frac{9}{8}\xi^2-\frac{5}{8}$	$\frac{9}{8}\eta^2-\frac{5}{8}$

A. 二次单元:

角点:

$$N_l(\xi,\eta)=\frac{1}{4}(1+\xi\xi_l)(1+\eta\eta_l)(\xi\xi_l+\eta\eta_l-1) \tag{5-61}$$

边中点节点:

$$\begin{cases} N_l(\xi,\eta)=\frac{1}{2}(1-\xi^2)(1+\eta\eta_l) & \text{当 }\xi=0,\eta=\pm 1\text{ 时} \\ N_l(\xi,\eta)=\frac{1}{2}(1-\xi\xi_l)(1+\eta^2) & \text{当 }\xi=\pm 1,\eta=0\text{ 时} \end{cases} \tag{5-62}$$

B. 三次单元:

角点:

$$N_l(\xi,\eta)=\frac{1}{32}(1+\xi\xi_l)(1+\eta\eta_l)[9(\xi^2+\eta^2)-10] \tag{5-63}$$

边 1/3 处节点

$$\begin{cases} N_l(\xi,\eta)=\dfrac{9}{32}(1-\xi^2)(1+9\xi\xi_l)(1+\eta\eta_l) & \text{当 } \xi_l=\pm\dfrac{1}{3},\eta_l=\pm 1 \text{ 时} \\ N_l(\xi,\eta)=\dfrac{9}{32}(1+\xi\xi_l)(1-\eta^2)(1+9\eta\eta_l) & \text{当 } \xi_l=\pm 1,\eta_l=\pm\dfrac{1}{3} \text{ 时} \end{cases} \tag{5-64}$$

④ 三维四面体单元

对于空间区域 D 剖分为有限个四面体单元,每个单元有四个节点,编号为 i,j,k,m。其编号顺序按右手螺旋法则,如图 5-8 所示。如水头在四个顶点的值依次为 H_i,H_j,H_k,H_m。而在四面体内部近似假设水头按线形函数分布。和前面类似,水头试函数为

$$\hat{H}=N_iH_i+N_jH_j+N_kH_k+N_mH_m \tag{5-65}$$

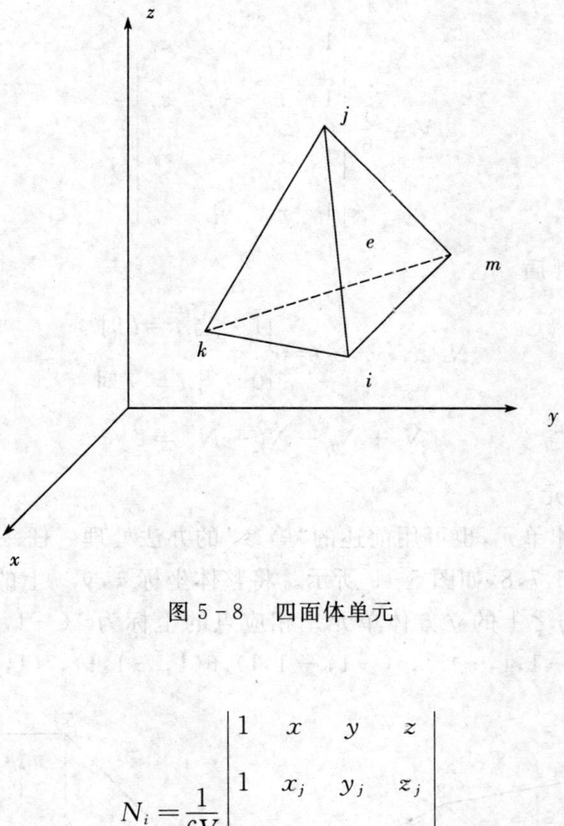

图 5-8　四面体单元

基函数为:

$$N_i=\frac{1}{6V}\begin{vmatrix} 1 & x & y & z \\ 1 & x_j & y_j & z_j \\ 1 & x_k & y_k & z_k \\ 1 & x_m & y_m & z_m \end{vmatrix} \tag{5-66}$$

$$N_j=\frac{1}{6V}\begin{vmatrix} 1 & x & y & z \\ 1 & x_k & y_k & z_k \\ 1 & x_m & y_m & z_m \\ 1 & x_i & y_i & z_i \end{vmatrix} \tag{5-67}$$

$$N_k = \frac{1}{6V}\begin{vmatrix} 1 & x & y & z \\ 1 & x_m & y_m & z_m \\ 1 & x_i & y_i & z_i \\ 1 & x_j & y_j & z_j \end{vmatrix} \tag{5-68}$$

$$N_m = \frac{1}{6V}\begin{vmatrix} 1 & x & y & z \\ 1 & x_i & y_i & z_i \\ 1 & x_i & y_j & z_j \\ 1 & x_k & y_k & z_k \end{vmatrix} \tag{5-69}$$

式中,V 为四面体单元的体积。

$$V = \frac{1}{6}\begin{vmatrix} 1 & x_i & y_i & z_i \\ 1 & x_j & y_j & z_j \\ 1 & x_k & y_k & z_k \\ 1 & x_m & y_m & z_m \end{vmatrix} \tag{5-70}$$

基函数也有下列性质

$$N_l(x_i, y_i, z_i) = \begin{cases} 1 & \text{当 } i = l \text{ 时} \\ 0 & \text{当 } i \neq l \text{ 时} \end{cases} \tag{5-71}$$

$$N_i + N_j + N_k + N_m = 1 \tag{5-72}$$

⑤ 三维六面体单元

对于任意的六面体单元,也可用前述的“等参”的办法处理。任一个单元有 8 个节点,设其编号为 1,2,3,4,5,6,7,8,如图 5-9 所示。将整体坐标 x, y, z 上的任意形状的六面体单元变换为局部坐标 ξ, η, ζ 上的立方体单元。相应点的坐标为 1(−1,−1,−1),2(1,−1,−1),3(1,1,−1),4(−1,1,−1),5(−1,−1,1),6(1,−1,1),7(1,1,1),8(−1,1,1)。

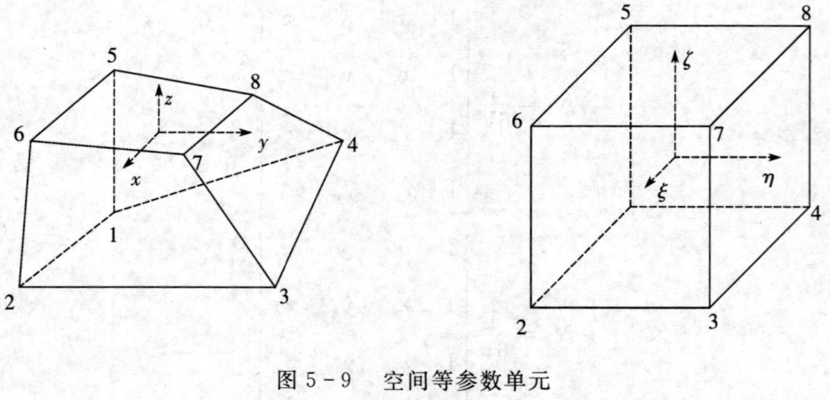

图 5-9　空间等参数单元

基函数的表达式决定于单元的方次。

A. 线性单元。此时节点仅仅为 8 个角点。有

$$N_l=\frac{1}{8}(1+\xi\xi_l)(1+\eta\eta_l)(1+\zeta\zeta_l)\quad(l=1,2,\cdots,8)\tag{5-73}$$

此时在单元 e 上的变量变换公式为

$$\begin{cases}x=\sum\limits_{e=1}^{8}x_lN_l\\ y=\sum\limits_{e=1}^{8}y_lN_l\\ z=\sum\limits_{e=1}^{8}z_lN_l\end{cases}\tag{5-74}$$

e 上的水头试函数为

$$\hat{H}=\sum_{e=1}^{8}H_lN_l\tag{5-75}$$

B. 二次单元。此时除了 8 个角点为节点外，每一个边的中点也是节点，共 16 个节点。

角点：

$$N_l=\frac{1}{8}(1+\xi\xi_l)(1+\eta\eta_l)(1+\zeta\zeta_l)(\xi\xi_l+\eta\eta_l+\zeta\zeta_l-2)\tag{5-76}$$

边中点：

$$N_l=\frac{1}{4}(1-\xi^2)(1+\eta\eta_l)(1+\zeta\zeta_l)\qquad 当\ \xi_l=0,\eta_l=\zeta_l=\pm1\ 时\tag{5-77}$$

其余的边中点依次类推。

C. 三次单元。此时除 8 个角点为接点外，每边的三等分分点处各有二个节点，每个单元共 24 个节点。

角点：

$$N_l=\frac{1}{64}(1+\xi\xi_l)(1+\eta\eta_l)(1+\zeta\zeta_l)[9(\xi^2+\eta^2+\zeta^2)-19]\tag{5-78}$$

边点位于 $\xi_l=\pm\frac{1}{3},\eta_l=\pm1,\zeta_l=\pm1$ 处

$$N_l=\frac{9}{64}(1-\xi^2)(1+\xi\xi_l)(1+\eta\eta_l)(1+\zeta\zeta_l)\tag{5-79}$$

其余的点依次类推。

(3) 地下水问题的有限单元法

以二维稳定流问题、三角形单元、线性插值的有限单元模拟为例。一个非均质各向同性含水层中，二维流动的数学模型如下：

$$
\begin{cases}
\dfrac{\partial}{\partial x}(T\dfrac{\partial H}{\partial x})+\dfrac{\partial}{\partial y}(T\dfrac{\partial H}{\partial y})=0 & \text{在}\ \Omega\ \text{内} \\
H=H_b(x,y) & \text{在}\ \Gamma_1\ \text{上} \\
T\dfrac{\partial H}{\partial x}\cos(n,x)+T\dfrac{\partial H}{\partial y}\cos(n,y)=q & \text{在}\ \Gamma_2\ \text{上}
\end{cases}
\tag{5-80}
$$

式中,Ω—— 计算区域;

Γ_1—— 第一类边界;

Γ_2—— 第二类边界;

H_b—— 第一类边界上的已知水头;

n—— 第二类边界的外法线方向;

q—— 第二类边界上的法向单宽流量,流入为正,流出为负。

方程(5-86)的权剩余方程为

$$
\iint_{\Omega}N_l\left[\frac{\partial}{\partial x}(T\frac{\partial \hat{H}}{\partial x})+\frac{\partial}{\partial y}(T\frac{\partial \hat{H}}{\partial y})\right]\mathrm{d}x\mathrm{d}y=0 \qquad (l=1,2,\cdots,NN) \tag{5-81}
$$

式中,NN 为区域Ω 中剖分的节点数。因为基函数 N_l 仅在拼块 D_l 内不为零,在区域 Ω 的其他部分均为零,因此式(5-81) 变为

$$
\iint_{D_l}N_l\left[\frac{\partial}{\partial x}(T\frac{\partial \hat{H}}{\partial x})+\frac{\partial}{\partial y}(T\frac{\partial \hat{H}}{\partial y})\right]\mathrm{d}x\mathrm{d}y=0 \qquad (l=1,2,\cdots,NN) \tag{5-82}
$$

对上式进行分部积分,得

$$
\iint_{D_l}\left[\frac{\partial}{\partial x}(T\frac{\partial \hat{H}}{\partial x}N_l)+\frac{\partial}{\partial y}(T\frac{\partial \hat{H}}{\partial y}N_l)\right]\mathrm{d}x\mathrm{d}y-\iint_{D_l}(T\frac{\partial \hat{H}}{\partial x}\frac{\partial N_l}{\partial x}+T\frac{\partial \hat{H}}{\partial y}\frac{\partial N_l}{\partial y})\mathrm{d}x\mathrm{d}y=0
$$

对上式的第二项应用格林公式(Green's Theorem),把在拼块 D_l 上的二重积分化为该拼块边界 B_l 上的曲线积分,即

$$
\iint_{D_l}\left[\frac{\partial}{\partial x}(T\frac{\partial \hat{H}}{\partial x}N_l)+\frac{\partial}{\partial y}(T\frac{\partial \hat{H}}{\partial y}N_l)\right]\mathrm{d}x\mathrm{d}y=\oint_{B_l}N_lT\frac{\partial \hat{H}}{\partial n}\mathrm{d}s \tag{5-83}
$$

在所有的内节点上,B_l 上的 N_l 均为零,故$\oint_{B_l}N_lT\dfrac{\partial \hat{H}}{\partial n}\mathrm{d}s=0$,只有在边界 B_l 和第二类边界 Γ_2 的部分,$N_l\neq 0$,而 $T\dfrac{\partial \hat{H}}{\partial n}=q$,因此

$$
\int_{\Gamma_2}N_lq\,\mathrm{d}s-\iint_{D_l}(T\frac{\partial \hat{H}}{\partial x}\frac{\partial N_l}{\partial x}+T\frac{\partial \hat{H}}{\partial y}\frac{\partial N_l}{\partial y})\mathrm{d}x\mathrm{d}y=0 \tag{5-84}
$$

因为基函数 N_l 是按单元分片定义的,上式可写作:

$$
\sum_{e=1}^{M}\left[\iint_{e}(T^e\frac{\partial \hat{H}}{\partial x}\frac{\partial N_l}{\partial x}+T^e\frac{\partial \hat{H}}{\partial y}\frac{\partial N_l}{\partial y})\mathrm{d}x\mathrm{d}y-\int_{\Gamma_2}N_lq\,\mathrm{d}s\right]=0 \qquad (l=1,2,\cdots,NN) \tag{5-85}
$$

式中，M—— 区域中的单元数；

e—— 区域中某一单元。

因为由式(5-53)

$$\hat{H}=N_iH_i+N_jH_j+N_kH_k$$

$$\frac{\partial\hat{H}}{\partial x}=\frac{\partial N_i}{\partial x}H_i+\frac{\partial N_j}{\partial x}H_j+\frac{\partial N_k}{\partial x}H_k$$

$$\frac{\partial N_i}{\partial x}=\frac{\partial}{\partial x}\left[\frac{1}{2A}(a_i+b_ix+c_iy)\right]=\frac{1}{2A}b_i \tag{5-86}$$

类似地

$$\frac{\partial N_j}{\partial x}=\frac{1}{2A}b_j,\frac{\partial N_k}{\partial x}=\frac{1}{2A}b_k$$

$$\frac{\partial N_i}{\partial y}=\frac{1}{2A}c_i,\quad \frac{\partial N_j}{\partial y}=\frac{1}{2A}c_j,\quad \frac{\partial N_k}{\partial y}=\frac{1}{2A}c_k \tag{5-87}$$

故

$$\frac{\partial\hat{H}}{\partial x}=\frac{1}{2A}(b_iH_i+b_jH_j+b_kH_k) \tag{5-88}$$

类似地

$$\frac{\partial\hat{H}}{\partial y}=\frac{1}{2A}(c_iH_i+c_jH_j+c_kH_k) \tag{5-89}$$

对于每一单元，有

$$Q_l^e=\iint_e\left(T^e\frac{\partial\hat{H}}{\partial x}\frac{\partial N_l}{\partial x}+T^e\frac{\partial\hat{H}}{\partial y}\frac{\partial N_l}{\partial y}\right)\mathrm{d}x\mathrm{d}y-\int_{\Gamma_2^e}N_lq\,\mathrm{d}s \tag{5-90}$$

将式(5-86) 至式(5-89)，代入式(5-90)，得

$$Q_i^e=\frac{T^e}{A^2}[(b_iH_i+b_jH_j+b_kH_k)b_i+(c_iH_i+c_jH_j+c_kH_k)c_i]\iint_e\mathrm{d}x\mathrm{d}y-\int_{\Gamma_2^e}qN_l\mathrm{d}s \tag{5-91}$$

$$\iint_e\mathrm{d}x\mathrm{d}y=A \tag{5-92}$$

另$\int_{\Gamma_2^e}qNl\,\mathrm{d}s=F_l$，则

$$Q_i^e=\frac{T^e}{A}[(b_ib_iH_i+b_ib_jH_j+b_ib_kH_k)b_i+(c_ic_iH_i+c_ic_jH_j+c_ic_kH_k)c_i]-Fi$$

经整理后，得

$$\begin{Bmatrix} Q_i^e \\ Q_j^e \\ Q_k^e \end{Bmatrix} = \frac{T^e}{4A} \begin{bmatrix} b_ib_i + c_ic_i & b_ib_j + c_ic_j & b_ib_k + c_ic_k \\ b_jb_i + c_jc_i & b_jb_j + c_jc_j & b_jb_k + c_jc_k \\ b_kb_i + c_kc_i & b_kb_j + c_kc_j & b_kb_k + c_kc_k \end{bmatrix} \begin{Bmatrix} H_i \\ H_j \\ H_k \end{Bmatrix} - \begin{Bmatrix} F_i \\ F_j \\ F_k \end{Bmatrix} \tag{5-93}$$

或简化为

$$\{Q^e\} = [G]^e \{H\}^e - \{F\}^e \tag{5-94}$$

矩阵 $[G]^e$ 称为单元渗透矩阵。

伽辽金方法要求在整个解区域上的权积分为零,即要求

$$\sum_{e=1}^{M} Q^e = 0 \tag{5-95}$$

或条件

$$\sum_{e=1}^{M} [G]^e \{H\}^e = \sum_{e=1}^{M} \{F\}^e \tag{5-96}$$

上式的左端就是把各单元渗透矩阵集合起来,形成总渗透矩阵。图5-10就是由单元矩阵形成总渗透矩阵的一个例子。该例共有六个单元8个节点,边界上均为第二类边界节点。单元和节点的编号如图5-10所示。把每一单元的渗透矩阵计算出来,并安放到总渗透矩阵的相应位置上,然后相加,得到总渗透矩阵。

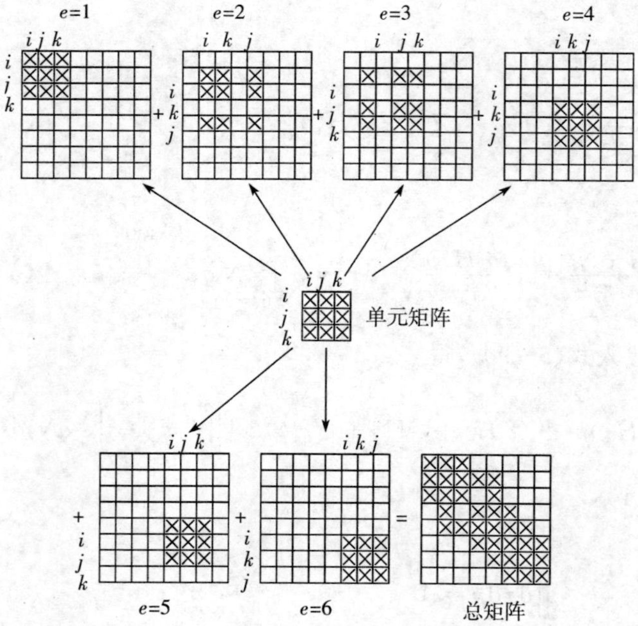

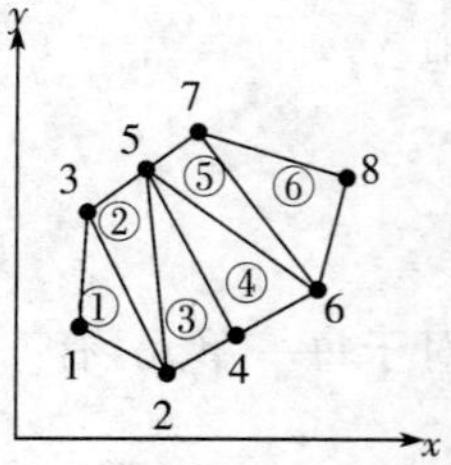

单元	结点		
	i	j	k
1	1	2	3
2	2	5	3
3	2	4	5
4	4	6	5
5	5	6	7
6	6	8	7

图 5-10　由单元渗透矩阵形成总渗透矩阵示意图(根据 Cheng)

式(5-96)写作

$$[G]\{H\} = \{F\} \tag{5-97}$$

式中,$[G]$ 即为总渗透矩阵。

对于第一类边界条件,因为水头是已知值,不用计算。下面仅对第二类边界条件做些讨论。图5-11表示了第二类边界的两种情况。

① 每一单元边界上 q 为常数。设 ilm 为和第二边界重合的单元边界。单元 e_1 的边界流量为 q_1，单元 e_2 为 q_2。与节点 l 有关的单元只有 e_1 和 e_2，故总渗透方程中

$$F_l=\int_i^l q_1 N_l \mathrm{d}s+\int_l^m q_2 N_l \mathrm{d}s \tag{5-98}$$

因为 N_l 按线形规律变化，在 l 节点为 1，l，m 节点为零，故有

$$F_l=q_1\int_0^{L_1}(1-\frac{s}{L_1})\mathrm{d}s+q_2\int_0^{L_2}(1-\frac{s}{L_2})\mathrm{d}s \tag{5-99}$$

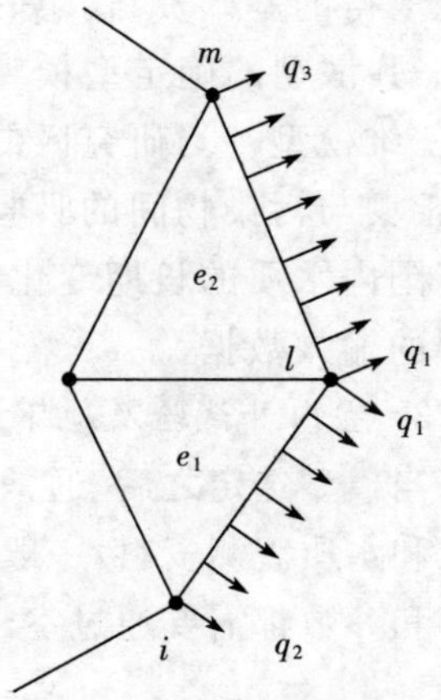

图 5-11　有限元法处理第二类边界示意图

式中，L_1—— 单元上 e_1 的 il 边长；

L_2—— 单元 e_2 上的 lm 边长；

S—— 由点 l 算起的距离。

式(5-99)积分后得

$$F_l=\frac{1}{2}q_1L_1+\frac{1}{2}q_2L_2=\frac{1}{2}(q_1L_1+q_2L_2) \tag{5-100}$$

② 各单元边界上的 q 按线形规律变化

在 e_1 上，$q=q_1+\frac{s}{L_1}(q_2-q_1)$

在 e_2 上，$q=q_1+\frac{s}{L_2}(q_3-q_1)$

因此

$$\begin{aligned}F_l&=\int_i^l qN_l\mathrm{d}s+\int_l^m qN_l\mathrm{d}s\\&=\int_0^{L_1}\left[q_1+\frac{s}{L_1}(q_2-q_1)\right]\left[1-\frac{s}{L_1}\right]\mathrm{d}s+\int_0^{L_2}\left[q_1+\frac{s}{L_2}(q_3-q_1)\right]\left[1-\frac{s}{L_2}\right]\mathrm{d}s\\&=\frac{L_1}{2}\left[q_1+\frac{q_2-q_1}{3}\right]+\frac{L_2}{2}\left[q_1+\frac{q_3-q_1}{3}\right]\end{aligned} \tag{5-101}$$

5.2.2　数值模拟基本过程(Basic Process of Numerical Simulation)

应用地下水污染的运移模型进行数值模拟，以解决一个实际的地下水污染与防治问题时，一般要包括下列各主要过程。

1. 确定模拟的目标和任务

数值模拟的目标和任务常与研究区的污染源类型、污染途径或方式、污染现状以及污染趋势有关。不同的地下水污染问题会提出不同的模拟任务，如确定污染范围及发展趋势、选择可避免污染的水源地及确定合理的开采水量及开采方式；预测已受污染的含水层天然或人工净化所需时间、补给的水量与位置；选择治理地下水污染和水资源管理的最佳方案等。根据不同的任务，应有针对性地选择模拟的范围、模型类型、精度等。

2. 选择数学模型

采用何种模型进行数值模拟，主要取决于研究问题的目的，所要求的精度和已有或

可能取得的基础资料。如研究局部或中等规模的问题,而且要求精度较高时,则要采用对流-弥散型的确定型模型模式,要研究污染物质在空间范围内的运移规律则要考虑二维、三维模型。当研究区的污染源分布广泛,且有些污染运移机理不易搞清(植物根系吸收、土壤与污染物间的吸收、降解、离子交换等作用过程),同时预测的目的仅限于预测较大范围内水质的长期变化时,则可采用黑箱(集中参数)型的水质模型,这类模型只需要较少的输入数据。

3. 室内外试验及地下水质模型的建立

当模型选定之后,通常需要两方面的资料:一是为下一步验证模型所需要的长期的地下水位和水质观测资料,一般不少于三年的观测时间;二是模型需要的水流和水质参数。上述资料和参数都需要通过室内外的试验及现场观测才能获得,如采用抽水试验、示踪剂注入试验等。

在弄清研究区的水文地质条件,如含水层的层次、性质、相互之间的水动力联系、地下水的流向、边界条件等内容后,再经概化便可建立起研究区的地下水水质模型。

4. 编制程序与数据整理

一般采用数值模拟预测地下水水污染问题时,均采用数值法模拟求解,因此必须编制相应问题的计算机程序或采用专业软件进行模拟、预测。程序的编制取决于对所处理的具体问题的数学概化。

以有限单元法为例,首先要对研究区域进行剖分,原则上剖分的单元形状任选,但单元形状及大小,都与计算质量相关,所以通常取矩形(正方形)或三角形小单元。剖分的基本要求是,剖分单元必须可以视为均质、计算方便、边界拟合容易、精度高。对非稳定流,时间也要剖分,其间隔(称时间步长)根据计算要求(包括推算要求)确定。

第二步需定义离散点(或特征点)。剖分所得有限个单元内的中心点称为格点;单元的公共顶点(有时选在单元边上)称为结点、点元。因数值法是以各单元格点(或节点)的水头之集来替代水压面的,所以要求格点(或节点)的水头值等物理量以及水文质参数,必须是所在单元的代表值,确定离散点(格点或节点)及代表值,叫作定义离散点。

第三步应建立控制方程的线性方程组。根据渗流的基本微分方程,建立每个离散点各离散时刻的线性代数方程。

第四步应建立定解条件的线性方程组。根据定解条件,以线性方程建立离散点初始条件表达式、边界点水头表达式(一类边界)或边界离散点与内部离散点之间的关系式(二类边界),由此得到定解条件的一组线性方程组。

第五步解方程组。求解由以上第三、四步所得的线性代数方程组,得某一时刻水头在各离散点的分布。

最后计算待求时刻的水头分布。重复以上第三、四、五步,可算得待求时刻的水头分布。

5. 模型的检验及运转

在建立了水量和水质模型之后,将已确定的参数的初值和定解条件代入模型中对野外试验和区域内已有污染情况进行模拟,看其模拟结果是否与野外试验和已有实际污染情况相一致。否则,就要用参数试调法或其最优化方法对参数进行修正,一直拟合到满足精度要求为止。拟合应从两方面鉴别:其一,模型运行过程是否反映实体目的过程机制;其二,时序输出结果是否与实体目的过程输出一致。在拟合问题上以下几点是必须注意的:

(1)反演拟合调整参数不能随意

当模型拟合得不好时,一味地调整参数,以求模型输出系列与观测数据系列接近,而不顾如此调整后的参数是否反映客观实体的实际参数。这种为拟合而拟合的做法是应当避免的。拟合不好,未必就是参数的问题。仅就模型而言,模型本身固有缺陷(如定律、方程的局限性)、建模的不合理(如剖分及以剖分单元集合代替曲面)等,都可导致拟合精度低的后果。因此,应从这些方面来消除过大差异。

(2)应足够重视概念模型

如前所述,数学模型是概念模型以数学形式的表现。概念模型作为数学模型的基础,决定着数学模型的仿真程度。所以要使数学模型与实体拟合,必须做到尽可能使概念模型真实、正确地反映实体。为此,应对地下水流动系统进行全面、深入的调查。通过调查与研究,客观、系统地认识实体,并对已得的认识进行合理、准确的概化,避免根据不足的推断和搞数学游戏。

(3)应明确拟合的目的在于预测

利用数学模型进行实际计算时,也出现如下情形,即经过反演调参后,模型计算输出和观测数学序列拟合得很好,但一外推就出现偏差。有些所谓的拟合,是局部的、人为的,所以是有限的或经不起考验的伪现象。原因不是概念不准确,就是建立数学模型存在不合理之处。也就是说,数学模型未能正确反映地下水流动系统结构或功能。我们知道,数学模拟的目的在于应用,主要是预测;而伪拟合的模型是达不到这一目的的,因此也就无利用价值。为避免这类现象的出现,应当对模型进行认真的拟合检验。这一工作应该是在现场的和后延的。

5.3 地下水污染物运移模拟实例(Case Studies)

5.3.1 实例一(Case A)

人类在生产实践中对有机物的不合理排放及不适当处理,导致其进入环境而使地下水资源遭受污染的现象普遍存在。三氯乙烯(Trichloroethene,TCE)是地下水中普遍存在的有机污染物。这种化合物有一定的毒性,如紊乱动物(包括人类)的神经系统、诱发癌症等。因此,引起了政府环保部门的高度重视。

宋汉周和 Woodbury AD(2000)以加拿大 Manitoba 省一火箭制造厂址区碳酸盐岩含水层中地下水受到 TCE 污染作为实例,对其污染运移展开较为系统的研究。通过本实例比较系统的研究,加深对地下水中诸如 TCE 一类有机物污染机理的认识,进而为选择经济有效的去污措施提供依据。以下对他们所取得的成果进行简要介绍。

1. 概念模型

场址区地层主要为上部及下部 Fort Garry 地层。钻孔资料揭示出,在这两套地层之间存在一约为 0.5m 厚的页岩层。上部 Fort Garry 地层主要为白云质灰岩,厚约 10m,断裂构造发育。由于喀斯特作用,在该地层单元中发育了大小及形态各异的溶孔、溶隙乃至溶洞。下部 Fort Garry 地层则为相对致密的白云岩,由于其本身的岩性以及上复页岩层的存在,喀斯特作用及其现象不发育。上述地层倾向南西,倾角较缓,在 2~7m/km 之间。此外,上部 Fort Garry 地层被厚度为 5～10m 之间的弱透水性冰碛层覆盖。

区域地下水流基本上是由西向东运动，如图 5－12 所示。上部 Fort Garry 含水层于天然条件下的测压水头在 232.628～233.191m 之间(1994－10－13)，高出含水层顶板高程 4m 左右，水力梯度约为 7×10^{-5}，表明该含水层介质具有较强的水力传导性。钻孔岩心资料反映出含水介质中主要发育两组结构面：水平及接近水平向；垂向及接近垂向。水质分析资料表明，下部 Fort Garry 地层中地下水的矿化度远大于上部 Fort Garry 地层的，可见这两套地层单元之间的水力联系较弱。因而，认为上部 Fort Garry 地层是场址区主要含水层。

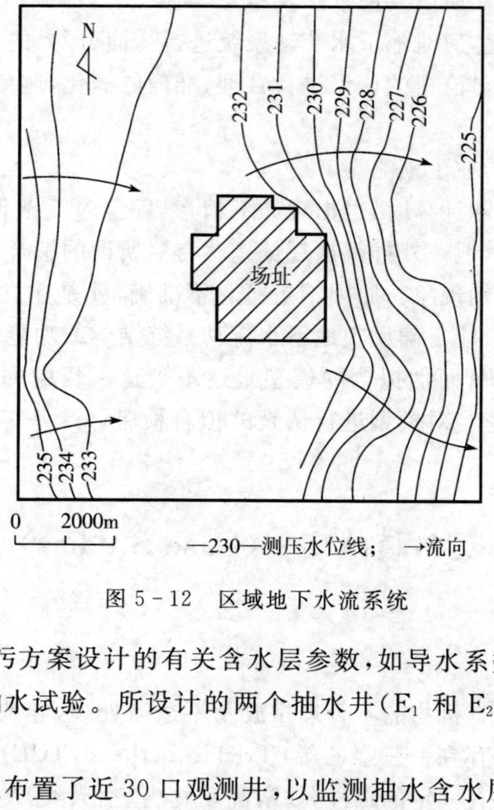

图 5－12　区域地下水流系统

为了获得可用于去污方案设计的有关含水层参数，如导水系数(T)及储水系数(S)等，进行了变流量、变降深抽水试验。所设计的两个抽水井(E_1 和 E_2)分别位于两个污染物羽状体中心位置。

与此同时，在场址区布置了近 30 口观测井，以监测抽水含水层的水力反应及去污措施条件下的水质变化。采用 Theis 及 Jacob 等方法求得该承压含水层的导水系数在 11980～18860m^2/d 之间，而储水系数则在 $1.25\times10^{-7}\sim6.74\times10^{-5}$ 之间。不同的抽水试验时段求得不同的参数值，反映出该含水层介质的水力传导性具有趋势性的非均质性变化，此外亦与水井损失有关。

上部 Fort Garry 碳酸盐岩层是场址区受到 TCE 污染的主要含水层。由于上覆弱透水层的存在，该含水层具有承压性。在采取抽出处理措施之前，场址区各观测孔之间所测的上述含水层的测压水头差一般在 0.1～0.5m 之间。可见，该碳酸盐岩含水层的水力传导性良好，此由钻孔资料(即裂隙出现的高频度、低 RQD 值以及测井的异常反映等)及场址抽水试验资料得以证实。

考虑到现有观测资料的不足和局限性，在建模时作如下假设：(1)场址区 TCE 污染含水层的水力传导性具有均质、各向异性；(2)地下水流呈稳定态；(3)含水层中的溶质运移呈非稳定态，但对流场的性态并不产生影响(即稀浓度溶液)。

在确定模拟区范围的时候，考虑了如下因素：(1)抽水试验及随后采取的抽出处理措施可能产生的对于边界条件的影响；(2)现有地下水动态观测网的分布；(3)TCE 污染羽状体的分布。因此，将模拟区定为 36.72km^2，而明显大于场址区(14km^2)，如图 5-13 所示。

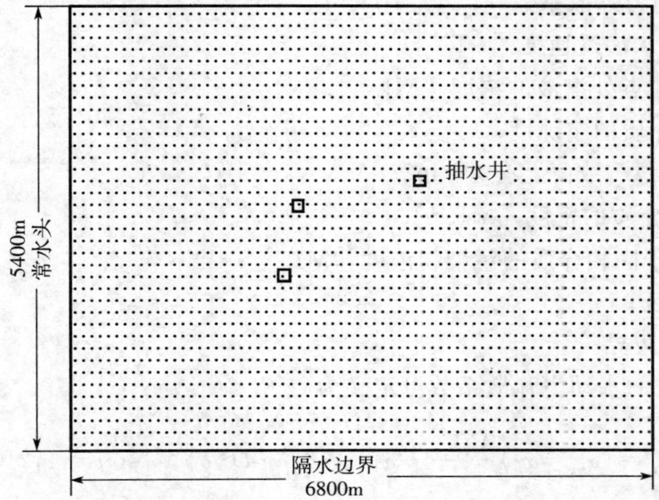

图 5-13　模拟区及其边界条件

2. 数学模型

描述含水层中 TCE 运移的数学模型由两部分构成。

(1) 地下水流模型

$$\frac{\partial}{\partial x_i}\left(K_{ij}\frac{\partial h}{\partial x_j}\right)-W=0 \qquad (x,j=1,2,3) \tag{5-102}$$

研究区的边界条件：

$$\left.\frac{\partial h}{\partial x}\right|_{x=x_1}=h_1,\quad \left.\frac{\partial h}{\partial x}\right|_{x=x_2}=h_2,\quad \frac{\partial h}{\partial n}=0 \tag{5-103}$$

式中，K_{ij}—— 渗透系数，[LT^{-1}]；

h—— 测压水头，[L]；

n—— 正交于第二类边界的外法线方向；

W—— 源、汇点处单位体积中的水流通量，[T^{-1}]。

(2) 溶质运移模型

$$R\frac{\partial C}{\partial t}=\frac{\partial}{\partial x_i}\left(D_{ij}\frac{\partial C}{\partial x_j}\right)-\frac{\partial}{\partial x_i}(V_iC)+\frac{W}{\theta}C_s-\lambda\left(C+\frac{\rho_b}{\theta}\overline{C}\right) \tag{5-104}$$

边界及初始条件为

$$\begin{aligned}&C(x,y,z,t)=C_0(x,y,z)，在\ \Omega\ 上，t=0\\&C(x,y,z,t)=C_1(x,y,z)，在\ \Gamma_1\ 上，t\geqslant 0\end{aligned} \tag{5-105}$$

式中,R—— 阻滞因子;

C—— 地下水中呈溶解相的污染物浓度,[ML^{-3}];

t—— 时间,[T];

x_i—— 坐标系中距原点的距离,[L];

D_{ij}—— 水动力弥散系数,[L^2T^{-1}];

V_i—— 地下水渗透速度,[LT^{-1}];

C_s—— 源、汇点处溶液的浓度,[ML^{-3}];

θ—— 含水介质的空隙度;

λ—— 衰减常数,数值上有 $\lambda=\ln 2/t_{1/2}$;

ρ_b—— 含水介质的密度,[ML^{-3}];

$\bar{C}$—— 吸附于固相介质的污染物浓度,[ML^{-3}];

Ω—— 模拟区;

Γ_1—— 浓度边界。

各向同性介质的水动力弥散系数可定义为

$$D_{ij}=(\alpha_L-\alpha_T)\frac{V_iV_j}{|V|}+\alpha_T|V|\delta_{ij}+D^*\delta_{ij}\qquad(ij=1,2,3)\tag{5-106}$$

式中,α_L—— 纵向弥散度,[L];

α_T—— 横向弥散度,[L];

V_i,V_j—— 流速矢量的分量,[LT^{-1}];

D^*—— 有效扩散系数,[L^2T^{-1}];

$|V|=(V_{11}^2+V_{22}^2+V_{33}^2)^{1/2}$—— 流速矢量大小,[$LT^{-1}$];

δ_{ij}——Kronecker delta,在数值上有

$$\delta_{ij}=\begin{cases}1,i=j\\0,i\neq j\end{cases}$$

必须指出,由式(5-106)定义的水动力弥散张量只适合于各向同性介质,而不适合于各向异性介质。然而,在野外条件下是不可能获得 5 个独立的弥散系数值。因此,一般假定,适合于各向同性介质的弥散系数也适合于各向异性介质。

式(5-102)~式(5-105)就构成了描述场址区碳酸盐岩含水层中 TCE 污染物运移的数学模型。

3. 模型的有效性检验

这里选用美国 GMS(Groundwater Modeling System)软件包求解上述数学模型。该软件包由一系列源程序构成,如 MODFLOW,MT3D 等。MODFLOW 软件用于求解三维饱和水流问题,而 MT3D 软件则用于模拟溶质运移问题。在水流计算中采用强隐式差分法(SIP)求解流场中水头的分布,而在溶质运移模拟中,根据各个结点的流速值采用修正特征法(MMOC)求解控制方程。

溶质的吸附作用在模型中用阻滞因子 R 表示,并以两个吸附平衡常数(λ_1,λ_2)来模拟。此外,以参数(λ_3,λ_4)来模拟含水层中 TCE 污染物可能的生物降解作用,λ_3 为溶解相溶质的

一阶不可逆反应速率常数，λ_4则为吸附相溶质的一阶不可逆反应速率常数。

采用均匀网格法将研究区进行剖分。此剖分法的优点就是便于将取样点处的污染物浓度加以内插，并使二维网格与三维网格相匹配。并且假定，网格的排列方向与含水层介质的主渗透方向相一致。这样，得到网格单元为1628个，结点数为3420个，如图5-13所示。

考虑到对场址区污染含水层已经采取了抽出处理措施，因此对模型的有效性检验主要结合对实际流场的模拟来进行。模拟时段为1年，即从1994年11月至1995年10月，其间位于污染源位置(图5-13)的3口抽水井(E_1～E_3)在工作(表5-2)。

表5-2 抽水量统计

抽水井	位置/m		抽水量/($m^3 \cdot d^{-1}$)
	x	y	
E_1	4060	3315	2341.44
E_2	2545	2160	1918.08
E_3	2680	3045	889.92

采用试错法(Trial and Error)对所建模型进行调试，有关参数及其取值范围见表5-3所列。调试过程表明，含水层的导水性变化对流场有着敏感的影响。通过对计算水头值与实测值之间的平均误差(ME)以及平均绝对误差(MAE)的判定，确定场址区碳酸盐岩含水层的导水系数拟合值为3240m^2/d，此大于区域地质报告的建议值，但低于场地的抽水试验值。此可归之于含水层介质的具有趋势性的非均质变化。有关水头拟合曲线如图5-14所示。而TCE污染的浓度拟合曲线如图5-15所示。

表5-3 模型拟合过程中有关参数及其取值范围

参 数	数值
导水系统/($m^2 \cdot d^{-1}$)	2500～15116
各向异性因子	0.1～1.0
有效空隙度	0.1～0.25
含水介质密度/($kg \cdot m^{-3}$)	2500
有效扩散系数/($m^2 \cdot d^{-1}$)	7.29×10^{-5}
TCE背景浓度/($\mu g \cdot L^{-1}$)	0
纵向弥散度 $\alpha_{L,m}$	10～30
垂向横向弥散度与纵向弥散度之比	0.5～1.0
水平向横向弥散度与纵向弥散度之比	0.5～1.0
第一类吸附常数 λ_1	0.1～0.15
第一类吸附常数 λ_2	0.01～0.015
溶解相溶质一阶反应速率常数 λ_3	0.001～0.015
吸附相溶质一阶反应速率常数 λ_4	0.01～0.003

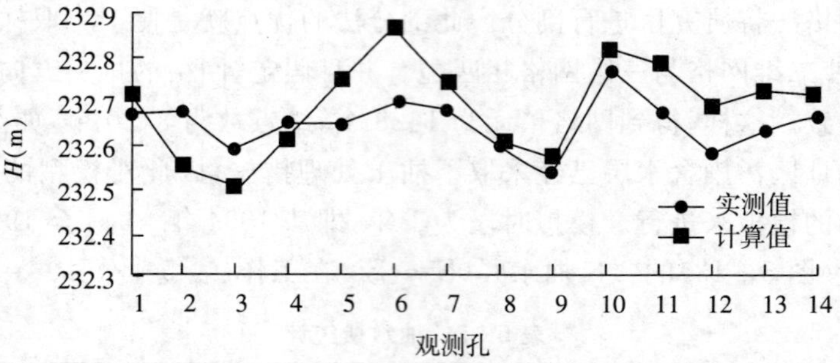

图 5－14　场址水头拟合曲线

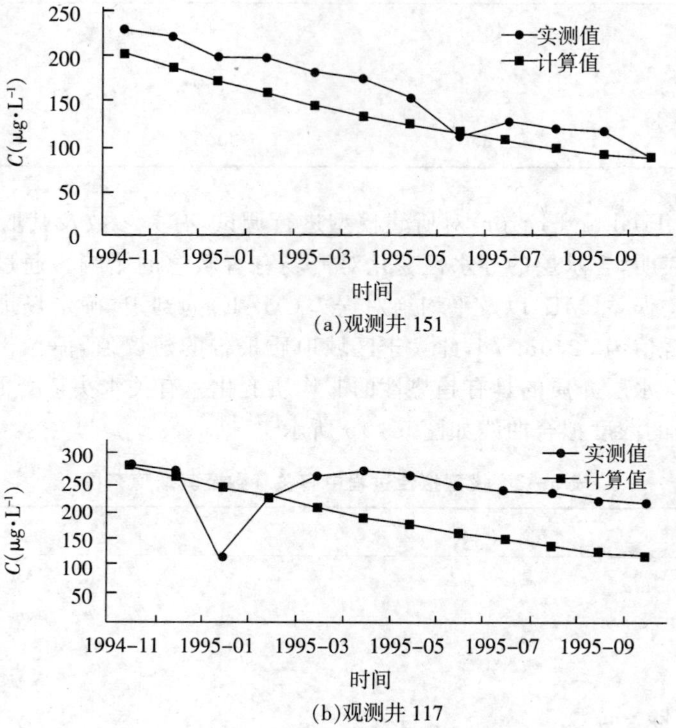

图 5－15　TCE 污染的浓度拟合曲线

此外，在每一个溶质运移模拟时段进行了有关质量平衡的计算，用百分比误差(ERR)表示：

$$ERR=\frac{(\Delta M_{in}-\Delta M_{out})}{\Delta M_{in}+\Delta M_{out}\times 0.5}\times 100\% \qquad (5-107)$$

式中，ΔM_{in}——流入地下水流系统的，以及源于储存释放的总的质量；

ΔM_{out}——流出地下水流系统的，以及源于储存累积的总的质量。

一般来说，质量平衡误差大小是模型有效性与否的一个重要标志，即若模型是有效的，其质量平衡误差值应该比较小。表 5－4 反映出，本书所建的 TCE 运移模型是有效的，所采用的数值法是可行的。

表5-4 不同时段的质量平衡检查

时段/d	ΔM_{in}（$\times 10^{12}$）	ΔM_{out}（$\times 10^{12}$）	$\Delta M_{in}-\Delta M_{out}$（$\times 10^{9}$）	误差/%
30	0.548588	−0.544390	4.198236	0.768
182.5	2.711978	−2.703809	8.168931	0.302
365	4.390998	−4.382677	8.320975	0.170
730	6.082276	−6.074596	7.680295	0.126
1460	6.987888	−6.979818	8.070365	0.116

4. 参数的敏感性分析

为检验所建模型对于输入不同参数值的反应程度，进行了若干水流参数及溶质运移参数的敏感性分析。这里主要对有关描述TCE生物降解作用的4个参数λ_1、λ_2、λ_3、λ_4作分析。结果(图5-16及表5-5)表明:(1)溶质吸附常数λ_1、λ_2值的变化对于溶质运移性状的影响比较敏感;(2)溶解相溶质一阶反应速率常数λ_3及吸附相溶质一阶反应速率常数λ_4值的变化对于溶质运移性状的影响最为敏感。可见，场址区含水层中TCE污染物的生物降解作用确是存在的，水样中某些过渡型化合物(如二氯乙烯，DCE)的被检出即是佐证。

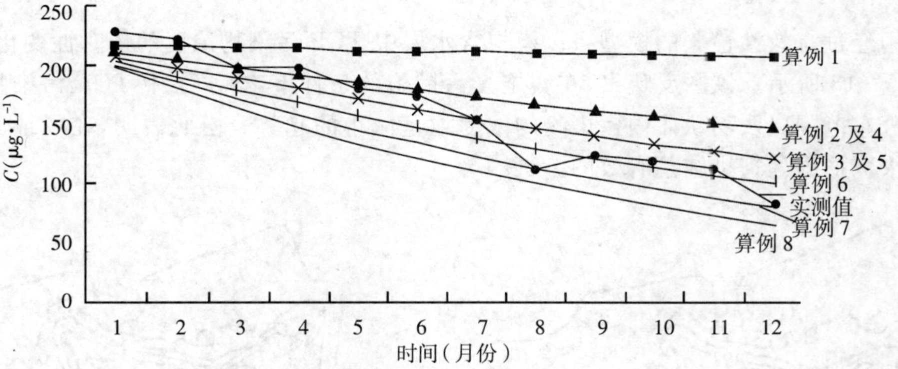

图5-16 TCE生物降解作用参数的敏感性分析

表5-5 敏感性分析的若干算例及参数值

算锄	1	2	3	4	5	6	7	8
λ_1	0.10	0.10	0.10	0.15	0.10	0.10	0.10	0.10
λ_2	0.010	0.010	0.010	0.015	0.015	0.015	0.015	0.015
λ_3	0.001	0.010	0.015	0.010	0.010	0.010	0.010	0.010
λ_4	0.0001	0.0010	0.0015	0.0010	0.0015	0.0020	0.0025	0.0030

5. 模型的应用

应用本书所建模型模拟TCE污染物运移的时段始于1994年11月，此与开始实施抽出处理措施的时间相对应。并且假定，在模拟时段内TCE污染源不再存在，即场址区含水层不再受到进一步的污染，此与实际的情形一致。

在求解溶质运移模型时,需要输入相关的参数见表 5－3 所列,但模拟区常水头边界及诸如导水系数一类的水流参数保持不变。此外,TCE 的初始浓度亦由各实测点浓度经过线性插值得到的浓度分布图(图 5－17)替代其背景浓度。

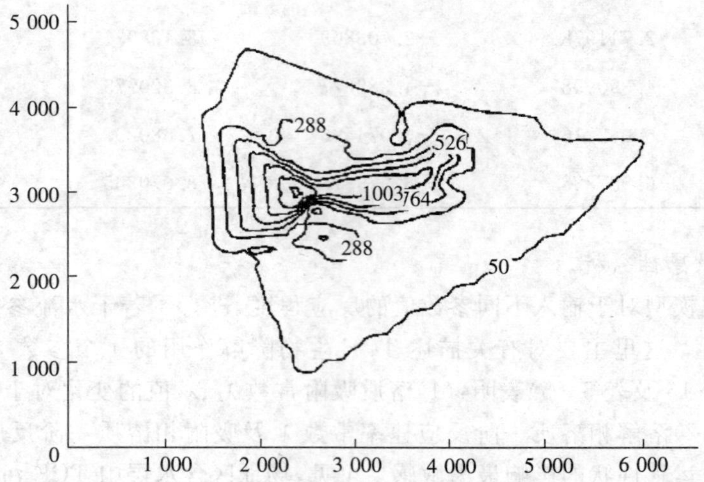

图 5－17　TCE 初始浓度分布

应用经过有效性检验的模型可以模拟含水层中 TCE 污染物浓度的依时性变化,部分成果如图 5－18 所示。该图反映出,在实施去污措施的条件下,含水层中 TCE 污染物羽状体的侧向分布范围以及羽状体内污染物的浓度均呈减小的趋势。由此表明,在场址区对污染含水层采取抽出处理措施是有效的。

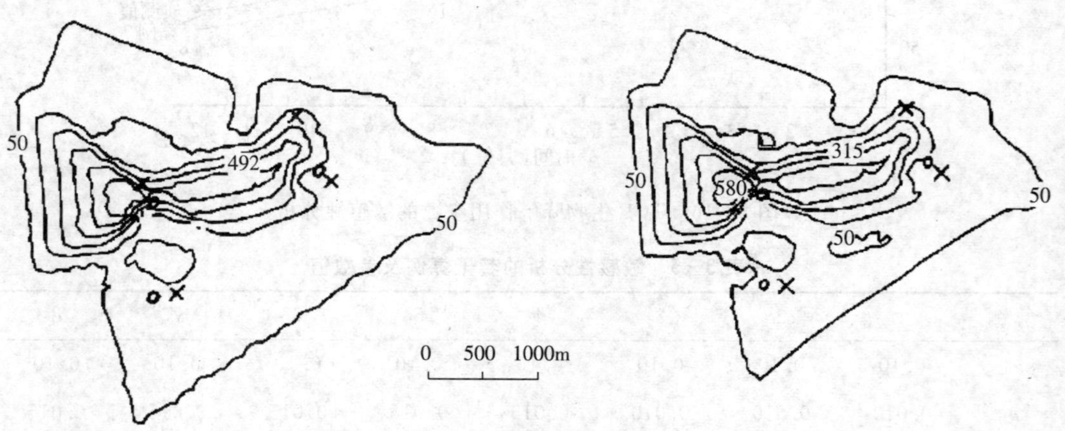

(a)t=182.5d　　(b)t=365d

图 5－18　不同时段 TCE 污染羽体的变化

6. 小结

(1)提出了基于概念模型之上的描述碳酸盐岩含水层中 TCE 运移的数学模型,并用有限差分法求解,结果基本满意。

(2)采用试错法进行模型调试,并输入不同的 λ_3(溶解相溶质一阶反应速率常数)及 λ_4

(吸附相溶质一阶反应速率常数)参数以模拟TCE的生物降解作用。参数的敏感性分析表明,这两个参数值的改变对于溶质运移性状有着相当敏感的影响,此标志着场址区含水层中TCE污染物的生物降解作用是存在的。

(3)总的来看,数值模拟结果是满意的,但模拟值与实测值之间的误差还是存在的。究其原因有三:一是在于数值法本身,如观测井的实际位置大多不是位于有限差分网格单元的中心,而模型只能计算位于网格单元中心的结点处的浓度值;二是模拟时段(一年)内,3口抽水井并非每天都在进行工作,而有6个星期的时间停止抽水(因严寒的气候),此使流场有所变化;三是TCE的生物降解作用是复杂的,不一定遵循模型假定的一阶反应速率而进行。因此,一定地质环境下TCE生物降解作用的机理研究仍是一个值得探讨的课题。

5.3.2 实例二(Case B)

吴吉春等(2001)对山西柳林泉局部区域地下水溶质运移进行了二维数值模拟,构建了描述柳林泉域地下水中氯离子运移行为的局部区域二维可混溶溶质运移模型。模型考虑了地下水中溶解盐分浓度变化引起的地下水密度的改变,及其导致的地下水水头的变化。该模型计算值与观测资料基本一致,说明所建模型可以用于实际,据此用所建模型预报了柳林电厂水源地投入使用后对区域地下水位和水质的影响。

1. 研究区概况

柳林位于晋西黄土高原中部。柳林泉为岩溶泉,出露于县城以东寨东大桥至薛家湾间的三川河河谷中(图5-19)。面积约2 727km²。柳林泉域横跨吕梁复背斜和鄂尔多斯盆地两大构造单元。吕梁复背斜的轴部主要由太古宇变质岩及部分太古宇花岗岩组成,其西翼由震旦系、寒武系、奥陶系、石炭系、二叠系和三叠系构成,并形成一系列的次一级背斜和向斜。其中对区域地下水埋藏、运移影响较大的构造有走向南北的离石—中阳向斜和走向大致南北,呈S形分布的枣林—王家会背斜。枣林—王家会背斜轴部由太古宇变质岩组成,东翼陡、西翼缓。东翼即离石—中阳向斜的西翼。西翼倾角为10°~20°,缓缓向西、西北倾斜,构成柳林单斜,直抵黄河岸边,成为鄂尔多斯盆地的东翼。区内主要含水层为寒武—奥陶系裂隙—岩溶含水岩组,泉水主要赋存在该含水岩组内。该含水岩层组自柳林往西没于地面以下,上覆有石炭—叠系砂页岩,水流至此受阻,三川河谷又深切,为泉的形成提供了有利条件。柳林泉即出露在邻近奥陶系和石炭系接触带的东起寨东大桥,西至薛家湾的近2km的三川河河岸两侧。流量较大的可分为5组:即三川河北岸寨东泉组、杨家港泉组、刘家疙瘩泉组和南岸的龙门会泉组、上青龙泉组。柳林泉流量较稳定,多年平均流量约为3.2m³/s。

模拟计算区以目前已有大量地下水化学成分资料的地区为基础,边界根据现有观测孔位置划定。计算区北及湍水头、林家坪,东起离石、上安村,南迄中阳,西至沙曲、碛口,面积约853km²。除西部边界外,其余边界均位于泉域的补给、径流区内,水的类型为矿化度小于0.5g/L的HCO_3型水,水质常年比较稳定,且与边界以外区域的水质无明显差异,所以选作边界是合适的。

2. 数学模型和数值方法

由于柳林泉西、西北的沙曲、碛口、林家坪一带分布有大面积的矿化度高达6.8~12.0g/L的微咸水、咸水,建立溶质运移模型时必须考虑咸淡水的混溶。因此在建立泉域二

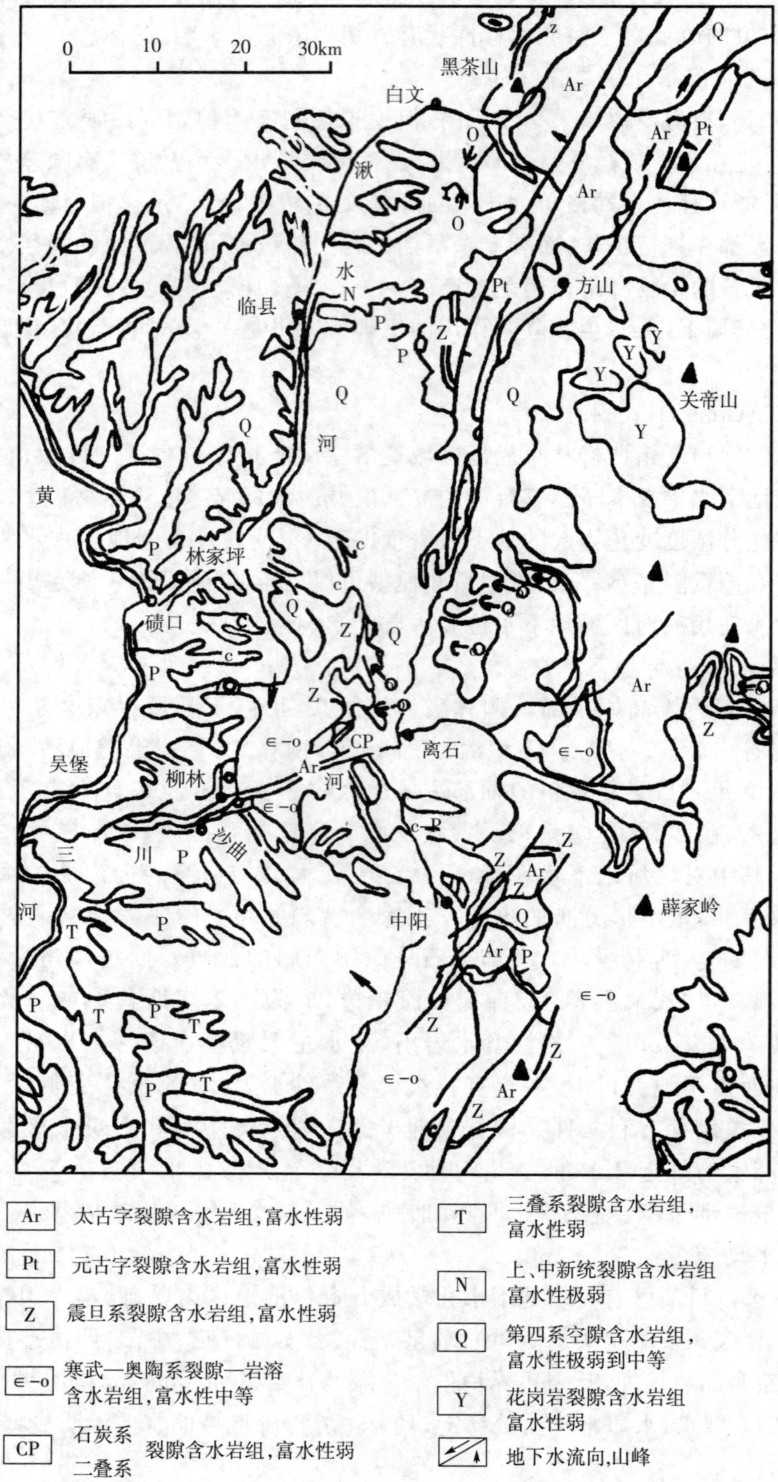
0
10
20
30km
黑茶山
白文
湫
水
河
临县
方山
关帝山
黄
河
林家坪
碛口
吴堡
柳林
沙曲
离石
三
川
河
中阳
薛家岭
Ar 太古宇裂隙含水岩组,富水性弱
Pt 元古宇裂隙含水岩组,富水性弱
Z 震旦系裂隙含水岩组,富水性弱
∈-o 寒武—奥陶系裂隙—岩溶含水岩组,富水性中等
CP 石炭系 二叠系 裂隙含水岩组,富水性弱
T 三叠系裂隙含水岩组,富水性弱
N 上、中新统裂隙含水岩组富水性极弱
Q 第四系空隙含水岩组,富水性极弱到中等
Y 花岗岩裂隙含水岩组富水性弱
地下水流向,山峰

图 5－19　泉域水文地质

维混溶溶质运移模型时必须对传统的水流方程和运动方程进行修改，以考虑密度变化对水流运动的影响。由此可得水流模型为：

$$\begin{cases}\dfrac{\partial}{\partial x}\left(T_{xx}\dfrac{\partial H}{\partial x}\right)+\dfrac{\partial}{\partial y}\left(T_{yy}\dfrac{\partial H}{\partial y}\right)+\dfrac{\rho}{\rho_0}W=S\dfrac{\partial H}{\partial t}+M\phi\eta\dfrac{\partial C}{\partial t} & (x,y)\in\Omega\\ H(x,y,0)=H_0(x,y) & (x,y)\in\Omega\\ H(x,y,t)\big|_{\Gamma_1}=H_1(x,y,t) & (x,y)\in\Gamma_1\\ T_{xx}\dfrac{\partial H}{\partial x}\cos(n,x)+T_{yy}\dfrac{\partial H}{\partial y}\cos(n,y)\Big|_{\Gamma_2}=q(x,y,t) & (x,y)\in\Gamma_2\end{cases} \tag{5-108}$$

式中，H—— 参考水头（淡水水头）；$T=KM$ 为导水系数张量；K 为渗透系数张量；M 为含水层厚度；S 为贮水系数；μ 为给水度；W 为源汇项，$W=P+\omega_f+\omega_i+\omega_1$，右端各项依次代表降水入渗量、河流渗漏量、灌溉水回灌量、注水（抽水时取负值）量；ρ 为地下水的密度；C 为地下水中模拟组分的浓度，密度和浓度的关系可以认为是线性关系，即 $\rho=\rho_0(1+\varepsilon C/C_s)$；$\eta=\varepsilon/C_s$ 为密度耦合系数；$\varepsilon=(\rho_s-\rho_0)/\rho_0$ 为密度差率；C_s 为与最大密度 ρ_s 对应的浓度；ρ_0 为参考密度（淡水密度）；t 为时间；Ω 为计算域；H_0 为水头初值；H_1 为一类边界 Γ_1 上的水头；q 为二类边界 Γ_2 上的单宽流量；n 为外法线方向单位矢量。

溶质运移模型为：

$$\begin{cases}\dfrac{\partial}{\partial x}\left(MD_{xx}\dfrac{\partial C}{\partial x}+MD_{xy}\dfrac{\partial C}{\partial y}\right)\dfrac{\partial}{\partial y}\left(MD_{yx}\dfrac{\partial C}{\partial y}+MD_{yy}\dfrac{\partial C}{\partial y}\right)-\dfrac{\partial(Mu_xC)}{\partial x}-\dfrac{\partial(Mu_yC)}{\partial y}+N_1=\dfrac{\partial(MC)}{\partial t}\\ C(x,y,0)=C_0(x,y)\quad (x,y)\in\Omega'\\ C(x,y,t)\big|_{B_1}=C_1(x,y,t)\quad (x,y)\in B_1\end{cases} \tag{5-109}$$

运动方程为：

$$u_x=-\frac{1}{\phi}\left(K_{xx}\frac{\partial H}{\partial x}\right),\quad u_y=-\frac{1}{\phi}\left(K_{yy}\frac{\partial H}{\partial y}\right) \tag{5-110}$$

式中，C—— 地下水中溶质浓度；

D—— 弥散系数张量；

u—— 地下水实际平均流速矢量；

ϕ—— 有效孔隙度；N_1—— 源汇项，$N_1=\dfrac{1}{\phi}(PC_p+\omega_fC_f+\omega_iC_i+\omega_1C_3)$，其中 C_p、C_f、C_i、C_3 依次为降水、河水、灌溉水、注入（抽出）水中该组分的浓度，抽水则 $C_3=C$；

t 为时间；Ω' 为计算域；C_0 为初始浓度；C_1 为一类边界 B_1 上的浓度。

水流模型式(5-108)和溶质运移模型式(5-109)通过运动方程式(5-110)耦合起来构成一个描述平面地下水水质问题的完整的数学模型。该模型可用 Galerkin 有限元法求解，具体求解时由于水流方程和对流-弥散方程都是非线性方程,只能用迭代法求解。

3. 数值模拟及其结果

根据具有连续观测资料的观测孔位置,模拟计算区北部边界选在湍水头—林家坪—碛口一线;西部边界选在碛口—成家庄—沙曲一线;南部边界选在兴无煤矿—中阳一线;东部边界选在离石—上安村—湍水头一线。采用三角形单元、线性插值,计算区共剖分为861个单元,466个结点(图5-20)。根据岩性、岩溶发育程度、地形地貌及植被等因素,划分为7个渗透系数分区,7个弥散度分区和7个入渗系数分区(图5-21),每一分区假设是均质各向异性的。

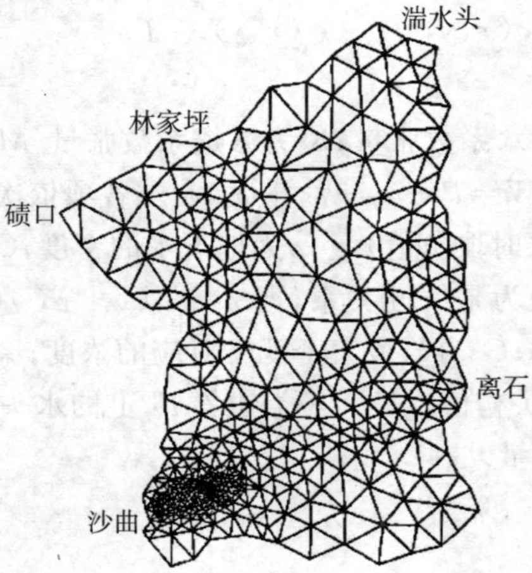

图5-20　模型单元剖分

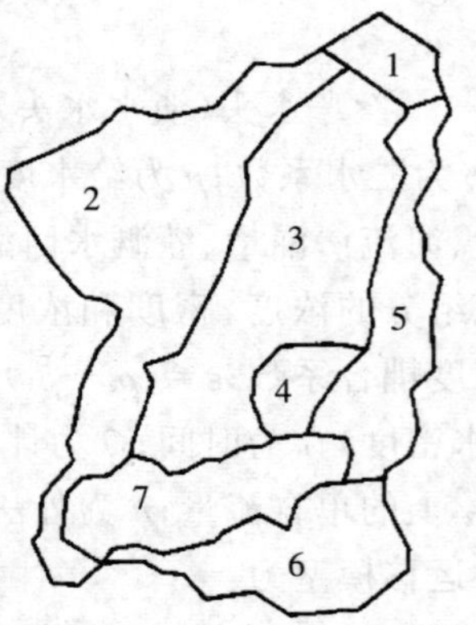

图5-21　渗透区渗透系数及弥散度分区

计算区各边界均利用实测资料作一类边界处理。模拟时间从1992年8月27日开始,至1994年4月8日结束,共分22个时段,步长15~30d不等。所有观测孔所有时段拟合误差绝对值的均值水位为0.73m,Cl^-浓度为8.1mg/L,所有结果显示两者基本一致。通过模型识别求得的一组参数列于表5-6。

表5-6　参数值

分区号		1	2	3	4	5	6	7
渗透系数/(m/d)	K_{xx}	8.0	100.0	11.0	0.2	11.0	25.0	8.0
	K_{yy}	58.0	56.0	35.0	0.2	60.0	45.0	7.0
贮水率	S_z	0.0006	0.001	0.0004	0.0001	0.0008	0.0007	0.0002
纵向弥散度/m	α_L	2.50	8.60	2.50	0.50	2.65	1.65	1.0
横向弥散度/m	α_T	0.0025	0.0096	0.0015	0.0005	0.0020	0.0017	0.0007
降水入渗系数	A	0.0027	0.17	0.008	0.0001	0.0005	0.0006	0.001
有效孔隙度	N	0.16	0.21	0.11	0.008	0.14	0.10	0.08

为了进一步考核模型,把拟合阶段反求得的参数和模型用来模拟另一时期,即1994年4月8日~11月6日的浓度变化,此时所有观测孔所有时段计算值与观测值误差绝对值的均值水头为0.69m,浓度为7.5mg/L。所有结果显示两者基本一致,说明模型是可靠的。图5-22

为模拟所得流场图，图 5－23 为模拟所得的 Cl^- 平面等值线图。这些等值线图清晰地显示了模拟计算区的地下水分布规律以及 Cl^- 浓度的分布规律，与实际观测值基本一致。

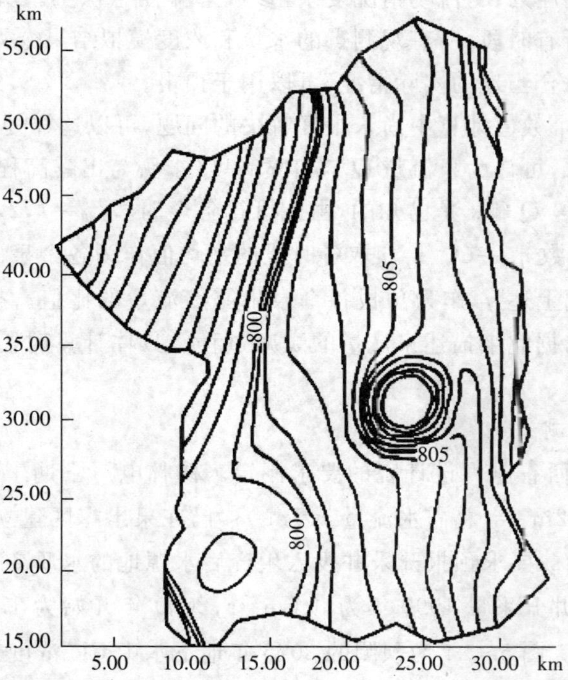

图 5－22　模拟所得流场图(m)(1994 年 11 月 6 日)

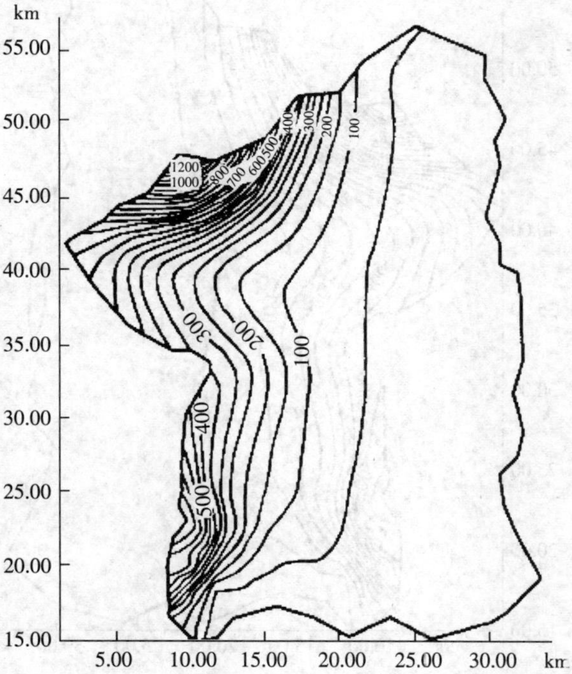

图 5－23　模拟所得的 Cl^- 浓度等值线(mg/L)(1994 年 11 月 6 日)

从整个泉域看,地下水中 Cl^- 浓度的分布与地下水水头的分布有很大的关系,后者决定了前者。数值模拟再现了1992年8月—1994年11月模拟计算区地下水水头变化和水质变化和的全过程,时间序列长,流场情况复杂,参数选择任意性小。所得参数与区域资料一致,符合实际情况。所有时段、所有观测点的水位和浓度模拟结果令人满意。模拟结果说明所建模型是合理的,符合当地的实际情况,可以用于预报。

泉流量预测是一个数值计算中尚未很好解决的问题,可以这样处理:

(1)泉区为承压水,可认为泉流量 Q 与自喷高度(水头与出露高程之差)s 成正比;

(2)拟合、检验阶段 Q 和 s 是已知的,由此可得各个时段($j=1,2,\cdots,n$),各个泉出露点($i=1,2,\cdots,5$)相应系数 $q_{ij}=Q_{ij}/s_{ij}$。取各时段的平均值作为各个泉出露点的系数 q_i;

(3)预报阶段就用上述 q_i 作为预报各个泉出露点流量的比值。投入开采后,各个泉点的地下水水头会降低,据此来描述泉流量的衰减过程。具体计算时需要设计一套专门的迭代过程。

4. 模型预测及预测结果

预报方案依据山西省电力设计院的要求制定。柳林电厂Ⅰ期工程需水流量 $0.3m^3/s$;Ⅱ期工程需水流量 $1.2m^3/s$,总需水流量 $1.5m^3/s$,已在泉出露区建立水源地。假设该水源地开采地下水 $1.2m^3/s$,要求预报开采井投入生产后水源地的水质变化情况,以及泉域流场和水质的变化。生产井开采量1999年为 $0.6m^3/s$,2000年开始为 $1.2m^3/s$。在模型中,各开采井均放在结点上。图5-24为预测的2005年地下水中 Cl^- 浓度等值线图。从图5-24

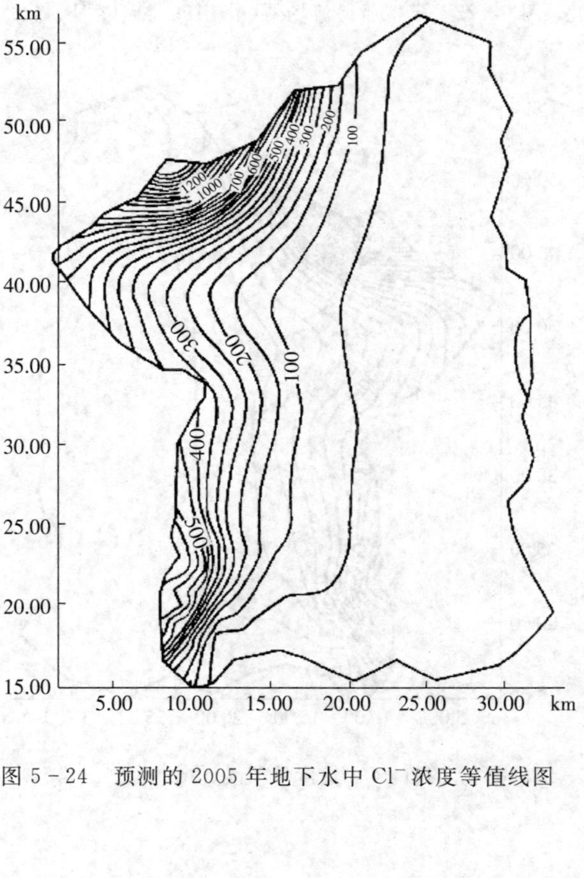

图5-24　预测的2005年地下水中 Cl^- 浓度等值线图

可以看出，电厂水源地抽水对整个泉域地下水中 Cl^- 浓度的分布影响不明显，其影响主要体现在水源地及其附近的泉出露区一带。图 5－25 为水源地主要淡水泉组 Cl^- 浓度变化趋势图，各泉组水中 Cl^- 浓度都将相应增高。上青龙泉组、杨家港泉组增加更明显，上青龙泉组由开采前的 65.08mg/L 升至 175.10mg/L（2005 年 11 月）；杨家巷泉组由 180.62mg/L 升至 278.00mg/L（2005 年 11 月）。显然这是西部咸水受抽水影响东移的结果。

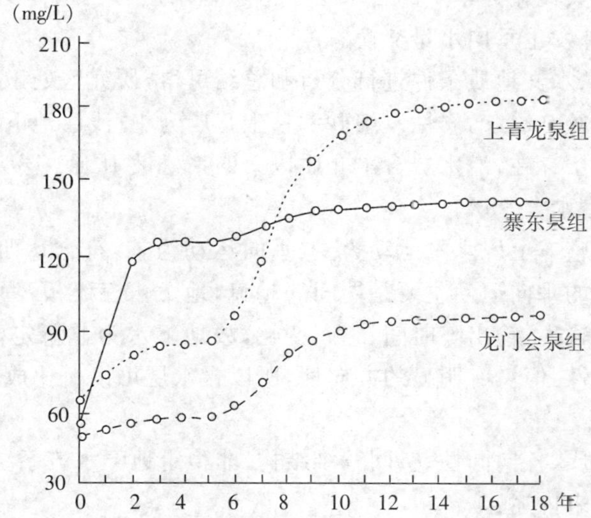

图 5－25　水源地主要淡水泉组 Cl^- 浓度变化趋势

5. 小结

(1)自晋陕蒙交界处由北向南沿黄河两侧广泛分布有咸水和淡水，为了合理开发利用这个地区的淡水资源，建立混溶溶质运移模型来研究咸淡水界面运移是必要的。

(2)所建立的二维模型是合理的，符合当地的实际情况，它不仅能反映研究区地下水的水位动态，溶质运移和浓度变化规律，还能反映抽水条件下，咸水入侵、咸淡水界面运移规律。

(3)电厂水源地抽水对整个泉域地下水中 Cl^- 浓度的分布影响不明显，其影响主要体现在水源地及其附近的泉出露区一带。西部咸水东移使淡水泉组逐渐趋咸。为保护柳林泉区的地下水环境，建议柳林电厂尽量利用三川河水，地下水水源地作为备用水源。

(4)为精确刻画研究区咸淡水界面的形状、运移规律，以及过渡带的演化和发展，必须建立泉区范围内的三维混溶溶质运移模型。

5.3.3　实例三(Case C)

选取某研究区为研究对象，进行水文地质试验、地下水水流数值模拟、地下水污染物运移模拟。通过野外抽水试验获取试验区地下水的渗透系数 K 为 150m/d。

1. 模型概化

根据研究区垃圾堆放场以及地下水观测点的分布情况，考虑到研究的目的是为考察垃圾堆放场对附近区域地下水造成的污染情况，确定地下水系统数值模型的研究面积为 47.25km^2。

研究区处于某河冲积扇中下部平原区,根据长期历史观测资料显示,西部、东南、东北地下水的等水位线基本上与边界平行,所以将西部、东南、东北概化为第一类边界条件。其余的边界地下水的等水位线基本上与边界垂直,所以将其余的边界概化为零通量边界(流线边界)。

本次模拟的含水层以浅层地下水即潜水为主,在垂向上没有明显的、稳定的隔水层存在,因此,在模型中将其概化为单一的含水层。潜水含水层自由水面为系统的上边界,通过该边界,潜水与系统外发生垂向水量交换。

对研究区的水文、水文地质条件进行分析和总结可得,研究区处于某河冲积扇中上部平原区,富水性 1500～3000m^3/d,岩性以细砂和粘土互层为主;浅层地下水即潜水层与承压含水层之间有稳定隔水层存在,潜水层含水介质以第四系松散中细砂层为主,将整个第四纪含水层概化为一层,为潜水含水层。

研究区地下水流整体上以水平运动为主、垂向运动为辅,符合达西定律,可概化成空间三维流。地下水系统的垂向运动主要是层间的越流,地下水三维模型可以很好地解决越流问题。地下水系统的输入、输出随时间、空间变化,故地下水为非稳定流;参数随空间变化,体现了系统的非均质性,但没有明显的方向性,所以含水层可以概化成非均质、各向同性。

2. 建立数学模型

对于研究区非均质、各向同性、空间三维结构、非稳定地下水流系统,可用地下水流连续性方程及其定解条件来描述:

$$
\begin{cases}
S\dfrac{\partial h}{\partial t}=\dfrac{\partial}{\partial x}\left(K_x\dfrac{\partial h}{\partial x}\right)+\dfrac{\partial}{\partial y}\left(K_y\dfrac{\partial h}{\partial y}\right)+\dfrac{\partial}{\partial z}\left(K_z\dfrac{\partial h}{\partial z}\right)+\varepsilon & x,y,z\in\Omega,\ t\geqslant 0\\
\mu\dfrac{\partial h}{\partial t}=K_x\left(\dfrac{\partial h}{\partial x}\right)^2+K_y\left(\dfrac{\partial h}{\partial y}\right)^2+K_z\left(\dfrac{\partial h}{\partial z}\right)^2-\dfrac{\partial h}{\partial z}(K_z+p)+p & x,y,z\in\Gamma_0,\ t\geqslant 0\\
h(x,y,z,t)\big|_{t=0}=h_0 & x,y,z\in\Omega,\ t\geqslant 0\\
K_n\dfrac{\partial h}{\partial \vec{n}}\bigg|_{\Gamma_1}=q(x,y,z,t) & x,y,z\in\Gamma_1,\ t\geqslant 0\\
K_n\dfrac{\partial h}{\partial \vec{n}}-\dfrac{h-h_s}{\sigma}\bigg|_{\Gamma_2}=0 & x,y,z\in\Gamma_2,\ t\geqslant 0
\end{cases}
\tag{5-111}
$$

式中,Ω—— 渗流区域;

h——$h=h(x,y,z)$,含水层的水位标高(m);

h_s—— 河流的水位标高(m);

K_x、K_y、K_z—— 分别为 x、y、z 方向的渗透系数(m/d);

K_n—— 边界面法向方向的渗透系数(m/d);

S—— 自由面以下含水层储水系数(1/m);

μ—— 潜水含水层在潜水面上的重力给水度;

ε—— 河流底部弱透水层的阻力系数,$\sigma=L/K_s$,L 为底部弱透水层的厚度,K_s 为河流底部弱透水层垂向渗透系数(m/d)；

e—— 含水层的源汇项(1/d)；

p—— 潜水面的蒸发和降水等(1/d)；

h_0—— 含水层的初始水位分布(m)，$h_0 = h_0(x,y,z)$；

Γ_0—— 渗流区域的上边界，即地下水的自由表面；

Γ_1—— 渗流区域的下边界，即承压含水层底部的隔水边界；

Γ_2—— 渗流区域的侧向边界；

$\vec{n}$—— 边界面的法线方向；

$q(x,y,z,t)$—— 定义为二类边界的单宽流量($m^2/d\cdot m$)，流入为正，流出为负，隔水边界为 0。

监测资料表明，研究区特别是垃圾堆放场附近区域地下水污染已经相当严重，目前发现的主要污染物质是氨氮、硝酸盐氮、溶解性总固体和总硬度，由于溶解性总固体和总硬度属于综合性指标，不适宜作为模拟的对象。以往的研究中较多采用保守型污染质 Cl^- 作为模拟因子，但考虑到 Cl^- 并不是研究区的主要污染因素，因此本次研究中选取硝酸根离子作为模拟因子。

硝酸根离子在地下水中的迁移转化比较复杂，不仅参与地下水的对流、弥散作用，还存在各种物理、化学和生物作用等。在本次研究中，由于人力、物力、财力、时间等诸多因素的限制，未对研究区的污染物与含水介质的作用参数等野外参数进行测定，相关参数均采用有关文献报道的经验值。

溶质在地下水中的运移符合 Fick 定律，研究区的潜水污染数学模型由地下水水流模型和溶质运移模型通过运动方程耦合而成。溶质运移偏微分方程如下式所示：

$$\begin{cases}\dfrac{\partial C}{\partial t} = D_x\left(\dfrac{\partial C}{\partial x}\right)^2 + D_y\left(\dfrac{\partial C}{\partial y}\right)^2 + D_z\left(\dfrac{\partial C}{\partial z}\right)^2 - u_x\dfrac{\partial C}{\partial x} - u_y\dfrac{\partial C}{\partial y} - u_z\dfrac{\partial C}{\partial z} - R\dfrac{\partial C}{\partial t} + I & x,y,z\in\Omega, t\geqslant 0\\ C(x,y,z,t)\big|_{t_0} = C_0 & x,y,z\in\Omega,\ t\geqslant 0\\ C = C_1 & x,y,z\in\Gamma_1,\ t\geqslant 0\\ K_n\dfrac{\partial C}{\partial\vec{n}}\bigg|_{\Gamma_2} = C(x,y,t) & x,y,z\in\Gamma_2,\ t\geqslant 0\\ \dfrac{\partial C}{\partial\vec{n}}\bigg|_{\Gamma_3} = 0 & \end{cases} \tag{5-112}$$

式中，D_x、D_y、D_z——x、y、z 方向的弥散系数；

u_x、u_y、u_z——x、y、z 方向的流速分量；

C—— 溶质浓度；

R—— 吸附系数；

I—— 溶质源汇项。

方程右端前三项是扩散效应引起的溶质运动，中间三项为水流对流引起的运动，倒数第二项为吸附项。

3. 数值模拟及结果

按照 FEFLOW 软件的要求,调入研究区的底图和相关图形,数字化处理成超级单元。采用任意三面体剖分成网格单元。在垃圾堆放场以及地下水观测点处适当加密剖分网格单元。用三角单元进行离散后,平面结点数4 938个,三角剖分单元数4 790个,如图 5 - 26 所示。

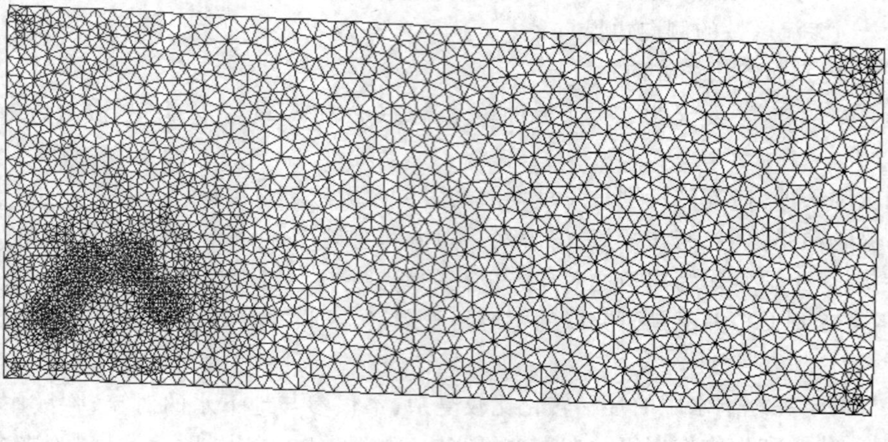

图 5 - 26　研究区网格剖分图

把 2002 年 1 月 1 日的流场作为地下水模拟的初始流场,并选取 2002 年 1 月到 2002 年 12 月为模拟时期,为一个完整的水文年。时间步长由模型自动控制,根据模型运行情况来自动调整时间步长长度,每一次运算都严格控制迭代误差。根据 2002 年 1 月 1 日研究区内统测的地下水位监测资料,按照内插法和外推法获得潜水含水层的初始水位。研究区的西部、东南、东北均有地下水通量存在,是侧向补给和排泄边界,采用随时间变化的水位边界;其余的边界概化为零通量边界。分析地下水的补给项和排泄项,地下水的补给主要来源于大气降水入渗补给、农田灌溉回渗补给、河流渗漏补给。地下水的排泄项主要为潜水蒸发、人工开采和侧向出流。

研究区水文地质条件比较清晰,地层岩性较单一,参考相关的水文地质报告得:潜水含水层的渗透系数为 200～300m/d,给水度为 0.15～0.25,降水入渗系数为 0.3～0.5。由于给水度很接近有效孔隙度,所以在模拟计算中用给水度代替有效孔隙度。用已确定的水流模型对研究区污染质的弥散参数进行识别,通过模拟计算得出污染质的纵向弥散度为 30m,横向弥散度为 10m。硝酸根的吸附系数为 0.001～0.003。

本次模拟采用 2007 年 5 月的水质监测资料,利用 FEFLOW 软件中的距离反比加权法(IDW)方法进行插值,作为初始浓度值(图 5 - 27),模拟时间从 2007 年 5 月到 2007 年 10 月。在模型调试运行期间,通过调整垃圾堆放场处硝酸根离子进入含水层补给地下水的浓度、含水层对化学成分的吸附与降解作用,得到拟合曲线,如图 5 - 28 所示。

利用已经建立的数值模拟模型预测研究区地下水污染的发展趋势。采用 2007 年 5 月的水质监测资料的浓度作为初始浓度,总的预测时段长度为 5 年,由于缺乏相应的资料,补给、开采条件参照 2002 年的数据进行模拟计算。利用所建立的模型对研究区地下水污染进行了预报,2012 年预报结果如图 5 - 29 所示。

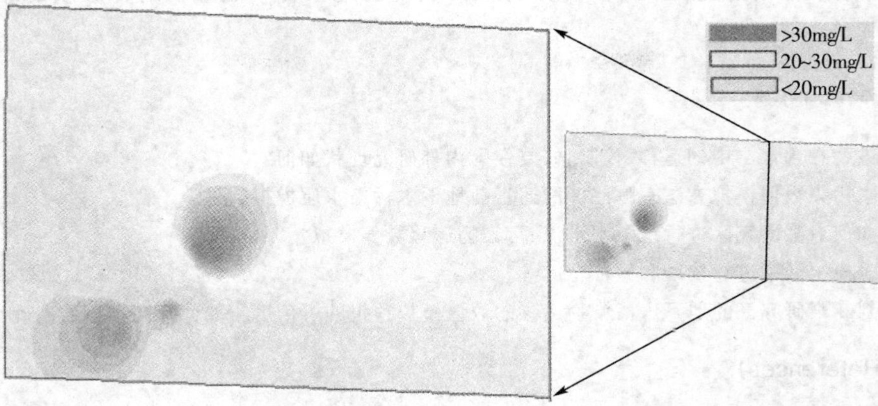

图 5－27　初始浓度梯度图(单位:mg/L)

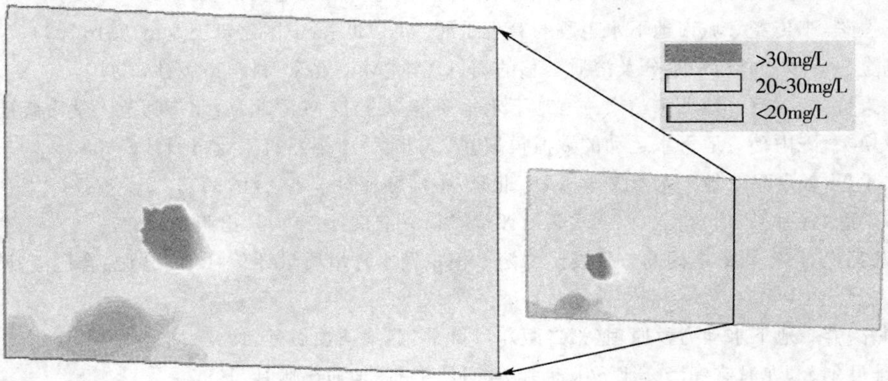

图 5－28　2007 年 10 月计算的浓度梯度图(单位:mg/L)

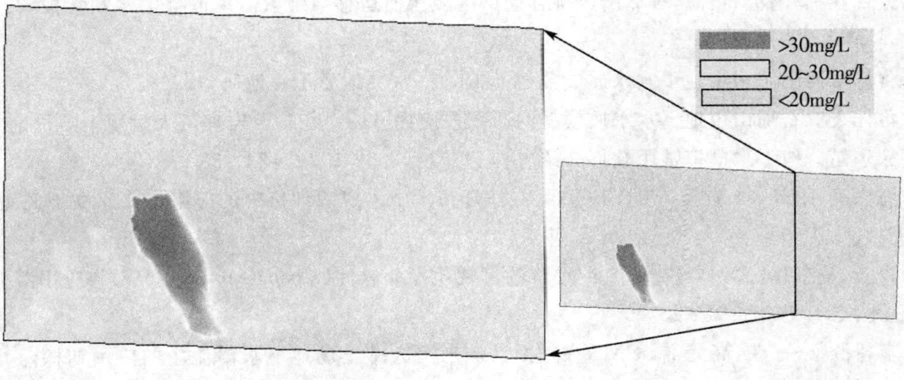

图 5－29 研究区地下水污染预报结果梯度图(2012 年 5 月)(单位:mg/L)

总体上看,随着时间的推移,污染范围不断扩大,污染质浓度也在增大,但污染质的扩展速度和面积并非与时间成简单的比例关系。如果以 2008 年的地下水污染为参考进行分析对比,则一年后污染面积增大了 0.5km^2;两年后污染面积增大了 0.8km^2(年平均扩展速率为 0.4km^2/a);五年后增大了 1.1km^2(年平均扩展速率为 0.22km^2/a)。这是因为污染质与含水层介质存在着吸附交替和降解作用，随着面积的扩展，含水层介质对污染质的净化能力增强了。

思考题(Questions)

1. 对污染物在含水层中的运移、控制、修复在国内外研究现状如何？
2. 地下水污染数值模拟方法有哪些？简述目前地下水污染水质模拟软件。
3. 论述如何对某研究区进行地下水水流、污染物运移数值模拟？
4. 如何对模拟结果进行校准和验证？
5. 如何判断某研究区的地下水污染物运移的数值模拟预报的可信度？如何提高预报的准确性？

参考文献(References)

[1] 叶为民，金麒，黄雨，等．地下水污染试验研究进展[J]．水利学报，2005，36(2)：251－255
[2] 潘乃礼．地下水水质现状和预测评价的理论与方法[M]．北京：中国原子能出版社，1995
[3] 孙讷正．地下水污染——数学模型和数值方法[M]．北京：地质出版社，1989
[4] 石振华，李传尧．城市地下水工程与管理手册[M]．北京：中国建筑工业出版社，1993
[5] 杨金忠．多孔介质中水分及溶质运移的随机理论[M]．北京：科学出版社，2000
[6] 王秉忱，杨天行．地下水污染——地下水水质模拟方法[M]．北京：北京师范大学出版社，1985
[7] 罗焕炎，陈雨孙．地下水运动的数值模拟[M]．北京：中国建筑工业出版社，1988
[8] 朱学愚，钱孝星．地下水水文学[M]．北京：中国环境科学出版社，2005
[9] 朱学愚，钱孝星，刘新仁．地下水资源评价[M]．南京：南京大学出版社，1987
[10] 钱家忠，汪家权．中国北方型裂隙岩溶水模拟及水环境质量评价[M]．合肥：合肥工业大学出版社，2003
[11] 薛禹群．地下水动力学原理(第二版)[M]．北京：地质出版社，1997
[12] 雅贝尔著，许涓铭等译．地下水动力学[M]．北京：地质出版社，1985
[13] Hans－Jorg G D. FEFLOW 有限单元地下水流系统[M]．孙祥光，王井泉，翁明华，译．徐州：中国矿业大学出版社，2000
[14] 吴吉春，薛禹群，黄海，等．山西柳林局部区域溶质运移二维数值模拟[J]．水利学报，2001(8)：38－43
[15] 蒋辉．河南沁阳市地下水水质的数值模拟[J]．水文地质工程地质，1996(2)：14－20
[16] 蒋任飞．石嘴山市地下水水质模型的研究及应用[D]．西安：西安理工大学硕士学位论文，2004
[17] 徐乐昌．地下水模拟常用软件介绍[J]．铀矿冶，2002，21(2)：33－38
[18] 周念清，朱蓉，朱学愚．MODFOLW 在宿迁市地下水资源评价中的应用[J]．水文地质工质地质，2000(6)：9－13
[19] 武强，董东林，武钢，等．水资源评价的可视化专业软件(Visual MODFLOW)与应用潜力[J]．水文地质工程地质，1999(5)：21－23
[20] 李超群，朱国荣，高元宝．GMS 在姑山铁矿东南区排土场地下水渗流场的应用初探[J]．勘查科学技术，2004(2)：26－28
[21] 孙道林．典型垃圾堆放场对地下水污染模拟及控制技术研究[D]．合肥：合肥工业大学硕士论文，2007
[22] 陈雨孙．地下水运动与资源评价[M]．北京：中国建筑工业出版社，1986
[23] 雷志栋，杨诗秀，谢传森．土壤动力学[M]．北京：清华大学出版社，1985
[24] 赵勇胜，苏玉明，王翊红．城市垃圾填埋场地下水污染的模拟与控制[J]．环境科学，2002(23)：83

-88

[25] 宋汉周，Woodbury AD. TCE 的物理化学特性及其生物降解作用——某碳酸盐岩含水层中地下水有机物污染及其去除研究之一[J]. 河海大学学报，2000，28(1)：52-56

[26] 宋汉周，Woodbury AD. TCE 运移的计算机模拟——某碳酸盐岩含水层中地下水有机污染及其去除研究之二[J]. 河海大学学报，2000，28(3)：14-19

[27] 吴吉春，薛禹群，张志辉，等．太原盆地地下水污染数值模拟[J]. 南京大学学报(自然科学)，1997，33(3)：392-401

[28] 陈崇希，唐仲华．地下水流动问题数值方法[M]. 武汉：中国地质大学出版社，1990

[29] Chunmiao Zheng. MT3DMS: AModular Three-Dimensional Multispecies Transport Model for Simulation of Advection, Dispersion, and Chemical Reactions of Contaminants in Groundwater Systems, Documentation and User's Guide, Contract Report SERDP－99－A. U. S. Army Engineer Research and Development Center, Vicksburg, MS, 1999

[30] Diersch H. J. Finite element modelling of recirculating density-driven saltwater intrusion processes in groundwater[J]. Advances in Water Resources, 1988, 11(1): 25-30

[31] Huyakorn, P. S., G. F. Pinder. Computational Methods in Subsurface Flow[M]. New York: Academic Press, 1983

[32] Pinder G. F., W. G. Gray. Finiteelement simulation in surface and subsurface hydrology[M]. New York: Academic Press, 1977

[33] Wang H. F., M. P. Anderson, Introduction to groundwater modeling-Finite difference and finite element methods[M]. San Francisco: W. H. Freeman, 1982

第 6 章　地下水污染修复技术

自开展地下水污染治理至今,地下水修复技术在大量的实践应用中得以不断改进和创新。目前,较典型的地下水污染修复技术主要有三种:抽出-处理(Pump－and－Treat)技术,简称 P&T 技术;生物修复技术(Bioremediation Technique);反应渗透墙(Permeable Reactive Barrier)技术,简称 PRB 技术。这三种修复技术的比较见表 6－1 所列。

表 6－1　地下水污染常见修复技术比较

主要修复技术	适用污染物	特长	不适用的污染物范围
P&T(抽出-处理技术)	主要污染物包括有机氯化物、苯类化合物和重金属,适用范围广	处理污染范围大、污染源埋藏深的污染场地	非水溶性的液态污染物(NAPLs)
生物修复技术	能被生物降解的污染物	有机污染物、农业氮肥污染	1. 难生物降解、不溶性的污染物,与土壤腐殖质或泥土结合在一起的污染物; 2. 不用于低渗地区和土壤条件差的地区
PRB 技术(反应渗透墙技术)	适用范围相对小。固态污染物、非水溶性物质、重金属等无机化合物,有机氯化合物,苯类化合物,挥发性有机污染物,除草剂以及多环芳烃	重金属等无机污染物、硝酸盐污染、非水溶性污染物及颗粒物	1. 非挥发性污染物; 2. 不能在低渗或高粘土含量的地区使用; 3. 不能应用于承压水层的污染物治理

在地下水污染修复中,污染源的修复条件对三种修复方法的限制情况及成本比较见表 6－2 所列。

表 6－2　污染源的修复条件对主要修复方法的限制及成本比较

主要修复方法	修复条件	成　本
P&T(抽出-处理技术)	污染源必须封闭	高昂(泵出费用＋处理费用＋回灌费用,三部分缺一不可)
生物修复技术	1. 低渗透性土壤往往不宜采用生物修复技术; 2. 污染源的环境条件必须适合微生物。微生物活性受温度、pH、溶解氧、营养物等影响	低(主要用于工程前期对地点状况和当地生态环境的考察)

（续表）

主要修复方法	修复条件	成　本
PRB（反应渗透墙技术）	1. 对当地水文地质条件要求高； 2. 要考虑的因素相当多，还包括渗透反应格栅安装的位置，格栅的大小活性材料的选择，以及活性材料的渗透性等	居中

三种修复方法在工程上各有利弊，所有地下水污染的修复方法都难免要考虑当地水文地质条件。各种修复方法都受其影响，同时也反过来影响着水文地质不同的工程量，不仅关系着修复的成本，也关系着修复工程对环境的潜在影响。对周围环境的影响包括对水文地质条件和微生物生态系统的影响。

6.1　抽出-处理技术（Pump-and-Treat Technique）

6.1.1　概述（Introduction to the Pump-and-Treat Technique）

近年来对于地下水去除污染的研究越来越引起人们的重视，因为它与资源和环境的保护问题密切相关。目前应用最普遍的去污措施是抽出-处理（包括抽出处理回灌）。例如在美国，对上百个污染场址区地下水采取抽出-处理的约占 75%。抽出-处理技术是治理地下水有机污染的常规方法。该技术根据大多数有机物密度小而浮于地下水面附近的特点，抽取含水层中地下水面附近的地下水，从而把水中的有机污染物带回地表，然后用地表污水处理技术净化抽取出的水。为了防止大量抽水导致的地面沉降，或海水、咸水入侵，还得把处理后的水注入地下水中。该技术应用初期取得了良好成效，后来随着地下水中有机污染物种类的增多，弱点日益显现出来。虽然它能去除有机污染物中的轻非水相液体（Light Nonaqueous Phase Liquids），但对重非水相液体（Densit Nonaqueous Phase Liquids）的治理效果甚微。此外，地下水系统的复杂性和污染物在地下的复杂性常常影响此方法的有效性。例如，1994 年对美国 77 个抽出-处理系统运行情况的调查结果表明，只有 8 处是成功的，其余的 69 处均未达到净化目标。可见该项技术受到多方面因素的影响，因而仍有必要进行探讨。

抽出-处理技术指从污染场地抽出被污染的水，并用清洁的水置换它；对抽出的水加以治理，污染物最终可以被去除。根据污染物类型和处理费用来选用，大致可分为三类：(1)物理法，包括吸附法、重力分离法、过滤法、反渗透法、气吹法和焚烧法等；(2)化学法，包括混凝沉淀法、氧化还原法、离子交换法和中和法等；(3)生物法，包括活性污泥法、生物膜法、厌氧消化法和土壤处置法等。受污染的地下水抽出后的处理方法与地表水的处理方法相同。需要指出的是，在受污染的地下水的抽出处理中，井群系统的建立是关键，井群系统要能控制整个受污染水体的流动。处理后地下水的去向有两个，一是直接使用；另一个则是用于回灌。用于回灌的水多一些的原因是回灌一方面可稀释受污染水体，冲洗含水层；另一方面还可加速地下水的循环流动，从而缩短地下水的修复时间。不仅有利于农业生产，而且也利用了土壤层进行天然净化，促使被污染地下水的循环交替并加快净化速度。但必须注意土壤层的自净能力、污染水体内有害物质的浓度、灌溉方式和灌溉制度等,以防土壤层产生毒化而带来的相反效果,其运行示意图如图 6－1 所示。

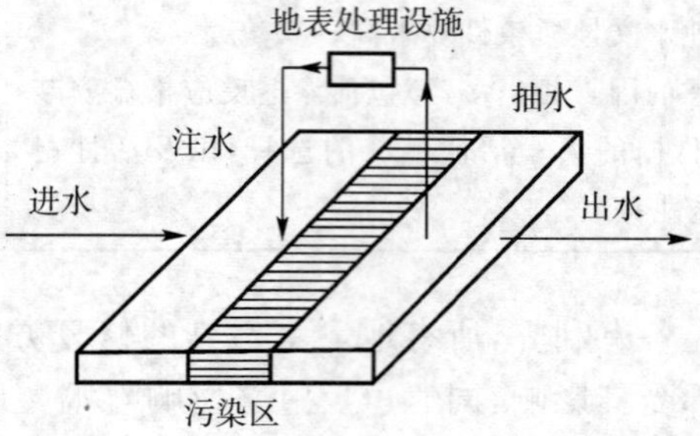

图 6－1　抽出-处理技术运行示意图

该技术修复地下水一般可分为两大部分:地下水动力控制过程和地上污染物处理过程。该技术根据地下水污染范围,在污染场地布设置一定数量的抽水井,通过水泵和水井将污染了的地下水抽取上来,然后利用地面净化设备进行地下水污染治理。在抽取过程中,水井水位下降,在水井周围形成地下水降落漏斗,使周围地下水不断流向水井,减少了污染扩散。最后根据污染场地的实际情况,对处理过的地下水进行排放,可以排入地表径流、回灌到地下或用于当地供水等。

影响地下水污染处理的抽出-处理技术修复效率的主要因素包括:

(1)污染物与水的不混溶性。许多污染物在水中的溶解度相当低,极难从地下冲洗出来。

(2)污染物扩散进入水流动性有限的微孔和区域。污染物通过扩散进入水流动性有限的微孔和区域以后,由于它们的尺寸很小且不易接近,冲洗十分困难。

(3)含水介质对污染物的吸附。解吸的速度慢,因此将吸附在地下土壤上的污染物冲洗下来是一个相当慢的过程。

(4)含水介质的非均质性。由于含水介质的非均质性,使得不能准确预测污染物和水流的运移规律,而查明这种规律对污染物的冲洗十分重要。

抽出-处理技术,对于污染范围大、污染物埋藏深的污染场地也适用。但其自身也存在一些局限性:①当非水相溶液出现时,由于毛细张力而滞留的非水相溶液几乎不太可能通过泵抽的办法清除;②该技术开挖处理工程费用昂贵,而且涉及地下水的抽提或回灌,对修复区干扰大;③如果不封闭污染源,当停止抽水时,拖尾和反弹现象严重;④需要持续的能量供给,以确保地下水的抽出和水处理系统的运行,同时还要求对系统进行定期的维护与监测。因此在实际工程中应该针对具体修复对象特性合理使用该项技术。

6.1.2　技术分析(Technique Analysis)

1. 理论分析

取一个均质、各向同性、等厚度的含水层来研究。含水层的厚度为 M,在区域 A 内地下水的渗透流速为 v,流向与 x 轴平行并指向 x 轴的负方向。设所有抽水井为完整井,均布置在 y 轴上。若布置多眼井时,应设计出优选的最大井距,保证在这种布局下能把所有被污染的地下水汲取出来。井距被确定之后还需研究每个截获带的特点,可从只研究一眼井着手

($n=1$)，然后再扩展到有多眼井的井群及整个含水层，全部推导过程都建立在复变函数理论基础上。

(1) 设有一个净化抽水井

为使理论分析工作简化又有普遍性，可假定净化抽水井位于直角坐标系原点，截获带边界以外的水体看成不再向井内流动，边界上流线的水力方程可写为：

$$y=\pm\frac{Q}{2Mv}-\frac{Q}{2\pi Mv}\tan^{-1}\frac{y}{x} \tag{6-1}$$

式中，M—— 含水层厚度(m)；

Q—— 净化井的抽水量(m^3/s)；

v—— 研究范围内地下水的天然渗流速度(m/s)。

在式(6-1)中可发现唯一的参数是比值 Q/Mv，它具有长度的量纲(m)，图 6-2 表示参数 Q/Mv 取五个不同值时相对应的曲线形状。对于每个具体的 Q/Mv 曲线来说，在曲线范围内所有的地下水将流入抽水井内。边界曲线在二轴上的交点与原点间的距离为 $Q/2\pi Mv$，该交点也称为滞留点。

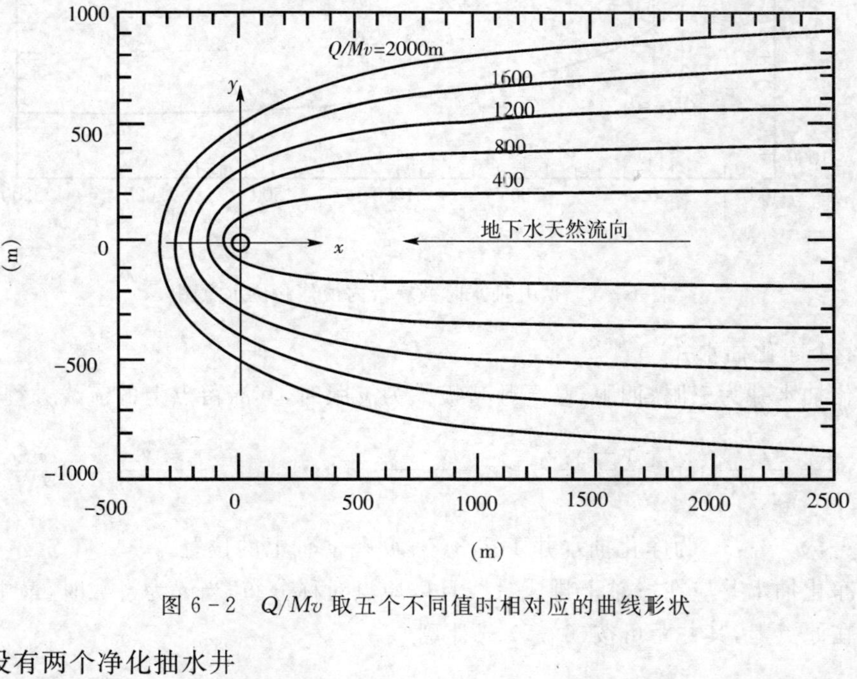

图 6-2　Q/Mv 取五个不同值时相对应的曲线形状

(2) 设有两个净化抽水井

为讨论简单，可将两眼净化抽水井置于 y 轴上，距原点距离为 d 和 $-d$，每眼井都以一定抽水量 Q 汲取污染地下水。用复变函数可将地下水在含水层中的天然渗透流速及汇集向抽水井的流速综合表示为：

$$W=v_x+\frac{Q}{2\pi M}[\ln(z-id)+\ln(z+id)]+c \tag{6-2}$$

式中，z 为复变量，$z=x+iy$，$i=\sqrt{-1}$。

当两井井距过大时，必定会有被污染的地下水从两井之间流过，因而必须求出最佳井距。为了确定曲线滞留点的位置,可设 W 方程式的导数为 0,解出方程的根后分析可知最佳的井距应为 $2d=Q/\pi Mv$,如图 6-3 所示。若 $2d>Q/\pi Mv$ 时污染水就有可能从两井之间流过。通过滞留点的流线方程应为:

$$y+\frac{Q}{2\pi Mv}\left(\tan^{-1}\frac{y-d}{x}+\mathrm{tg}^{-1}\frac{y+d}{x}\right)=\pm\frac{Q}{Mv} \tag{6-3}$$

按方程(6-3)就可绘出两井抽水时,当 Q/Mv 取不同值时的截获带边界曲线。

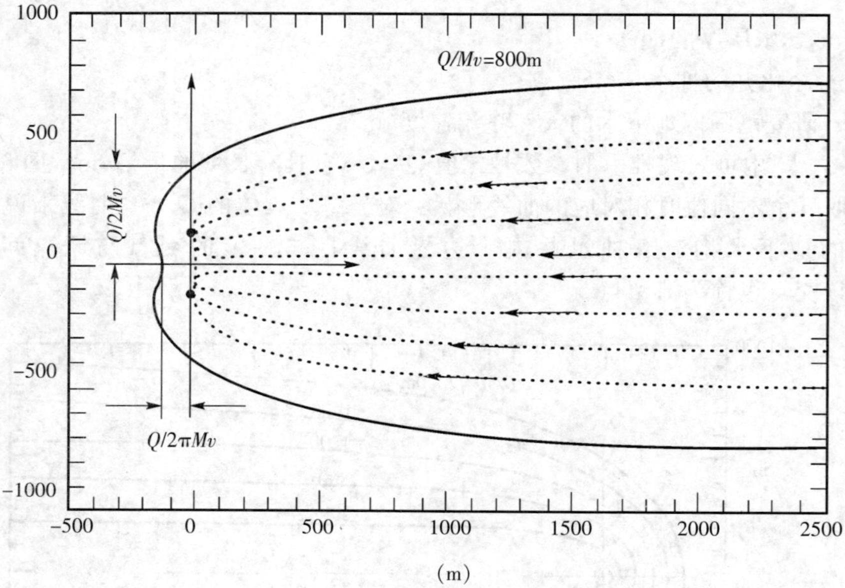

图 6-3　两井抽水时截获带内最佳井位示意图

(3) 多个净化抽水井

当净化抽水井为三眼、四眼,甚至数量极大为 n 眼时,其滞留点上的流线方程为:

$$y+\frac{Q}{2\pi Mv}\left(\tan^{-1}\frac{y-y_1}{x}+\tan^{-1}\frac{y-y_2}{x}+\cdots+\tan^{-1}\frac{y-y_n}{x}\right)=\pm\frac{nQ}{2Mv} \tag{6-4}$$

式中,$y_1,y_2,y_3,\cdots,y_n$ 为净化抽水井 $1,2,3,\cdots,n$ 在 y 轴上的位置。

所有净化抽水井应在 y 轴上排成一线且以原点对称分布,当 n 为奇数时,最中心的一眼井应布置在原点上,其井距可按(6-5)式计算。

$$d=\frac{1.2Q}{\pi Mv} \tag{6-5}$$

2. 技术设计

抽水-处理技术是目前应用最广泛、最简单的一种恢复污染含水层水质的方法。整个净化过程的花费显然应是净化程度的函数,当最大允许污染物浓度确定之后,整个净化过程的设计应取决于以下几点:

(1) 花费应当最小。

(2) 净化后的地下水中某些化学成分的最大含量不能超过规定指数。

(3) 抽水井的运转过程应尽可能短。

抽取污染的地下水和确定井位是一个复杂的问题，采用下述的简单方法和步骤就可避免工作中的错误判断。在进行净化前应确定污染源已被排除掉或限制住，然后再进行净化含水层才是有意义的。制定的净化标准首先应是现实可行的，被污染的地下水体只有在某个浓度等值线内才能划归净化抽水井的截获带内。

假定含水层的污染带已被查明确定，某些化学物质的分布状况也已弄清，地下水的流向及流速也已知，我们就可按下述步骤进行：

(1) 准备一张与前述系列曲线同比例的地图，图上应标注出地下水流向，化学物质最大允许浓度等值线也应在地图上勾绘出来。

(2) 把经过加工的地图叠置在单井抽水时取不同 Q/Mv 值所绘制的系列截获带边界曲线上(图 6-2)，使两张图上的地下水流向保持平行。移动浓度等值线，使闭合的等值线完全包括在某一标准曲线范围内，读出这标准曲线的 Q/Mv 值。

(3) 因含水层厚度 M 和地下水的渗透流速 v 为已知，按照所读的 Q/Mv 值便可计算出口值。

(4) 如果井的设计抽水能力可以达到上面所计算的 Q 值，说明一眼井就能满足该含水层的净化抽水工作，应建立的抽水井位置正好是曲线上的井点在地图上的投影。

(5) 如果一眼净化抽水井不能达到所要求的抽水量，则需设置两眼抽水井，在两眼井净化的系列标准曲线上重复上述步骤来确定抽水量及井位，依次可类推到第三、四眼井及更多井的规划过程。但应注意两眼以上井抽水时的干扰作用，井位除按同比例尺地图及标准曲线选置确定外，井距还应按公式 $2d=Q/Mv$（对两眼净化抽水井）和 $d=1.2Q/Mv$（对三眼及三眼以上井群）来验证。

(6) 确定注水井的位置：如果抽出的污染地下水经处理后要重新注入含水层，仍可按上述步骤(1)、(2) 进行。只是绘有化学物质最大允许浓度等值线的地图上，地下水流向应同标准曲线上的天然地下水流向保持平行，但方向相反。注水井应位于浓度等值线范围之外，靠近地下水天然流向的上游方向，这样也能确保最大允许浓度等值线范围内所有被污染的地下水都会由抽水井排出。

注水井的存在会增大地下水的水力坡度，使地下水流速变大，有助于缩短抽水净化时间。这种技术的缺点是当污染带延续的距离很长时，在最上游方向的尾部水体流动相对很慢，为清除这部分水体必定要花较多时间。为解决这一矛盾，当抽水延续一段时间后，可将抽水井位置向地下水流的上游方向移动，在原抽水井与污染带尾部的中间位置另开净化井抽水。

6.1.3　应用实例(Applied Case)

【案例 1】　美国加州大学贝克莱分校地球科学系实验室在美国环境保护局的协助下，曾按上述理论和方法进行了具体工作。

该实例中所研究的是一个承压含水层，因上部隔水顶板不完整而使污染物通过一眼排废井渗入含水层中，污染物化学成分主要为三氯乙烯(TCE)。经过长期的水质调查后，含水层中三氯乙烯浓度分布状况如图 6-4 所示。

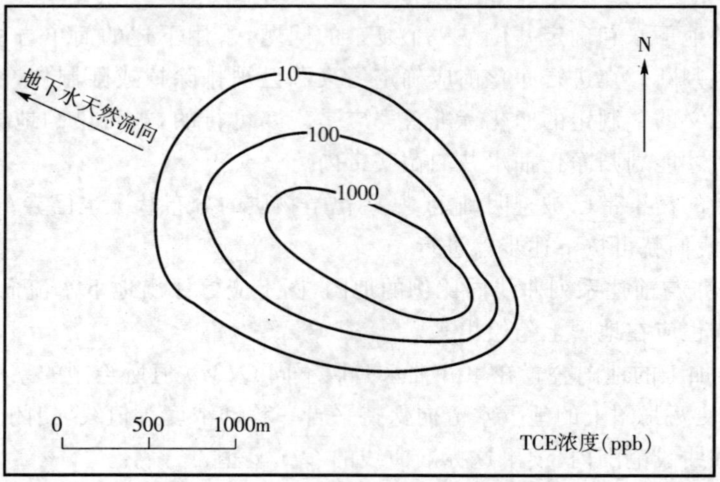

图 6-4　含水层中三氯乙烯浓度分布状况

含水层的有关资料及水文地质参数为：承压含水层厚度 $M=10\mathrm{m}$；天然水力坡度 $i=0.002$；渗透系数 $K=10^{-4}\mathrm{m/s}$；含水层孔隙度 $n=0.2$；储水系数 $S=3\times10^{-5}$；井的最大允许降深为7m。

按当地水资源规划，地下水中的三氯乙烯浓度不能超过10ppb，为了选择一个花费最小的抽水净化方案，决定在抽水费用上严加控制，而且抽出的地下水在地面处理后再重新注入地下。

首先按前述的方法和步骤选择合理的抽水井数，确定井位并计算抽水量，图6-4所示的污染带中三氯乙烯浓度等值线图内，浓度在10ppb以上的地下水皆应抽出并处理。图6-4中已标出天然地下水的流向，该图的水平比例尺应与图6-2的一致。先试选用一眼井来净化抽水，将图6-4与图6-2叠置在一起，在地下水流向保持平行的情况下移动两图，使浓度在10ppb以上的污染范围全部包含在某条标准曲线内，最终选定出理想的标准曲线为 $Q/Mv=2500$。

地下水的天然流速按达西定律可知为：

$$v=K\cdot i=(10^{-4}\mathrm{m/s})(0.002)=2.0\times10^{-7}\mathrm{m/s}$$

因此净化抽水井的抽水量应为：

$$Q=(Q/vM)\cdot M\cdot v=2500\mathrm{m}\times10\mathrm{m}\times(2\times10^{-7}\mathrm{m/s})=5\times10^{-3}\mathrm{m^3/s}$$

一般抽水净化过程要持续进行数年，在计算井中水位下降时，可用稳定流或非稳定流公式，但因井的结构和直径所引起的水跃现象也应予以考虑。这里设净化抽水时间为1年，用雅各布非稳定流近似公式来解。

$$\Delta h=\frac{2.3Q}{4\pi KM}\lg\frac{2.25KMt}{r^2\cdot S}\tag{6-6}$$

式中，Δh—— 井中水位理论降深值(m)；

M—— 承压含水层厚度(m)；

t—— 抽水延续时间(s)；

r—— 抽水井的半径(m)；

S—— 储水系数(无量纲)，其他符号同前。

设井的半径为 0.2m，将有关参数值代入式(6-6)，可算得 $\Delta h = 9.85$m。

在没有考虑水跃值的情况下，计算出的井中水位降落已接近 10m，超过了规定的极限值，这显然是不可取的，可见采用一眼净化抽水井的方案行不通。

然后再对两眼井的方案进行试算。将图 6-4 重叠到两眼井的截获带系列标准曲线图上，在地下水流保持平行的条件下移动，最后找到最协调的曲线为 $Q/Mv = 1200$，算出两井中每口井的抽水量应为 $Q = 0.0024\text{m}^3/\text{s}$，两井的井距 $2d = Q/\pi Mv = 382$m。

在计算井中水位一下降值时，应按干扰井来考虑，公式为：

$$\Delta h = \frac{2.3Q}{4\pi KM}\left[\lg\frac{2.25KMt}{r^2 \cdot S} + \lg\frac{2.25KMt}{(2d)^2 \cdot S}\right] \tag{6-7}$$

将所有同前的参数值代入式(6-7)，可算得 $\Delta h = 6.57$m。但若考虑水跃值及计算误差，该结果仍不可靠，严格地讲，仍需用三眼井再进行试算。

再将 10ppb 浓度等值线与三眼井的截获带系列标准曲线图重叠，其配合位置如图 6-5 所示，因而可确定出配合参数为 $Q/Mv = 800$。

位于 $Q/Mv = 800$ 的曲线内地下水体保证能全部抽出，各眼井的排水量应为：

$$Q = 800 \times 10 \times (2 \times 10^{-7}) = 0.0016\text{m}^3/\text{s}$$

中间一眼井因受旁边两井干扰，会有最大的水位降落值，按非稳定流干扰井公式(6-7)计算可得：$\Delta h = 5.7$m。就是再考虑上水跃值，井中水位降深也不会超过最大允许值 7m，所以计算结果是合理的。

这样就选择了如下的净化抽水方案：

净化井数量：3 眼；

井距：320m；

净化抽水量：$0.0016\text{m}^3/\text{s}$；

抽水时间：1 年(降深基本稳定时间)。

具体井位如图 6-5 所示。

注水井的位置应选择在最大允许浓度等值线外围、地下水天然流向上游方向。这样安排可以增大地下水的水力坡度，加快地下水向抽水井的流动，缩短净化抽水时间。

几点说明：

(1)上述方法是在假定承压含水层均质、等厚、各向同性的基础上推导出来的，天然含水层的透水性千变万化，因此理论计算结果与实际情况往往有一定误差，在抽水净化过程中需要反复校核。

上述例中，浓度大于 10ppb 的地下水体大约 $5.16 \times 10^6\text{m}^3$，三眼井的总抽水能力为 $0.0048\text{m}^3/\text{s}$，相当于 $414.7\text{m}^3/\text{d}$。如果忽略掉生物分解及吸附作用，按此抽水量要把 $5.16 \times 10^6\text{m}^3$ 的污染水体排尽约需 34 年，这还是假定浓度低于 10ppb 的地下水体在净化抽水过程

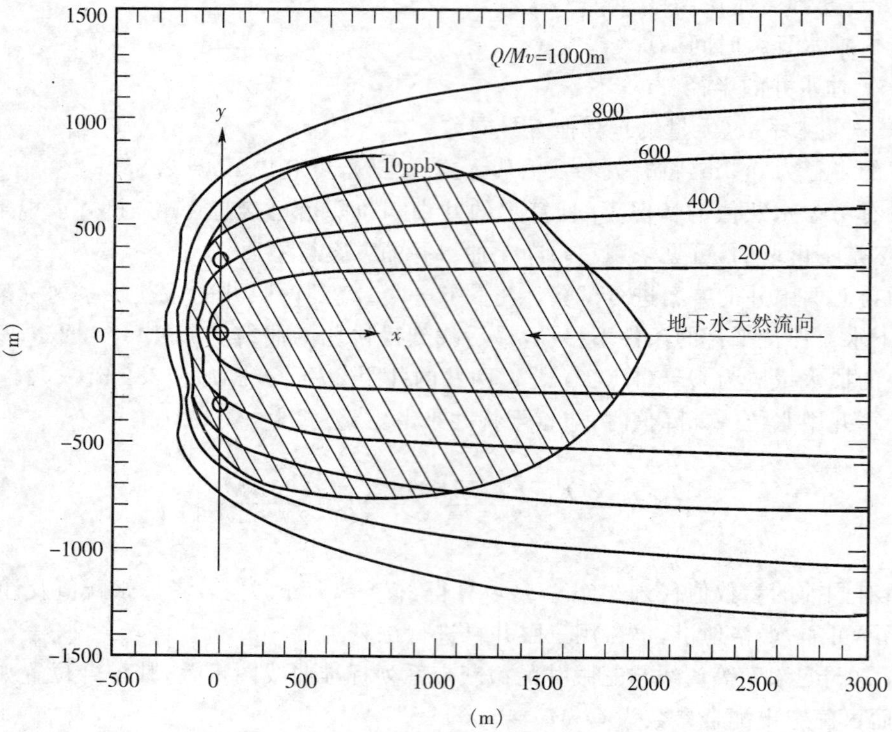

图 6-5　浓度为 10ppb 的 TEC 等值线与 $Q/Mv=800$ 曲线的配合位置

中不会被汲取。实际的现场工作表明要抽完这部分水体至少要 48 年。若将抽取的地下水净化后在适当位置重新注入含水层,将会缩短整个排水期,这是因为注水井加大了地下水流的水力坡度,在保持井中降深不变的情况下抽水量也应相对增加,才能使 Q/Mv 保持一个定值。为了防止高浓度的污染水体倒流与周围低浓度水体混合,净化抽水井应适当布置在浓度最高的水体分布范围内。

(2)净化抽水井一般应为完整井。非完整井只能部分汲取含水层的水体,而不能将整个污染带中的水体排出。当污染带只分布在含水层上部或下部时,用非完整井抽水才是经济合理的。

(3)上述的计算公式都是以二维流理论为基础,在承压含水层中推导出的,潜水含水层的水动力学理论要比承压含水层复杂得多,若在潜水含水层中抽水时水位降深相对于含水层厚度不大,则近似用二维流理论来计算也不会产生明显误差。

【案例 2】　某造纸厂污染地下水修复项目。该污染场地前身为某造纸厂,1948 年成立,2011 年停产搬迁,厂区主要涉及污水处理厂、机械浆车间、脱墨车间、苛化、碱回收、原料库、油罐及机械加工厂、变电站等,面积约 86.9 万 m^2。污染场地照片如图 6-6 所示。

厂区地质构成为松花江第四冲积底层,上部 3m 左右为粘土类及砂类基土组成,下部为砂砾和卵石组成,水位埋深 4.70～6.70m,平均水力梯度约为 6‰,平均渗流速度为 0.20m/d,后期规划为居住和商业用地。场地土壤目标污染物为苯并(a)芘,污染面积为 4.40 万 m^2,总修复土方量为 13.75 万方。地下水中 pH、色度、悬浮物、化学需氧量、五日生化需氧量、总磷等指标超过《制浆造纸工业水污染排放标准》(GB 3544—2008 造纸企业污水排放标准,

图 6 - 6　污染场地照片

地下水修复目标是《地下水质量标准》(GB/T 14848－93)Ⅳ类质量要求，需要进行处理的地下水面积约为 12.14 万 m^2，需要处理的地下水体积(面积×含水层厚度×给水度)约计 72.839 万 m^3，污染地下水体积=(面积×含水层厚度×给水度)。地下水污染重度区域和过度区域划分如图 6 - 7 所示。

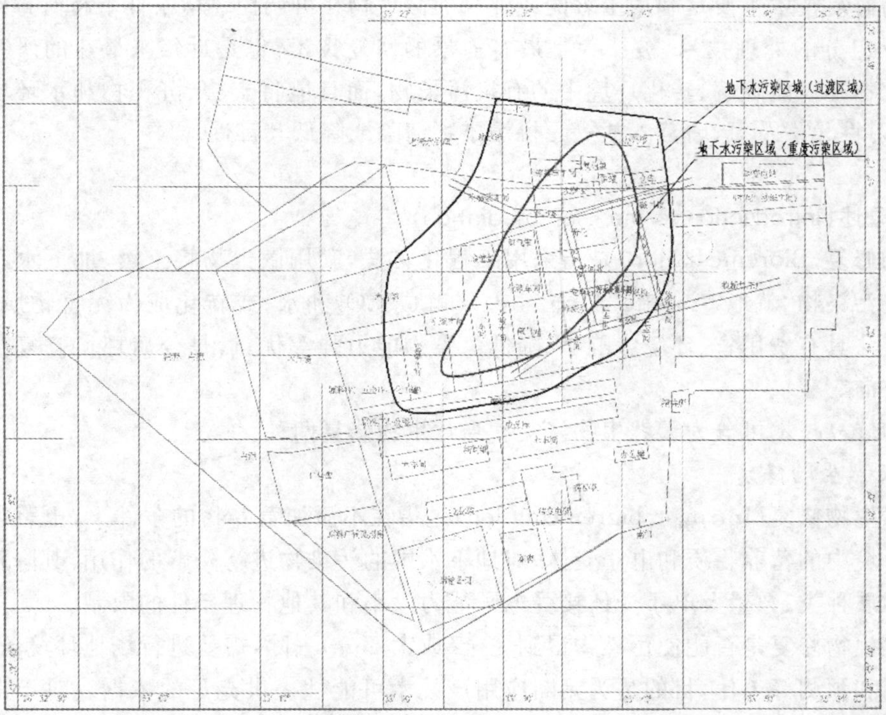

图 6 - 7　地下水污染重度区域和过度区域

项目污染土壤采用阻隔填埋技术，地下水采用抽出处理技术，抽出的废水采用絮凝沉淀＋高级氧化技术处理，处理后按照《污水综合排放标准》(GB 8978－1996)三级标准排入城镇排水系统。施工过程中，地下水主要污染因子色度的变化曲线如图 6 - 8 所示。场地验收地下水修复区域共布置 10 个点，验收结果表明，场地地下水已处于较低水平，且维持在相对平稳状态，可以停止地下水抽出－处理，对局部仅色度未达标的区域采取长期监测的方式，监控残留污染地下水的自然衰减趋势和规律，经济、有效地管理好地下水污染问题。

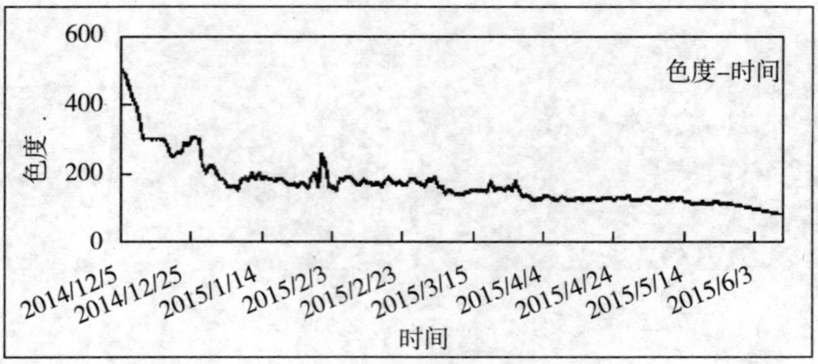

图 6-8　地下水主要污染因子色度的变化曲线

6.2　生物修复技术(Bioremediation Technique)

生物修复技术主要是利用土著的或外来的微生物在可调控环境条件下将有毒污染物转化为无毒组分的处理技术，被认为是最有前景的修复技术，也是近年来最热的研究热点之一。微生物不仅能降解、转化环境中的有机污染物，而且能将土壤、沉积物和水环境里的重金属、放射性元素及氮、磷营养盐等无机污染物清除或降低其毒性。

6.2.1　概述(Introduction to the Bioremediation)

生物修复(Bioremediation)是指采用工程化方法，利用微生物将土壤、地下水和海洋中有毒有害污染物“就地”(in site 或 on site)降解成 CO_2 和水，或转化成为无害物质的方法。生物修复法具有费用省、环境影响小、降低污染物能力强等优点，是今后环境修复技术发展的主要方向。

生物修复技术可分为天然生物修复和强化生物修复两种。

1. 天然生物修复

天然生物修复(Intrinsic bioremediation)是指在不添加营养物的条件下，土著微生物利用周围环境中的营养物质和电子受体，对地下水中的污染物进行降解的作用，其降解速度受到营养物质种类、数量及电子受体接受电子能力大小和其他物理条件的限制。

天然生物修复是否能使污染物得到完全(或大部分)去除，需要进行场地环境条件调研、系统监测和预测等工作，目的是为判断应用该技术可能性提供充足的依据。对于常见的单环芳烃类的石油烃(BTEX)来说，一般都是可生物降解的，且在地下环境中相关的微生物普遍存在，无须广泛调研；但是对于有些燃料添加剂，如甲基叔丁基乙醚(MTBE)、1,2-二溴乙烷(DBA)或 1,2-二氯乙烷(DCA)等是否可生物降解，需进一步研究。受杂酚油、煤焦油和其他石油产品污染的地下水中，常常含有分子量较大的多环芳烃化合物，例如芴、菲、氧芴等，这类化合物即使在理想的条件下，生物降解的速率也十分缓慢。天然生物修复技术对于处理地下水及包气带土层 CCl_4 污染有效，在修复被石油产品污染的场地中得到广泛的应用。污染物在含水层中生物降解的判定，需要测定污染羽状体下游污染物的总质量是否有明显减少。利用水中常规参数作为间接的生物降解指标，例如，DO、NO_3^-、SO_4^{2-} 被消耗，HCO_3^- 和 Fe^{2+} 明显增加，往往是产生生物降解的很好的标志；沿渗流途径检查污染物比例的变化，如有变化，说明某种污染物可能产生了生物降解。

天然生物修复需要的环境条件是：有足够的电子受体，即 DO、NO_3^-、SO_4^{2-} 等浓度较高，pH 值偏中性，含有适当的无机营养物，如 N、P 和微量矿物组分，以及没有微生物生长的毒物。

2. 强化生物修复

自然界中微生物对污染物特别是有机污染物的降解过程较慢，其原因是溶解氧（或其他电子受体）、营养盐缺乏，实际应用中一般采用工程化方法来人为促进受污染环境的修复，即强化生物修复。强化生物修复（Enhanced bioremediation）技术是利用自然环境中微生物或投加的特定微生物，通过提供适宜的营养物质、电子受体及改善其他限制生物修复速度的因素，分解污染物，修复受污染的环境。

强化生物修复技术被划分为原位生物修复和异位生物修复两种。

(1)原位生物修复技术

地下水的原位生物修复技术（In-situ bioremediation）也叫就地生物修复技术，是指对受污染的介质（土壤、水体）不做搬运或输送，而在原位和易残留部位之间进行现场生物修复处理，修复过程主要依赖于被污染地自身微生物的自然降解能力和处理对象的特性（如渗透率）、污染物性质、氧的水平、pH、营养盐的可利用性、还原条件等人为创造的合适降解条件，是自然生物降解过程的人工强化。含水层的原位生物修复技术通常有两种，第一种是通过刺激现有微生物的生长来降解有机污染物，方法是通过向含水层中注入无机营养物质以及在必要时向其中注入适当的电子受体；第二种是向被污染含水层内投加具有特殊新陈代谢能力的微生物来净化含水层，这些特殊的微生物种群可以通过对该微生物进行浓缩或基因控制来得到。通常原位生物修复的过程为：先通过试验研究，确定原位微生物降解污染物的能力，然后确定能最大程度促进微生物生长的氧需要量和营养配比，最后再将研究结果应用于实际。该技术应用于被石油类碳氢化合物所污染的地下水治理已经有多年历史。

原位生物修复技术具体的工艺形式很多，技术比较成熟、效果比较理想的有可渗透性反应墙（PRB）、地下水曝气技术、原位化学氧化技术（ISCO）、监测自然衰减修复技术（MNA）等。典型原位生物修复系统包括地下水回收井、地面处理单元、营养添加单元、电子受体添加单元，然后再将经过上述步骤处理过的水注入地下受污染区域。

各种原位生物修复技术都是围绕各种强化措施来进行的，例如强化溶解氧、强化营养物供应以及接种经专门筛选培养的微生物等。

地下水溶解氧的输送主要包括生物注射法、纯氧注入法、臭氧引入法、过氧化氢溶液引入法、胶态微气泡法及近年来新研究的 ORC 供氧法等。

① 生物注射法（biosparging），亦称空气注射法（air sparging），是在传统气提技术的基础上加以改进形成的新技术。它是将加压后的空气注射到污染地下水的下部，气流增强微生物活性，并加速地下水和土壤中有机物的挥发和降解的一种原位修复技术，有时也会投入营养物质来加速生物降解。这种方法主要是抽提、通气并用，通过增加及延长停留时间促进生物降解，提高修复效率。以前的生物修复利用封闭式地下水循环系统，往往造成氧气量供应不足，而生物注射井提供了大量的氧以补充溶解氧，从而促进生物降解。不过这项技术的使用受到场地的限制及岩相学和土层学的影响，一般处理砂土层土壤污染的效果较好，在处

理粘土层的污染物时效果不理想。

② 溶气水供氧技术,是由弗吉尼亚理工大学(Virginia Polytechnic Institute)的研究人员开发的技术,它能制成一种由2/3气和1/3水组成的溶气水,气泡直径可小到55μm。把这种气水混合物注入受污染区域,可大大提高氧的传递效率。

③ 过氧化氢供氧技术,是把过氧化氢作为氧源注入受污染地下水中,过氧化氢分解以后产生氧以供给微生物生长。过氧化氢常常要与催化剂一起注入,催化剂用以控制过氧化氢的分解速度,使之与微生物的耗氧速度相一致。

④ 胶态微气泡(Colloidal Gas Aphrons,CGAs)作为氧源用于地下水生物修复,是利用混合的表面活性剂水溶液和空气(或氧气)在高速旋转的容器里生成空气(或氧气)—水—表面活性剂微气泡,其直径为10~120μm,体积60%以上是气相。具有很高的比表面积和容氧量,从而大大降低有机污染物与水之间的表面张力,使有机物更易于粘附于气泡表面并向内部扩散,并对有机物的氧化降解有潜在的利用价值。

⑤ 固体释氧化合物(Oxygen releasing compound,简称"ORC"),是将某些过氧化物与水泥混合制成混凝土颗粒,把它们置于井里或沟里,与水接触时"ORC"向水中缓慢释氧,从而增加地下水中有机污染物的好氧生物降解。"ORC"一般是固体的过氧化物,如过氧化镁(MgO_2)、过氧化钙(CaO_2)等。

强化营养物供应有渗透墙技术,该技术是在污染区域内垂直于地下水流方向建一道渗透墙,先将渗透墙内的水抽出,添加营养物后再回灌入渗透墙。这时,添加了营养物的渗透墙就成了一个营养物扩散源,在渗透墙下游就会形成一个生物活跃区,从而强化了生物降解过程。

强化接种经专门筛选培养的微生物,可以先在地表设施中对微生物进行选择性培养,然后再通过注射井注入受污染区域,或直接引进商品化菌种,都可以起到强化生物降解过程的作用。

(2)异位生物修复技术

异位生物修复(Ex-situ bioremediation)是指将被污染介质(土壤、水体)移出和输送到他处进行生物修复处理。但这里的移出和输送是低限度的,而且更强调人为调控和创造更加优化的降解环境。异位生物修复包括生物反应器法、泥浆反应器法、土壤堆积法和堆肥法,其中对地下水的异位生物修复主要应用生物反应器法。

生物反应器法是一种适用于处理表土及水体的污染,其处理过程为:将地下水或地表水抽起,经过生物反应器降解后,再注入地下或地表水中。生物反应器提供降解菌所必需的营养物质、溶解氧,合适的pH值及其他一些降解条件。反应器的类型有土壤浆化反应器、悬浮生长生物反应器、固定化膜反应器(包括生物滴滤器和流化床反应器)和固定化细胞反应器、厌氧反应器等。

6.2.2 技术分析(Technique Analysis)

研究表明,地下水中的污染物包括无机物和有机物,主要来源于随雨水或灌溉水渗入地下水源的杀虫剂,工厂的有机油料、毒性物质、重金属废水或其他化学物质的任意排放,农业过量使用的氮肥,家庭污水、下水道管路及化粪池破损外泄的污水,沿海地区大量抽取地下水超过天然补充量导致的海水入侵等。

目前,生物修复技术已被广泛应用在有毒有害化学品的泄露清除、工业航空油的泄露清除、有机烃类物质对土体水体造成的面源性污染清除等诸多方面。有些方面取得了重大进展,已有很多成果见诸报端。我国在区域地下水微生物分布调查、微生物地球化学分析及其作用机理、化肥对包气带及地下水的污染途径与阻控治理等方面有了初步研究。

地下水生物修复离不开微生物、电子受体、营养物质和环境因素。由于土著微生物对环境的适应性强且污染过程中已经历一段自然驯化期,因而是生物降解的首选菌种。只有当本地菌种不能降解该有机物或污染物浓度很高又须快速处理时,才考虑外加菌种。地下水有机污染生物修复的电子受体主要包括溶解氧、有机中间产物和无机含氧酸根等,其种类及浓度对修复速率有很大影响。多数情况下,溶解氧的输送是地下水好氧生物修复中关键的限制因素。

1. 生物修复的微生物

生物修复技术应用的前提必须有微生物。目前可以用来作为生物修复菌种的微生物分为三大类型:土著微生物、外来微生物和基因工程菌。对于生物修复的研究就是要寻找相应污染物的生物降解菌,并对这些降解菌降解污染物所需的碳源、能源、电子受体及所需的营养物质和降解条件进行优化。

(1)土著微生物

土著微生物是指土壤圈、岩石圈、包气带和地下水中固有的,在当地包气带、土壤和含水层中存在的微生物。这种微生物的特点包括:①降解污染物的潜力较大,在环境中活性较高;②微生物的种类具有多样性,可以降解多种污染物;③适应当地的环境,繁殖能力较强。土著微生物在遭受有毒有害的有机物污染后,某些微生物通过自然突变形成新的菌种,通过形成诱导酶系具备了新的代谢功能,从而可降解或转化外来化合物。故只要选择适当的微生物群落,创造和保持最佳环境条件,几乎所有的有机物都能找到使之降解或转化的微生物。

目前,在大多数生物修复工程中实际应用的都是土著微生物,其原因一方面是由于土著微生物降解污染物的潜力巨大,另一方面也是因为接种的微生物在环境中难以保持较高的活性而且工程菌的应用受到较严格的限制。

当处理多种污染物(如直链烃、环烃和芳香烃)的污染时,单一微生物的能力通常很有限。土壤微生态试验表明,很少有单一微生物具有降解所有污染物的能力。另外,化学品的生物降解通常是分步进行的,在这个过程中包括了多种酶和多种微生物的作用,一种酶或微生物的产物可能成为另一种酶或微生物的底物。因此在污染物的实际处理中,必须考虑要接种多种微生物或者激发当地多样的土著微生物。土壤微生物具有多样性的特点,任何一个种群只占整个微生物区系的一部分。群落中的优势种会随土壤温度、湿度以及污染物特性等条件发生变化。

(2)外来微生物

土著微生物生长速度太慢,代谢活性不高,或者由于污染物的存在而造成土著微生物数量下降,因此需要接种一些经过专门筛选、培养的高效降解微生物,这类微生物的代谢活性较高,降解速率较快。例如,处理 2-氯苯酚污染的土壤时,只添加营养物,7 周内 2-氯苯酚浓度从 245mg/L 仅降到 105mg/L,而同时添加营养物和接种恶臭假单胞菌纯培养物后,4 周内 2-氯苯酚的浓度即有明显降低,7 周后仅为 2mg/L。

采用外来微生物接种时,会受到土著微生物的竞争,需要用大量的接种微生物形成优势,以便迅速开始生物降解过程。研究表明,在实验室条件下,30℃时每克土壤接种10^6个五氯酚(PCP)降解菌可以使PCP的半衰期从2周降低到小于一天。这些接种在土壤中用来启动生物修复的最初步骤的微生物被称为"先锋生物",它们能催化限制降解的步骤。

(3)基因工程菌

基因工程菌是采用细胞融合技术等遗传工程手段将多种目标污染物的基因转入同一微生物载体中,使这种微生物可降解多种目标污染物。例如将甲苯降解基因从恶臭假单胞菌转移给其他微生物,从而使受体菌在0℃时也能降解甲苯,这比简单地接种特定的微生物使其艰难而又不一定成功地适应外界环境要有效得多。虽然这种微生物降解目标污染物的范围较广,但其应用受到法律上的限制,所以这方面的研究报道较少。

基因工程菌引入现场环境后会与土著微生物菌群发生激烈的竞争,基因工程菌必须有足够的存活时间,其目的基因方能稳定地表达出特定的基因产物——特异性酶。如果在环境中基因工程菌最初没有足够的合适能源和碳源,就需要添加适当的基质促进其增殖并表达其产物。引入地下水的大多数外源基因工程菌在无外加碳源的条件下,不能在地下水中生存与增殖。

2. 生物修复的影响因素

地下水生物修复过程主要涉及微生物、污染物和水,而充足的碳源、能源、电子供/受体、营养物质和适宜的环境条件是影响生物修复效率的主要因素。保证微生物最佳活性的三种营养源是氮、磷及溶解氧。

(1)微生物营养盐

无机盐是微生物生长不可缺少的营养物质,其主要作用是:①组成菌体成分;②作为酶的组成部分或维持酶的活性;③调节渗透压;④调节pH值及氧化还原电位;⑤作为某些微生物的能源。

在生物修复工程中,需要向被处理的地下水中加入一定量的营养盐,以满足微生物代谢活动的需要。地下水中最常见的无机盐是N、P、S及一些金属元素等,这些物质一般可以通过矿物溶解获得。氮源和磷源是常见的烃类微生物降解限制因素,添加适量该类营养物可以促进微生物降解。一般认为$m(C):m(N):m(P)=100:10:1$时最适于烃类的微生物降解。例如添加酵母膏或酵母废液可以明显地促进石油烃类化合物的降解。为达到良好的效果,必须在添加营养盐之前确定营养盐的形式、合适的浓度以及适当的比例。目前已经使用的营养盐类型很多,如铵盐、正磷酸盐或聚磷酸盐,酿造酵母废液和尿素等。

研究认为,地下水体中的反硝化作用通常发生在厌氧或半厌氧,并含足够溶解性有机碳(DOC)的水体环境中。利用一个井或多个井把含有营养物质的溶液注入含水层中,促使其中微生物活性增加,可达到去除地下水污染物的目的。反硝化菌还可能利用环境中存在的易氧化的固相有机碳进行反硝化作用,如锯屑、草秸等构筑成多孔渗水处理墙,放置在垂直于污染地区的地下水流方向的水体中,地下水中的硝酸盐氮流经脱氮墙时,通过生物和化学作用被去除掉。在海洋出现溢油后,石油降解菌会大量繁殖,石油中的烃类是微生物的充足碳源,限制降解的因素是氧和营养盐。Raymond在1975年对汽油泄漏的处理中,通过注入空气和营养成分使地下水的含油量降低,并由此取得了专利。Tschantz等在反应器运行过程中加入甲烷、氧气和甲酸钠降解三氯乙烯(TCE)。TCE浓度为0.2mg/L～20mg/L,在可溶性甲烷-氧合酶的作用下,TCE降解率分别为78%(浓度为20mg/L)和93%(浓度为10mg/L)。

(2)氧气

好氧生物修复途径通常是通过氧化作用,芳香烃的好氧生物降解最快,微生物对石油的生化降解过程随烃类的不同而各异,但其降解的起始反应却相似,即在加氧酶的催化作用下,将O_2组入基质中,形成一种含氧的中间产物。据计算,每分解1g石油需O_2 3～4g。有试验表明,在有氧时烃类经14d可降解20%以上,因此有必要保持环境中有足够的O_2供微生物利用。

地下水的好氧生物修复受溶解氧(DO)的控制。为了增加土壤和地下水中的DO,可以采用充气和曝气等工程化的方法,例如将压缩空气送入土壤含水层来增加微生物的活性,添加产氧剂使它们中的氧在介质中缓慢释放,通常使用H_2O_2等,当所加H_2O_2的量适当时,土壤样品中烃类污染物的生物降解速率较加入前增加3倍。充气和曝气技术在美国已经商业化,在许多原位修复中都有应用。Chiang等在含有足够氧的微环境中,利用好氧菌对煤气厂下含水层的BTX(120～16 000mg/L)进行了降解,BTX去除率为80%～100%。连续供氧也能够促进甲基叔丁基醚(MTBE)的好氧微生物降解。

硝化作用对氧的需要量很高,据资料介绍,硝化过程耗氧量超过有机部分氧化所耗的氧。

事实上在厌氧环境中进行生物修复也具有极大的潜力,如苯、甲苯、多氯芳烃等,在厌氧条件下可以被降解为CO_2和水。

厌氧生物降解是在缺氧或厌氧环境下,微生物以外加碳源作为电子受体,将污染物分解的过程。在去除地下水中的硝酸盐时,溶解氧在微生物细胞的新陈代谢过程中可与NO_3^--N竞争成为电子受体,影响反硝化作用的进行,厌氧或半厌氧环境利于反硝化作用的进行,地下水环境中反硝化作用的DO上限为2.0mg/L,反硝化速率与DO成负相关关系。

厌氧生物修复具有不需通气、费用低、受污染现场厌氧环境易于形成等优势,因而有进一步研究开发的价值。厌氧环境中,微生物可以利用NO_3^-、SO_4^{2-}、Fe^{3+}、Mg^{2+}、CO_2等作为电子受体降解碳氢化合物。Daniel等在SO_4^{2-}和CO_2存在的厌氧条件下,对石油烃的厌氧生物降解进行了土柱研究,运行65d后有65%的石油烃被降解。

(3)环境条件

影响细菌繁殖与活性的环境因素包括温度、盐度、pH值等。

① 温度。生化反应遵循的一个总原则是:在一定范围内,反应速度随温度升高而升高。因此,温度能够显著影响有机化合物的降解速率。目前绝大多数的生物修复都是在中温条件(20℃～40℃)下进行,该温度范围最适于微生物的生长和代谢。在低温条件下,微生物生长缓慢,代谢活性差。当温度低于10℃时,石油烃类的降解速率明显下降。而当温度过高时,石油烃类的毒性增加,对微生物产生抑制。此外微生物活性的维持需要有液态水,因此要求温度至少在水的凝固点以上。而且,许多微生物含有石油降解必需的酶,而这种酶在高于50℃的温度下会变性。因此,这个温度代表了一个保持微生物活性的温度上限。对于好氧菌来说最佳的石油降解温度一般为15℃～30℃。

② 盐度。盐度会降低微生物的治理效果。经室内试验分析,地下水中硝态氮、石油等

的生物降解率随盐度增大而减小,但降解菌数量受盐度影响较小,只影响微生物的代谢活性。

③ pH。一般认为微生物所处环境的pH值应保持在6.5～8.5的范围内,以保证微生物的活性,通常地下水环境的pH值在该范围内。

(4)电子供/受体

微生物氧化还原反应的最终电子受体分为三大类,包括溶解氧、有机物分解的中间产物和无机酸根(如硝酸根、硫酸根和碳酸根等)。微生物的活性除了受到营养盐的限制外,土壤中污染物氧化分解的最终电子受体的种类和浓度也极大地影响着污染物降解的速度和程度。三氯乙烯(TCE)的生物降解以苯酚、甲苯和苯为电子供体,在好氧条件下,TCE完全矿化为CO_2。

从所用的电子供体来看有硫酸盐还原菌、反硝化菌、铁还原菌、产甲烷菌。Nathalie Cabirol等人第一次通过产甲烷菌和硫酸盐还原菌的共生菌落将PCE降解为CO_2,一部分转化为生物中的碳。M. Prakash等人证实了硫酸盐还原菌、硝酸盐还原菌和产甲烷菌的微生物混合体能使PCE还原脱氯。Heidrun Scholz Muramatsu等人分离出了使PCE还原脱氯的严格厌氧的脱氯螺旋菌,此菌种可以以氢气、硫化钠、甲酸盐、丙酮酸盐乳酸盐、乙酸盐、乙醇和丙三酮作为电子供体。

3. 微生物修复重金属污染的原理

(1)微生物对地下水中重金属离子的固定

微生物对重金属离子的固定包括微生物的生物吸附和富集作用、胞外络合作用及胞外沉淀作用。通过上述各种作用,将土壤和水体中的重金属离子吸附、固定在微生物细胞的某一结构上或者通过代谢产生一些具有沉淀作用的产物,降低重金属离子的移动性和生物有效性,从而达到修复土壤和水体重金属污染的目的。

重金属污染环境的微生物修复近几年来受到重视,它主要包括生物吸附和生物转化还原两方面的技术。

可以通过表面吸附来固定重金属的微生物包括大部分的真菌和细菌,如蜡状芽孢杆菌、枯草芽孢杆菌、大肠埃希氏杆菌、铜绿假单胞菌、荧光假单胞菌、白腐真菌、土曲霉、黑曲霉、酒曲菌、金黄青霉菌、啤酒酵母等。这些微生物能够在较高金属浓度下生长,细菌胞外的荚膜或粘膜层可产生多种胞外多聚体,主要以多种杂合多聚体形式存在,如糖蛋白、脂多糖等,胞外多聚体能够吸着自然条件下或废水处理设施中的重金属和放射性核素,因此可以降低和去除无机物的毒性。这种特性与它们本身固有的或诱导的抗性有关,还与外部环境条件有关,如pH、氧化还原电位、无机阴离子、无机阳离子、溶解性有机物、颗粒性有机物、粘土矿物和盐度。

微生物对金属的转化还原包括金属价态的改变、无机金属的有机化和有机金属的无机化。微生物通过多种渠道如氧化还原、甲基化和脱甲基化作用等使重金属在活动相与非活动相之间转化,从而影响重金属离子的生物有效性和生物毒性。

(2)微生物挥发修复重金属

微生物挥发作用是利用微生物的吸收、积累和挥发而减少一些挥发性污染物(如汞和硒),即微生物将重金属污染物吸收到体内后将其转化为气态,释放到大气中;或者利用某些微生物的甲基化作用,将金属转化成其相应的甲基化金属有机化合物,甲基化金属有机化合物的沸点降低，挥发性增强，有利于金属污染物的挥发。

蜡状芽孢杆菌、大肠埃希氏菌和黑曲霉等，在含 Cd^{2+} 化合物中生长时，体内能浓缩大量的镉。一株能使镉甲基化的假单胞杆菌，在有维生素 B_{12} 存在的条件下，能将无机二价镉化物转化生成少量的挥发性镉化物。微生物可使铅甲基化，产生甲基铅 $(CH_3)_4Pb$（四甲基铅具有挥发性）。纯培养的假单胞菌属、产碱杆菌属、黄杆菌属及气单胞菌属中的某些种，能将乙酸三甲基铅转化生成四甲基铅，但不能转化无机铅。

(3)微生物沉淀修复重金属

金属可在细胞表面形成金属磷酸盐和金属硫化物沉淀，能通过胞外沉淀作用固定重金属离子的微生物主要有：硫酸盐还原菌、硫弧菌、脱硫肠状菌、固氮杆菌属、假单胞杆菌属、根瘤菌属、土壤杆菌属、生枝动胶菌等。

柠檬酸杆菌属可以促进磷酸镉沉淀，因为与其结合的细菌细胞壁上的磷酸酶使甘油-2-磷酸成为 HPO_4^{2-}，该无机磷酸产生系统也可以使沉淀铀成为磷酸双氧铀；荧光假单胞菌和柠檬酸杆菌都可以使 Pb 以磷酸铅的形式积累在细胞壁上；产气克雷伯氏菌和瘤疬分枝杆菌可使 Cd 和 Cu 以硫化物形式沉淀在细胞壁上。

(4)金属硫蛋白、植物螯合肽和其他金属结合蛋白

所有的微生物，如蓝细菌、细菌、微细藻类和丝状真菌均有金属结合蛋白。金属硫蛋白是富含半胱氨酸的短肽，既可以结合必需的金属元素（如铜和锌），也可以结合非必需的金属元素（如镉）。植物螯合肽是小分子的半胱氨肽——γ-谷氨酰肽，藻类和植物有谷氨酰肽，能使重金属脱毒。

4. 生物脱氮

地下水中有机氮和无机氮化物来自生活污水和工业废水的入渗。有机氮化物经过异养微生物的降解作用产生氨。在氧气充足情况下，NH_3 可进一步被微生物氧化生成硝酸盐氮（$NO_3^- - N$）。如果硝酸盐氮含量超过排放标准，排放到自然水体后，给藻类提供了大量营养源，就潜伏着水体富营养化的危险，同时也污染了给水水源。因此，生物脱氮已受到国内外的重视。

生物脱氮过程主要参与的细菌有三个类群：氨化细菌，进行有机氮化合物的脱氨基作用，生成 NH_3；亚硝化和硝化细菌，将 NH_3 转化为 NO_2^- 和 NO_3^-；反硝化细菌，将 NO_2^-、NO_3^- 转化为 N_2，释放到大气中。生物脱氮大致经过三个过程：氨化作用、硝化作用和反硝化作用，其机理如图6-9所示。

(1)氨化作用

将有机态氮转化为氨的生物反应，称为氨化作用。在自然界，氨化作用是含氮有机物矿化，实现氮素被生物循环使用的重要环节，水中的有机氮，如蛋白质、尿素、胺类化合物、硝基化合物和氨基酸，在氮化菌的作用下分解，转化为氨态氮。以氨基酸为例的反应为：

$$RCHNH_2COOH + O_2 \longrightarrow RCOOH + CO_2 + NH_3$$

这一过程在普通污水处理中即可完成。

(2)硝化作用

硝化作用是指 NH_3 氧化成 NO_2^-，然后进一步氧化成 NO_3^- 的过程。硝化作用即可由自养型微生物进行，也可由异养型微生物进行。硝化作用由广泛存活在土壤及其类似环境中

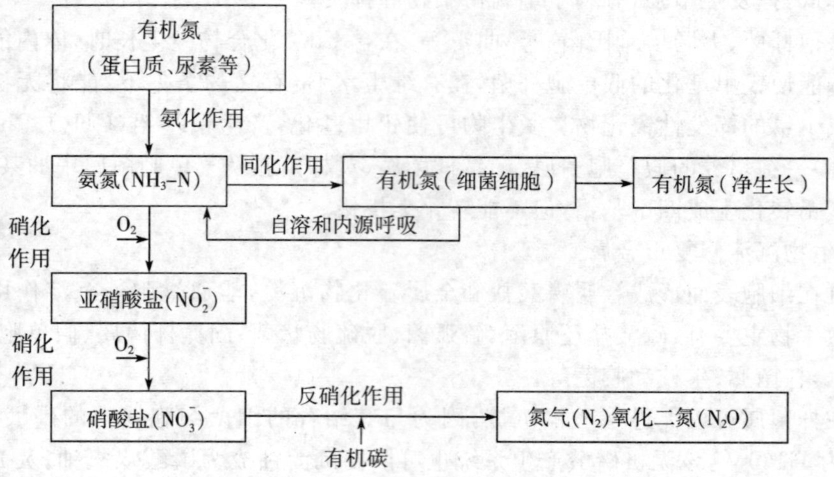

图6-9　生物脱氮的机理

的亚硝化菌和硝化菌两大类化能自养细菌参与,硝化作用分两步进行:亚硝化(氨氧化)细菌将氨氧化成亚硝酸;硝化(亚硝酸)细菌将亚硝酸氧化成硝酸。细菌利用氧化过程中释放的能量,将 CO_2 合成为细胞物质,不需要有机性营养物。从 $NH_4{}^+$ 到 NO_2^- 的转化,要经历3个步骤6个电子的变化,是比较复杂的过程而从 NO_2^- 到 NO_3^- 的转化则相对简单一些,只经历一个步骤两个电子的变化。

氨和亚硝酸盐的生物氧化反应为:

$$NH_4{}^+ + 1.5O_2 \longrightarrow NO_2^- + 2H^+ = H_2O$$

$$NO_2^- + 0.5O_2 \longrightarrow NO_3^-$$

为了使硝化作用顺利进行,需要有以下条件:

① 好氧条件　从反应式中可看到,硝化作用要耗去大量的氧,1分子 $NH_4{}^+-N$ 完全氧化成 NO_3^- 需耗去2分子的氧,即1g氨态氮氧化成硝态氮需氧4.57g(其中亚硝化反应需氧3.43g,硝化反应需氧1.14g)。所以硝化作用需要供应充足的氧,溶解氧应控制在1.5~2.0mg/L以上,溶解氧含量低于0.5mg/L则硝化作用将完全停止。

② 适宜的pH　硝化菌对pH值的变化十分敏感,在硝化反应过程中,释放 H^+ 离子,使pH值下降。亚硝酸菌和硝酸菌的活性分别在7.0~7.8和7.7~8.1时最强,pH值低于6.0时硝化作用会停止。应当在废水中保持足够的碱度,以保持适宜的pH值。1g氨态氮(以N计)完全硝化,需碱度(以 $CaCO_3$ 计)7.1g。

③ 适宜温度　硝化反应的速度受温度的影响很大,其适宜温度是20℃~30℃。15℃以下,硝化反应速度下降;5℃时几乎完全停止。

(3)反硝化作用

反硝化作用是指硝态氮和亚硝态氮在反硝化细菌的作用下,被还原为气态氮的过程。

很多细菌都能进行反硝化作用,包括无色杆菌属、微球菌属、气杆菌属、芽孢杆菌属、产碱杆菌属、葡萄球菌、黄杆菌属、变形杆菌属、假单胞菌属等。大多数反硝化细菌是异养的兼性厌氧细菌，在厌氧的条件下以 NO_X-N 为电子受体，以有机物(有机碳)为电子供体，反硝化细菌利用有机物作碳源，包括碳水化合物、有机酸类、醇类、烷烃类、苯酸盐类和其他的苯衍生物等，把硝酸盐还原成亚硝酸、NO、N_2O 直至 N_2，生成的氮气可从水中逸出，达到了脱氮目的。在这个过程中 NO_3^- 或 NO_2^- 代替氧作为末端电子受体，并且产生 ATP。

反硝化作用历程为：$NO_3^- \longrightarrow NO_2^- \longrightarrow NO \longrightarrow N_2O \longrightarrow N_2$

$$NO_3^- + 5[H]\text{（有机电子供体）} \longrightarrow 1/2N_2 + 2H_2O + OH^-$$

$$NO_2^- + 3[H]\text{（有机电子供体）} \longrightarrow 1/2N_2 + 2H_2O + OH^-$$

式中，[H] 可以是任何能提供电子，且能还原 NO_3^-、NO_2^- 为 N_2 的物质，包括有机物、硫化物、H^+ 等。

当电子从供体转移到受体时，微生物获得能量，用于合成新的细胞物质和维持现有细胞的生命活动。在反硝化过程中有机物的氧化可表示为：

$$5C\text{（有机）} + 2H_2O + 4NO_3^- \longrightarrow 2N_2 + 4OH^- + 5CO_2$$

在反硝化过程中，必须提供有机碳作为电子供体，硝酸盐作为电子受体。能为反硝化菌所利用的碳源较多，如碳水化合物、有机酸类、醇类、烷烃类以及苯酸盐类等。

反硝化菌属异养兼性厌氧菌，在无分子氧时存在硝酸盐和亚硝酸盐的条件下，它们能够进行无氧呼吸，使硝酸盐还原。氧会阻抑硝酸盐还原酶的形成或充当电子受体竞争性阻碍硝酸盐还原。

反硝化反应的最适温度是 20℃～40℃，低于 15℃反应速率降低。

反硝化过程适宜 pH 为 7.2～8.4，超出这一范围，反应速率会急剧降低。

5. 磷酸盐的生物修复

地下水中磷酸盐主要来自生活污水中含磷洗涤剂的入渗。自然界中有很多细菌，能从外界环境中吸收可溶性的磷酸盐，并在体内转化合成多聚磷酸盐积累起来，作为贮存物质。

聚磷菌一类细菌可以对磷超量吸收，即在生理上能够大量地摄取外源磷，以聚磷酸盐颗粒存在于细胞内。聚磷菌有不动杆菌、假单胞菌、莫拉氏菌、大肠埃希氏菌、分枝杆菌和贝日阿托氏菌等。这些菌在好氧条件下可超出生理需求过量摄取磷，形成多聚磷酸盐作为贮存物质，同时在细胞分裂繁殖过程中利用大量磷合成核酸，即：

$$ADP + H_3PO_4 + \text{能量} \longrightarrow ATP - H_2O$$

当细胞处于厌氧胁迫下，积累在体内的聚磷酸盐会分解，如果环境条件恢复，细胞又会积累磷：

$$ATP + H_2O \longrightarrow ADP + H_3PO_4 + \text{能量}$$

因此氧是影响生物除磷的重要因素，应保持溶解氧充足，大于 2mg/L 利于聚磷菌吸磷。在 5℃～30℃的温度范围内，pH 值为 6～8，都可以取得较好的除磷效果。

生物除磷的机理如图 6-10 所示。

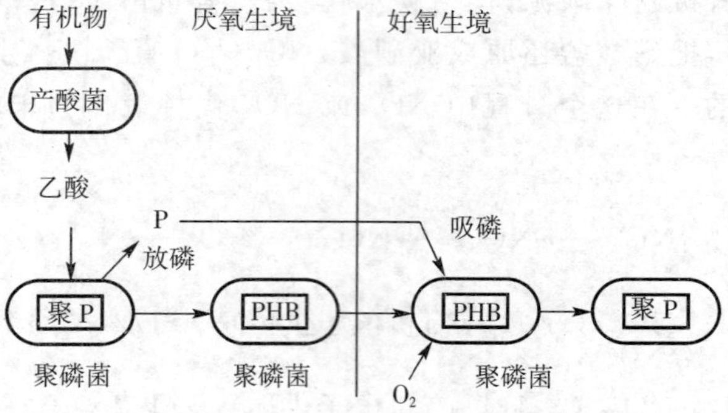

图 6-10　生物除磷机理示意图

6. 石油烃类的生物修复

石油是一种由烃类和少量其他有机物组成的复杂天然混合物。长期以来,随着人们对石油的开采与利用,石油产品不断进入自然环境,特别是随着石油工业的大力发展,大量的石油废弃物排入水体或土壤中。更为严重的是由于海上钻井操作失控或油船泄漏,石油大量溢出,对江河、湖泊、海洋及农田造成了严重的污染。

石油烃中含有多种致癌、致畸和致突变的潜在性化学物质,主要有烷烃、烯烃、脂环烃和芳香烃,随石油的泄露进入地下水造成污染。石油污染中最常见的污染物质为苯、甲苯、乙苯、二甲苯、苯酚和苯甲酸,其中苯和甲苯是致癌物质。石油污染生物修复的应用开始于 1989 年美国消除阿拉斯加泄漏石油的污染。利用微生物降解能力修复石油污染的主要原理是:微生物可利用石油烃类作为碳源进行同化降解,使其最终完全矿化,转变为无害的无机物质(CO_2 和 H_2O)。

(1)修复石油的微生物种类

到目前为止,已查知能降解石油中各种烃类的微生物共 100 余属、200 多种,它们分别属于细菌、放线菌、霉菌、酵母以及藻类。水体中石油的降解以细菌为主,常见的有棒状杆菌属、假单胞菌属、无色杆菌属、分枝杆菌属及微球菌属等。因石油是多种烃类的混合物,因此,通常由多种微生物共同作用才能使其彻底降解。

(2)石油烃的生物降解原理

① 烷烃化合物的生物降解

烷烃类化合物较难被微生物降解。微生物对烷烃的降解特点是:链烃比环烃易降解;正构烷烃比异构烷烃易降解;直链烃比支链烃易降解。直链烃中碳链长短可降性也不同,一般来说碳链长的比短的易降解。烷烃的降解主要有三种方法:

第一种,烷烃的氧化首先是末端的甲基被氧化,经过醇、醛再氧化生成脂肪酸,经β-氧化,生成乙酰辅酶 A,在有氧条件下进入三羧酸循环(TCA)循环,并完全氧化成 CO_2 和 H_2O。

$$CH_4 \xrightarrow{(O)} CH_3OH \xrightarrow[H_2O]{(O)} HCHO \xrightarrow[-2H]{+H_2O} HCOOH \xrightarrow{(O)} CO_2+H_2O$$

第二种,若正烷烃分子末端第二个碳上经亚甲基氧化,生成仲醇,再氧化生成甲基酮,这种氧化方式叫次末端亚甲基氧化。此反应是发生于短链烷烃类。

第三种，正烷烃分子两端甲基氧化，可形成二羧酸。皱褶假丝酵母氧化正癸烷，可生成癸二酸。

② 烯烃类化合物的降解

微生物对烯烃的代谢主要是产生具有双链的加氧化合物，最终形成饱和或不饱和脂肪酸，然后再经β氧化进入 TCA 循环而完全被分解。完全分解的最终产物是 CO_2 和 H_2O。烯烃的降解亦有三种途径：

第一种，双键氧化是在双键处形成加氧化合物，即二元醇，再氧化生成醇酸；

第二种，末端甲基氧化生成烯醇、烯醛和烯酸；

第三种，次末端氧化生成烯醇。

③ 脂环烃类化合物的降解

能降解脂环烃的微生物很少，研究发现铜绿色极毛杆菌能在环己烷中生长，使环己烷先生成过氧化合物，再转化为内酯，然后再氧化生成戊酸、甲酸、甲醛等。

④ 芳香烃类化合物的降解

芳香烃化合物都是苯及苯的衍生物，一般都比较难被微生物降解，大部分芳香烃类对微生物都有抑制作用，能使菌体蛋白质凝集，使生长受阻或死亡。但在一定浓度下，芳香烃也能被一些细菌、放线菌降解。

(3)影响石油烃生物降解的因素

① 石油的化学组成的影响

石油烃类化合物可分为四类：饱和烃、芳香烃、沥青质（苯酚类、脂肪酸类、酮类、酯类和扑啉类）、树脂（嘧啶类、喹啉类、卡巴肿类、亚砜类和酰胺类）。各类烃微生物降解的难易不同。许多学者对各成分的微生物降解率进行了研究，认为饱和烃的降解率最高，其次是低相对分子质量的芳香族烃类化合物，高相对分子质量的芳香族烃类化合物、树脂和沥青质则极难降解，不同烃类化合物的降解率大小顺序是：正烷烃＞分支烷烃＞低相对分子质量芳香烃＞多环芳烃。一般认为直链烷烃最易降解，由于存在“空间效应”，支链烷烃比直链烷烃难以降解。

② 影响石油微生物降解的环境因素

温度和 pH　温度对石油烃降解的影响是比较复杂的。微生物降解烃的温度范围很宽，已分离出低温、中温和高温分解烃的微生物。目前绝大多数的生物修复都是在中温条件（20℃～40℃）下进行，该温度范围最适于微生物的生长和代谢。在低温条件下，微生物生长缓慢，代谢活性差。当温度低于 10℃时，石油烃类的降解速率明显下降。而当温度过高时，石油烃类的毒性增加，对微生物产生抑制。而且，许多微生物含有石油降解必需的酶，而这种酶在高于 50℃的温度下会变性。因此，这个温度代表了一个保持微生物活件的温度上限。对于好氧菌来说最佳的石油降解温度一般为 15℃～30℃。

大多数微生物选育的 pH 在 6～8 之间，pH 太高或太低都会影响微生物的降解能力，绝大多数菌种的最适 pH 略大于 7。

氧　能降解烃类化合物的微生物都是好氧性的，而且需氧量较大．氧化 1g 烃类需氧量是 3.4g。

芳香烃的好氧生物降解是最快的，保持环境中有足够的 O_2 供微生物利用是必要的，地下水中石油烃的好氧生物降解受 DO 的控制。

研究表明,石油烃在有氧和厌氧条件下均可降解。在美国加州,通过注射 NO_3^- 和 SO_4^{2-},对受石油污染的SEAL海滩含水层进行了厌氧强化生物修复,BTEX发生了厌氧降解;Richard等对圣地亚哥的一处石油污染的地下水进行了厌氧修复研究,他们利用硝酸盐作为电子受体补给到地下水中,强化细菌的脱氮过程(该过程有利于单环芳香族化合物的生物降解)。结果表明,在营养物富足的地带,6个月内取得较好的修复效果,其中BTEX水平降低了81%～99%。在厌氧条件下,四氯乙烯(PCE)能通过天然的微生物菌种或通过生物强化优势菌种通过还原脱氯发生共代谢生物降解。

营养物质　微生物必需的大量和微量元素至少有11种,这些元素必须保持一定的数量、形式和比例以维持微生物生长。这些元素包括N、P、K、Na、S、Ca、Mg、Fe、Mn、Zn和Cu,部分厌氧菌必需的微量元素还包括Ni、Co和S。因此,地下水中这些元素的含量及其有效性应达到最优化以获得最大的降解率。

石油污染的地下水中,石油烃本身是丰富的碳源,而氮、磷相对缺乏,氮源和磷源是常见的烃类微生物降解限制因素,添加适量氮磷营养盐是最简单而有效的方法,该类营养物可以促进微生物降解。使用的营养盐有三类:缓释肥料、亲油肥料和水溶性肥料。

6.2.3　应用实例(Applied Case)

1. 地下水石油烃污染的天然生物修复

关于地下水石油烃污染的天然生物修复的现场证据,目前世界上的报道还不多。美国加利福尼亚州(以下简称加州)的一项调查表明,在已注册的170 000个地下储存罐中有11 000个发生了泄漏,这个6.5%的比例只是一个不完全的统计。大多数泄漏的储存罐是储存汽油的,而1000L汽油中就含有26.4kg的苯。由于苯的溶解度大,少量的苯就可以污染大量的地下水。从加州的汽油泄漏范围及泄漏量来看,如果苯与其他在环境中易迁移的污染物一样随地下水运动,苯在加州的供水井中也应广泛出现,但地下水水质调查结果却出乎预料,在大型供水系统的2 947眼取样井中,仅9眼井中含有苯,最高含量为1.1μg/L,在33种污染物中的检出频率居第18位。在小型供水系统的4 220眼取样井中,只有1眼井中含有苯,含量为4.1～4.3μg/L,在36种污染物中检出频率居第26位,另外10种化合物也仅检出1次。那么,苯到哪里去了?这可能是许多因素同时作用的结果,但最可能的原因是被天然生物的降解作用去除了。

美国Rocky Pint N由于汽油罐泄漏,包气带土层和地下水受严重污染。土中的石油烃(BTEX)浓度为180～380mg/L,地下水的BETX总量最高达25.628mg/L。由于产生天然生物降解反应,地下水中的一些化学指标产生如下的明显变化:污染羽状体的上游边缘;DO、NO_3^- 和Eh值明显降低;DO从2.4mg/L降至0.3mg/L;NO_3^- 从29.5mg/L降至0.4mg/L;Eh值从190mv降至−132mv;HCO_3^- 和 Fe^{2+} 急剧上升,HCO_3^- 从8.5mg/L升至65.9mg/L;Fe^{2+} 从0.2mg/L升至29mg/L。显然,在此地段,产生了以 O_2、NO_3^- 和Fe(Ⅲ)为电子受体的综合生物降解反应。污染羽状体的中部,SO_4^{2-} 浓度急剧下降,从33mg/L降至0.6mg/L;Fe^{2+} 继续升高,从29mg/L升至65mg/L;HCO_3^- 也继续升高,从65.9mg/L升至118.3mg/L。显然,在此地段,产生了以 SO_4^{2-} 和Fe(Ⅲ)为电子受体的生物降解反应。

2. 生物通风(Bioventing,BV)实例研究

生物通风是一种强迫氧化的生物降解方法。在污染的土壤上打至少两口井,安装鼓

风机和抽真空机，将空气强排入土壤中，然后抽出，加速土壤中污染物的生物降解。在通入空气时，加入适量的氨气，能为土壤中的降解菌提供氮素营养，促进微生物降解活力的提高。生物通风法修复系统的主要制约因素是土壤结构，不合适的土壤结构会使氧气和营养元素在到达污染区域之前就被消耗，具有多孔结构的土壤污染可以采用生物通风法来处理。

生物通风系统的处理工艺有三种：(1)单注工艺，只向包气带土层注入空气，优点是工艺简单省钱。(2)注-抽工艺，先把空气注入包气带土层，然后从一定距离的污染土层中抽出。优点是含有挥发烃气体的空气从注气井再进入抽气井过程中，产生好氧生物降解，避免了污染气体进入大气。它适用于附近没有建筑物的场地。(3)抽-注工艺，先把污染土层中的污染气体抽出，然后从一定距离的非污染区中注入，其去除机理类似于第二种工艺，适用于附近有建筑物的场地。美国佛罗里达州的某空军基地曾使用此技术。

Michael 已经通过实施研究证明了，生物通风技术(BV)在修复成品油(包括汽油、煤油和柴油)泄漏方面有很高的效率，主要应用于渗流区有机污染物的去除，并且操作费用低。国外对生物通风的实验室研究和现场应用均有报道。1996 年，美国军事环境中心在三个地点进行了生物通风的初试实验，对其中的两个又进行了实际规模的清除实验。这些实地应用表明：BV 在修复成品油(包括汽油、喷汽燃料、煤油和柴油)泄露方面有很高的效率，特别是对于那些中等分子量的成品油(如柴油和喷汽燃料)污染区。因为越轻的产品(如汽油)越易挥发，利用 SVE 能更快速去除，而重一些的产品(如润滑油)的生物降解则要花费更长的时间。

隋红等以苯、甲苯和对二甲苯(BTX)为模拟污染物，研究了生物通风原位土壤修复方法去除土壤中石油污染物的效果，结果表明生物通风由于生物降解，污染物修复得更为彻底。

典型的生物通风系统包括一个或多个伸入土壤非饱和区的抽取井、鼓风机或真空泵，通常还包括空气注入井或压力通风井。系统组成如图 6-11 所示。

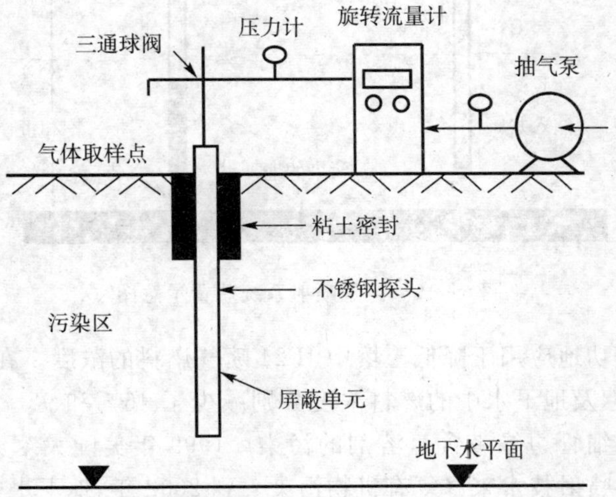

图 6-11　生物通风系统示意图

李金惠等在对油污土壤的通风去污机理进行分析的基础上，通过一维土柱实验，研究了抽排气体流速、土壤含水率和土质对去污过程的影响。马海斌等在假定土壤中非水相液态有机物及抽排气体都为理想状态下，应用拉乌尔定律及达西方程，建立了一种简化机理模型，并给出了求解步骤及计算机求解程序算法流程。丁克强等在自制反应器中进行了为期 50d 的堆腐试验，证明了通气可为石油污染土壤中的微生物提供充足的电子受体。从而促进微生物的生物活性，强化对石油污染物的氧化降解作用。

BV 通风现场效果受多种因素影响，因其靠土壤通风为微生物提供氧源以降解去除污染物，因此，土壤渗透特性是 BV 体系的重要因素，另外，土壤其他无机及有机环境如土壤湿度、pH 值及土著菌活性等是非常重要的因素。

3. 空气喷射(AS)技术实例研究

原位空气喷射被认为是去除饱和土壤和地下水中挥发性有机化合物的最有效方法。空气喷射是与土壤气相抽提(SVE)互补的一种技术，其目的是去除在水位以下地下水饱和区中溶解的有机化学物质，通过将新鲜空气喷射进饱和土壤中，由于浮力的作用，空气逐步向原始水位上升，从而达到去除化学物质的目的。

在 AS 的作用下，压缩空气喷入地下水位以下的污染带，通过气、液两相间的传质过程，污染物从土壤或地下水中挥发到空气中，含有污染物的空气在浮力的作用下不断上升，通过气、液两相间的传质过程到达地下水位以上的非饱和区域，使之在微生物的作用下得到降解。空气喷射系统装置如图 6 - 12 所示。

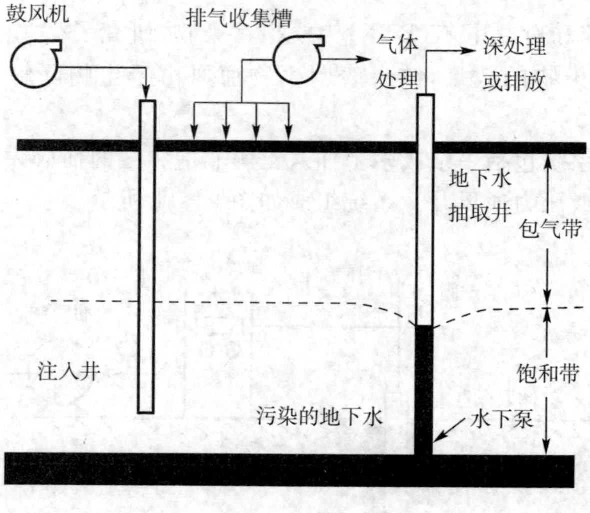

图 6 - 12　空气喷射系统装置示意图

这项技术已被成功地应用于降低土壤中 JP24 喷气燃料的浓度。在地下水位为 12m 的地点使用该技术，土壤及地下水中的燃料浓度分别减少了 46%和 97%。此外，还可以有效地处理地下水区和毛细管边缘带含氯溶剂的污染。1999 年美国大草原流域(SRS)的卫生填埋场开始使用生物喷射技术来修复有机物污染。到 2002 年，地下水中氯乙烯和三氯乙烯(TCE)的浓度分别降低了 99%和 75%。1998 年，在美国佛罗里达州的 Young-Rainey 科技研究中心 118hm^2 的区域里使用了生物喷射技术来进行地下水的修复。这套系统包括三个在地下 713m 处的水平井，其全长为 152m，到 2002 年 9 月，污染已经明显减少并被控制在该区域内。2003 年 3 月，美国环保局(EPA)在迪比克市签署的建议书中提到生物喷射修复技术对环境没有附加不利的影响。

Benner 等在美国芝加哥附近运用 AS 技术对砂质土壤和地下水进行去除甲苯、乙苯和二甲苯(TEX)的研究，发现现场大约有 20～140kg 的污染物(占总量的 0.2%～6%)通过挥发得以去除。根据现场产生的 CO_2 量预测大约有 540kg 的污染物(占总量的 8%～23%)通过有氧生物降解被完全矿化。另外，现场 TEX 浓度下降了 88%，而且 97%以上的 TEX 去除是由于有氧生物降解的作用。

陈颖等对明尼苏达州的一块封闭的废弃物填埋场，划出一块生物处理区让水渗漏流入地下水，它通过空气喷射原理的生物通风影响区，建立起好氧生物活性，土内最初 CH_4 和 CO_2 气体被 N_2、O_2 和 CO_2 所替代，最初的氧消耗率为 0.1%/h～0.3%/h，并且在几个月内增加到 2.5%/h，而通风区温度相应增加到超过 35℃。在填埋的渗漏和下面的地下水中，大多数有机污染物的浓度降低了。芳香烃、卤化芳香烃和脂肪族化合物的数量在最初的几个月内减少了一个数量级。测试结果表明，持续生物通风能够使渗滤水浓度以及后来的地下水浓度降低。

Reddy 等在实验室用一维土柱模拟的研究发现，土壤粒径极大地影响 AS 去除有机污染物的效率。土壤的有效粒径存在一个边界值，其值为 0.2mm。当有效粒径超过 0.2mm 时，AS 去除有机物的效率和粒径将存在某种线性关系。当有效粒径低于 0.2mm 时，AS 去除有机物所需的时间将大大增加。

空气喷射技术的影响因素有：

(1)含水层的渗透性，要求渗透率为 $k>10^{-9}cm^2/d$，否则不利于导气，效果不显著。

(2)地下水 pH 值，需要 pH=6～8，才利于微生物生存，否则需事先调整。

(3)微生物的密度，适合密度为 10^4～10^7CFU/g(土)时处理效果才显著，如果太低则需把土壤中那些危害微生物的毒性物质的浓度降低或加入人工培养的菌种。

(4)所提供营养物质的碳、氮、磷的比值，根据细菌的分子结构分析认为，所提供的营养物质应为 C∶N∶P=100∶10∶1。

(5)地下水中 Fe^{2+} 的浓度应小于 10mg/L，否则在通入空气时，它会被氧化形成 $Fe(OH)_3$ 沉淀，堵塞孔隙。

(6)污染物的分子结构，有机分子量越小，就越容易被微生物所利用。一般来说，9 个碳原子以下的油类分子容易被处理。

(7)污染物的浓度，过高或过低都会影响处理效果。过高的浓度对微生物的毒性过大，而过低的浓度会降低微生物的活性和繁殖速度。实践证明，如果汽油的浓度超过5 000ppm 或重金属元素的浓度超过2 500ppm 就会危害微生物的生存。

(8)污染物的种类，气压如果过大或沸点越低，则它更趋于挥发，而不容易被微生物所降解。一般来说，沸点为 250℃～300℃以下的化合物更易于蒸发掉，应该利用蒸气提取法(而不是微生物降解法)清除它们。

4. 生物啜食实例研究

生物啜食系统是通过使用真空泵产生足够的负压来驱动地下轻质非水相液体(LNAPLs)的运移。过程伴随着土壤气和少量地下水的抽出。产生的压力梯度增加了浮油向井的迁移输送,避免了水平面下由于水面的反弹作用而截留浮油的现象。生物啜食技术经常与生物通风和真空抽提相结合使用,是对传统修复技术的又一发展。

1994 年 7 月,美国空军在 23 个地区对生物啜食技术修复地下水和毛细管区 LNAPLs 以及增强生物降解的有效性方面做出了评价。初步结果表明,它在修复浮油方面比传统的方法更高效。从 1996 年起,美国空军在印度洋的 Diego Garcia 岛上开始使用生物啜食法来修复包气带中 JP25 燃料的污染。在此基础上,环境优化中心在三个治理区扩展和强化了这个系统。2000 年,生物啜食系统已经被用于岛上所有受燃料产品污染的地区,扩展的系统包括了 50 个生物啜食井。在 2～3 年的运行过程中,大多数井中浮油的厚度明显下降。例如,1998 年 9 月至 2000 年 12 月,有 10 个井内浮油的平均厚度下降了 1 倍;2000 年 7 月至 2001 年 9 月,补给槽中地下燃料的量也降低了 80%以上。到 2002 年 5 月,在靠近跑道的井中已检测不到燃料的积聚现象。生物啜食最适合修复地下水面自由态的浮油污染。

除了向地下补充氧气以外,在修复无机物污染时,可以补充微生物所需的营养物质,或将分离纯化的优势菌菌液注入污染场地强化原位修复。张胜等采用在野外试验井中加入少量乙醇营养物质和分离培养的反硝化细菌菌液的试验方法,进行了硝态氮污染地下水原位微生态修复技术研究。结果表明,地下水 NO_3^- 的最大去除率达到 98.8%,利用乙酸钠作为营养碳源进行的微生物脱氮试验效果也较好,对地下水中 NO_3^- 的最大去除率可达 98%。

5. 有机粘土法实例研究

有机粘土法是原位处理污染地下水的有效方法。利用人工合成的有机粘土能够有效去除有毒化合物。带正电荷的有机修饰物、阳离子表面活性剂通过化学键键合到带负电荷的粘土表面合成有机粘土,表面活性剂可以将有毒化合物吸附到粘土上从而去除或进行生物降解。具体做法是:利用土壤和含水层物质中的粘土,在现场注入季铵盐阳离子表面活性剂,使其形成有机粘土矿物,现场形成有机污染的吸附区,从而增加含水层对地下水中有机污染物的吸附能力,以截住和固定有机污染物,防止地下水进一步污染;然后利用现场的微生物,降解富集在吸附区的有机污染物,从而彻底消除地下水的有机污染物。

针对地下水有机污染物以芳香族化合物为主的特点,亢宇等用采自北京六里屯垃圾填埋场的天然粘土对含有苯、二甲苯、三氯甲烷等有机污染物的模拟废水进行了吸附实验,结果表明,六里屯垃圾填埋场的天然粘土对上述三种代表性的有机污染物的吸附率较差,基本在 30%以下,不能有效防止垃圾渗滤液中有机污染物下渗污染地下水,必须进行天然粘土的有机改性后才能作为填埋衬层使用。

李万山等以阳离子表面活性剂 HDTMA 改性两种粘土,研究了以季铵盐(QAC)阳离子表面活性剂十六烷基三甲基铵离子(HDTMA)改性膨润土和凹凸棒土,研究它们对模拟地下水中的苯、甲苯、二甲苯的吸附作用。结果表明,两种 HDTMA 改性粘土矿物的有机质含量分别提高了 54.8 倍和 404.5 倍。它们可以有效吸附地下水中的苯系物,吸附量比原粘土矿物高出几十至上百倍,对苯、甲苯、二甲苯来说,改性凹凸棒土和膨润土的吸附系数分别是原土的 79.5 倍和 289 倍、106 倍和 334 倍、418 倍和 578 倍。

以附着有生物膜的颗粒化有机粘土作为地下水修复中反应栅的反应载体,以柴油为对象,利用有机粘土对油料的吸附以及降解石油菌的协同机制,对石油烃污染水体进行了修复实验研究。使用多控制因素复合处理方法在石油烃污染水体修复中收到很好的效果，在 1 个月的时间内石油烃的降解率接近 50%。在降解过程中，营养物的投加对石油烃的降解起着主要作用。

6. 厌氧处理实例研究

大多数生物修复方法都是在好氧环境中进行的。事实上在厌氧环境中进行的生物修复也具有极大的潜力。厌氧降解碳氢化合物时，微生物利用的电子受体包括：硫酸盐、硝酸盐、Fe^{3+}、Mg^{2+}、CO_2 等。已有利用此法在污染现场含水层缺乏溶解氧的情况下成功处理 BTEX 的例子，BTEX，即苯（benzene）、甲苯（toluene）、乙苯（ethyl benzene）、二甲苯（xylene）。在美国加州，通过注射 NO_3^- 和 SO_4^{2-}，治理 SEAL 海滩受石油污染的含水层，BTEX 发生了就地厌氧生物降解。相对自然衰减的修复而言，向污染的含水层中联合注射 NO_3^- 和 SO_4^{2-}，可以加速 BTEX 的迁移，采用一组多层次的取样井，监测电子受体原地的空间分布和 BTEX 化合物的变化状况。NO_3^- 比 SO_4^{2-} 先被利用，且在距注射井 4～6m 的水平距离内即被消耗完全，而 SO_4^{2-} 则在脱氮以外的地方被消耗。虽然限制了 NO_3^- 和 SO_4^{2-} 各自的投加量，但联合注射增加了电子受体的总容量，较单独注射 NO_3^- 而言，联合注射的另一个优点表现为：注射 SO_4^{2-} 促进了总的二甲苯降解，同时，联合注射也促进了注射井周围苯的降解，只是在其他优先降解的烃类化合物被去除后，苯才发生厌氧降解。

Richard 等对圣地亚哥的一处石油污染的地下水进行了厌氧修复研究，他们利用硝酸盐作为电子受体补给到地下水中，强化细菌的脱氮过程（该过程有利于单环芳香族化合物的生物降解）。结果表明，在营养物富足的地带，6 个月内取得较好的修复效果，其中 BTEX 水平降低了 81%～99%。

研究表明，在缺氧或厌氧环境中，通过微生物体内酶的催化作用，许多多氯代芳烃类化合物都能被微生物降解。Brown 等人经长期调查分析多氯代芳烃（PCB）在美国 Hudson 河上游沉积物剖面上的分布情况，结果表明，在微生物的作用下，缺氧沉积物中的 PCB 可被还原脱氯。

厌氧处理生物修复技术对某些污染物如三硝基甲苯、PCB 等的降解比好氧处理更为有效。

7. 异地生物修复技术实例研究

当原位生物修复方法难以满足环境要求时，异位生物修复技术成为重要的选择。异位生物修复是将污染土壤集中起来进行生物降解，可以利用土著微生物，也可以利用外加的降解微生物。其方法主要包括预制床法、生物堆放法、生物反应器法等。异位生物修复可保证生物降解的较理想条件，被视为一项具有广阔应用前景的处理技术。

对于地下水污染，采用"抽出-处理"的异位处理方式，就是将地下水抽提到地上部分用生物反应器加以处理的过程，这个过程包括 4 个步骤：(1)将污染地下水抽提至地面；(2)在地面生物反应器内对其进行好氧生物降解；(3)处理后的地下水通过渗灌系统回灌到土壤中；(4)在回灌过程中加入营养物和已驯化的微生物，并注入氧气，使生物降解过程在土壤及地下水层内亦得到加速进行。使用的生物反应器主要包括生物膜法（生物滤床、生物转盘、升流固定床和流化床）、活性污泥和升流厌氧污泥床法。国内关于石油污染土壤异位生物处理技术还仅限于理论研究和小型实验。

(1)预制床(Prepared bed)技术修复

预制床法是在不泄漏的平台上，铺上石子和砂子，将受污染的土壤以15～30cm的厚度平铺其上，并加入营养液和水，必要时加入表面活化剂，定期翻动充氧，以满足土壤中微生物生长的需要，处理过程中流出的滤液回灌于该土层上，以便彻底清除污染物。预制床处理是农耕法的延续，但它可以使污染物的迁移量减至最低。邵涛等采用预制床生物修复技术首次对江苏油田三个井站的罐底油泥(砂)和三相分离器废油泥(砂)进行工艺研究，建立了运行稳定的处理与利用现场示范工程，取得了满意的试验效果，现场油泥(砂)的总油含量大于100g/kg(土)，装置运行2个月，总油去除率96.4%～98.4%，其中烷烃去除率74.7%～98.5%，沥青质去除率75.0%～89.4%，芳香烃去除率85.5%～99.6%。对不同类型原油污染土壤在实用规模的预制床上采用堆制技术进行生物修复，通过投加肥料、菌剂、控制水分和pH，可使微生物获得较好的生态环境，当稀油、高凝油、特稠油和稠油污染的土壤中原油总量为25.8g/kg～77.2g/kg时，经过近2个月的运行，石油总量的去除率可达38.37%～56.74%。

(2)生物堆放法技术修复

生物堆放法是一种对土地处理技术的改进降解技术，作为最基本和最有效的异位生物修复技术之一，已被众多研究证明可有效修复土壤石油污染。通常是将石油污染土壤从污染地域挖出，运输到异地堆积，一般成条状，中间留有“田埂”，便于收集产生的渗出液，避免处理现场土层的污染；生物修复处理后再运回原地。该技术的特点是在堆起的土层中铺有管道，提供降解用水，并在污染土层以下设有多孔集水管，收集渗滤液。系统还可设有送气管和空气泵，以稳定氧的补给。各种均匀布水或滴灌技术均可应用于这种处理系统中，而且系统可以是完全封闭的，内部的气体，包括降解产物和挥发的石油类物质，都经过诸如活性炭吸附、特定酶的氧化或加热氧化等措施处理后才向大气排放，而且封闭系统的温度更加稳定。所以，堆放法二次污染更少，处理效率更高。

堆放法的优点是可以在土壤受污染之初限制污染物的扩散和迁移，减少污染范围。缺点是挖掘和运输费用高于原位修复，可能破坏原地土壤的生态结构，在运输过程中会造成污染物的进一步暴露。

固体发酵法(堆肥法)需要添加麦秸、棉花或其混合物以提高生物反应效率，利用白腐菌(*Pleurotus pulmonarius*)的固体发酵可以有效地分解除草剂阿特拉津；固体发酵反应器还有效地用于处理聚氯联苯(PCBs)、氯代乙烯、芘污染的土壤或地下水。

姜昌亮等采用异位生物修复技术长料堆式堆制处理方法，对辽河油田四种不同类型的石油污染土壤进行了生物处理示范研究，取得了实用规模条件下石油污染物去除的良好效果。

(3)生物反应器法修复

生物反应器是一种处理污染土壤的特殊反应器，反应器可建在污染现场或异地处理场地。生物反应器在结构上与常规的生物处理单元类似，既可是活性污泥类反应器，也可是生物膜反应器。这些反应器可以是一些可移动的单元，能被运到处理现场，与污染物的原位修复处理相结合；也可以是建在处理区的构筑物，通常是卧鼓型和升降型，有间歇式和持续式两种，但多为间歇式。

一般情况下，生物反应器法的处理有下列几个过程：①将污染地下水抽提至地面；②在地面生物反应器内对其进行好氧降解，运转过程中要对生物反应器补充营养物和氧气；③处理后将地下水通过渗灌系统回灌到土壤内；④在回灌过程中加入营养物和已驯化的微生物，并注入氧气，使生物降解过程在土壤及地下水层内亦得到加速进行，如图 6－13所示。

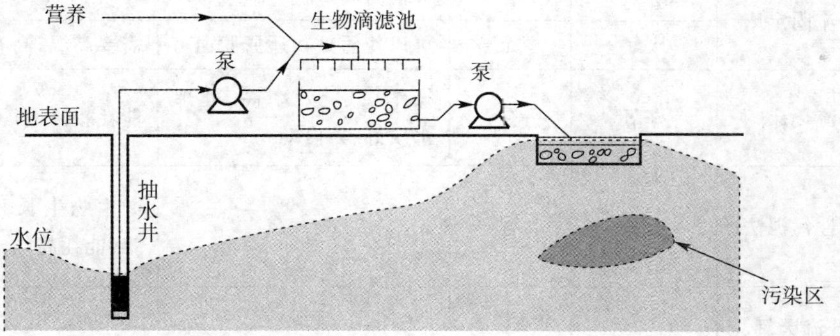

图 6－13　生物滴滤池修复污染地下水的过程示意

同常规废水处理一样，反应器的类型有多种形式，如细菌悬浮生长的活性反应器、串联间歇反应器，生物固定生长的生物滴滤池、生物转盘和接触氧化反应器，厌氧菌处理的厌氧消化和厌氧接触反应器，以及高级处理的流化床反应器、活性炭生物反应器等。

泥浆生物反应器是最灵活的方法，其工作原理是将污染土壤用水调成泥浆，装入生物反应器内，控制一些重要的生物降解条件，提高处理效果。还可用上一批处理过的泥浆接种下一批新泥浆。泥浆生物反应器工作的典型流程是：土壤挖出后进行预筛，筛去大块部分，然后将土壤分散于水中（一般 20％～50％重量浓度）送入生物反应器，生物反应器可在好氧或厌氧条件下运转。达到处理目标后，将土壤排出脱水即可。

泥浆生物反应器修复实际是土壤耕作法和堆肥法的重新构造，它们在微生物之间的作用和污染物降解途径方面是相同的，只是该方法增强了营养物、电子受体及其他添加物的效力，因而往往能达到最高的降解率和降解速率。

利用泥浆反应器处理炸药 TNT 的研究显示，通过定期添加污染土壤的操作反应器达到稳定后，TNT 由最初的约8 000mg/kg 降低到检测界限（0.5mg/kg）以下的水平，而且中间代谢产物的浓度也保持在 20mg/kg 以下。木材防腐剂五氯酚（PCP）污染地下水，将污染的地下水从井中抽出，调节 pH 值并加入营养物，投入采用可控温固体化膜生物反应器里，PCP 在里面得到充分的降解。

李培军等在容积 15L 的生物泥浆反应器中处理菲和芘的污染土壤，当土壤中菲和芘浓度为 73mg/g 和 80mg/g 时，15d 降解率分别为 98％和 77％。

对于地下水污染，采用“抽出-处理”的异位处理方式，使用的生物反应器主要包括生物膜法（生物滤床、生物转盘、升流固定床和流化床）、活性污泥和升流厌氧污泥床法，其优缺点的比较见表 6－3 所列。

表 6－3　用于地下水修复的不同生物反应器的优缺点比较

工艺		好氧/厌氧	实际应用	主要优势	主要缺点
附着增殖法(生物膜法)	生物滤床	好氧	有	设计、维护和操作简单	处理水质差
	生物转盘	好氧	有	设计简单、成本和能耗低	处理水质差
	升流固定床	好氧	有	停留时间可控	
		厌氧	无	可以使污染物还原脱卤	需要高温、高有机负荷
	流化床	好氧	有	操作稳定、效率高、处理水质好、易启动	能耗较高
悬浮增殖法	活性污泥法	好氧	有	无	微生物生长和浓度维持难，能耗高
	升流厌氧污泥床	厌氧	无	可以使有机物还原脱卤	需要高温和补充有机碳

生物反应器法研究地下水中污染物降解的报道还有很多，尤其是对于地下水中氮污染的去除。董悦安等用土柱模拟菜田施肥(化肥)残存量对地下水氮污染。结果表明，土柱中所施化肥残存量的 72.08％和 47.44％随下渗水流出。模拟非均质包气带结构对地下水氮污染去除的实验表明，装有四层粘性土夹层的砂柱对硝酸根离子的去除率分别为 85.69％(以蒸馏水混合液注入)和 32.48％(以地下水混合液注入)。刘海春等通过实验室动态模拟试验，进行了渗滤液回灌型生物反应器填埋场系统和脱氮型生物反应器填埋场系统对填埋垃圾的脱氮性能及脱氮机理的初步研究，结果表明，脱氮型生物反应器填埋场系统所提供的生物空间环境更有利于反硝化细菌的生长与繁殖，其反硝化细菌的数量始终比常规的渗滤液回灌型生物反应器填埋场系统高 1～3 个数量级；其氨氮去除效果达到 90％左右，远远优于渗滤液回灌型生物反应器填埋场系统。曹敬华等采用中空纤维萃取膜生物反应器进行反硝化去除地下水中的硝酸盐，该反应器反硝化区与产品水分离、出水不受微生物污染，而且扩散速率快、硝酸盐去除速率快。试验装置设两级反应器，其中，一级反应器主要起预处理作用，去除地下水中溶解氧，为二级反应器内的反硝化细菌提供良好的生长环境。该试验整个系统硝态氮去除速率达到了 3.36g/(m^2 · d)，相应的出水硝态氮浓度为 9.76mg/L，二级反应器硝态氮去除速率达到 5.46g/(m^2 · d)，一级反应器硝态氮最大去除速率为 0.4g/(m^2 · d)左右。

6.3　反应渗透墙修复技术(Permeable Reactive Barrier Technique)

6.3.1　概述(Introduction to the Permeable Reactive Barrier)

1. 定义

根据美国环保署(EPA)1998 年发行的《染物修复的 PRB 技术》手册，反应渗透墙技术被定义为是一个填充有活性反应材料的被动反应区，当污染地下水通过时污染物能被降解或固定。其中污染物靠自然水力传输通过预先设计好的介质时，溶解的有机物、金属、核素等污染物被降解、吸附、沉淀或去除。屏障中含有降解挥发性有机物的还原剂、固定金属的络(螯)合剂、微生物生长繁殖所需要的营养物和氧气用以增强生物处理或其他试剂。该技术示意图如图 6 - 14 所示。

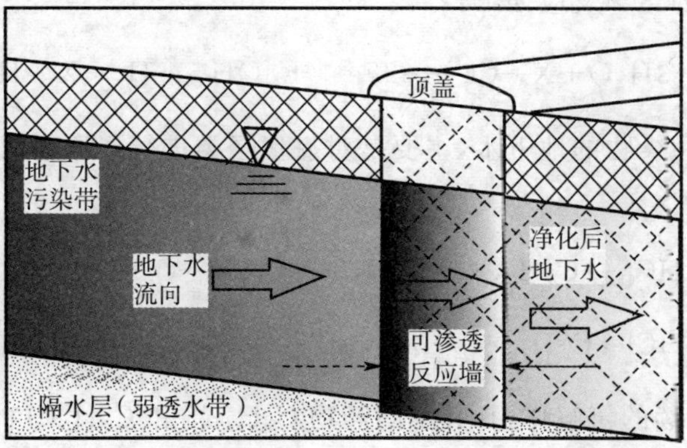

图 6 - 14 PRB 反应示意图

PRB 技术作为污染地下水的原位修复技术，其主要优点是不需泵抽和地面处理系统，且反应介质消耗很慢，有几年甚至几十年的处理能力，除了需长期监测外，几乎不需运行费用，能够长期有效运作，不影响生态环境。

目前，欧美一些发达国家已对其进行了大量的试验及工程技术研究，并投入商业应用。在我国，PRB 技术仍处于试验摸索阶段。

2. 原理

主要介绍反应材料是零价铁的修复原理和微生物修复原理。

(1)零价铁的修复原理

当地下水和零价铁反应时，Fe^0 在厌氧和好氧条件下的反应如下：

$$\text{厌氧}: Fe^0 + 2H_2O \longrightarrow Fe^{2+} + H_2 + 2OH^-$$

$$\text{好氧}: 2Fe^0 + 2H_2O + O_2 \longrightarrow 2Fe^{2+} + 4OH^-$$

在好氧腐蚀过程中，溶解氧是优先的电子受体，但在地下环境中，随着反应中氧气的消耗，最终会变成厌氧或缺氧状态。因此，无机污染物(如 CrO_4^{2-})或氯代有机物能作为电子受体而被还原。

与无机金属离子的化学反应如下：

$$Fe^0 + UO_2{}^{2+}_{(aq)} \longrightarrow UO_{2(s)}$$

$$CrO_4^{2-} + Fe^0 + 8H^+ \longrightarrow Fe^{3+} + Cr^{3+} + 4H_2O$$

$$(1-x)Fe^{3+} + (x)Cr^{3+} + 2H_2O \longrightarrow Fe_{(1-x)}Cr_xOOH_{(s)} + 3H^+$$

上式 UO_2 是一种非晶质或晶质的氧化铀沉淀。强烈的还原条件有利于铀的还原和沉淀。此外,如果氧化条件再现,还原的铀可以再被氧化而迁移。Fe^0 和 CrO_4^{2-} 的反应产生的沉淀可能是一般通式为 $(Cr_x,Fe_{(1-x)})(OH)_3$ 的固液相结构。实验室研究中更多显示的主要反应产物 $Fe_{(1-x)}Cr_xOOH_{(s)}$。此外,Fe^0 对许多金属如 Se、As、Cu、Hg、Tc 等,具有潜在的去除机理,需要进一步的研究。

Fe^0 和氯代烃类的化学反应如下:

$$2Fe^0+3H_2O+X—Cl\longleftrightarrow 2Fe^{2+}+3OH^-+H_2+X—H+Cl^-$$

Fe^0 修复含有机污染物的地下水,主要是对氯代烃类进行还原脱氯,例如对 PCE(C_2Cl_4)的脱氯过程有两条路径。

一是,$C_2Cl_4\rightarrow C_2HCl_3\rightarrow C_2H_2Cl_2\rightarrow C_2H_3Cl\rightarrow C_2H_4\rightarrow C_2H_6$;

二是,$C_2Cl_4\rightarrow C_2HCl\rightarrow C_2H_2\rightarrow C_2H_4\rightarrow C_2H_6$。

第一条路径为连续的氢解作用,其中间产物 $C_2H_2Cl_2$ 和 C_2H_3Cl 的降解速度比 C_2HCl_3 慢,而第二条路径的中间产物 C_2HCl 能很快地还原为 C_2H_2。因此,第二条路径的还原速度较快。

Fe^0 的氧化反应会使 pH 上升,有利于碳酸钙、碳酸铁以及其他不溶解金属氢氧化物的沉淀,这些沉淀可降低 PRB 的可渗透性,甚至造成堵塞。此外,地下水自身的性质对 Fe^0 墙体内的 pH 值也有重要影响。缓冲能力低的地下水在 Fe^0 墙体中显示出较高的 pH 值,会抑制微生物的活性,产生较少的生物吸附。而缓冲能力高的地下水在 Fe^0 墙体中的 pH 接近中性,易造成对金属硫化物和碳酸盐的吸附。

研究发现,铁的氧化物或氢氧化物沉淀造成的 PRB 的堵塞,主要是由于地下水中的 DO 值上升,导致 Fe^0 充分氧化形成 $Fe(OH)_3$ 沉淀,其化学反应式如下:

$$4Fe^0+6H_2O+3O_2\longrightarrow 4Fe(OH)_3$$

在 pH 呈中性时,氢氧化铁的溶解度较低,可认为是沉淀。

由反应式可知,每消耗 0.75mol 氧气,将产 1mol 氢氧化铁。如果地下水中 DO 浓度为 4mg/L,将会产生 18mg/L 的氢氧化铁。假定地下水通过 Fe^0 横截面 $1ft^2$($0.09m^2$)的流速为 0.1gal/min(0.38L/min),6 个月后,产生氢氧化铁的数量将接近 2kg,会形成 1.3cm 厚的堵塞(假定 Fe^0 墙体的孔隙度为 0.5,氢氧化铁的密度为 $3g/cm^3$)。

(2)微生物修复原理

微生物的活动可影响氮、硫、铁、锰等元素的循环。微生物可直接用于硝酸盐、硫酸盐的去除以及通过形成硫化物来沉淀金属离子。

微生物与硝酸盐、硫酸盐的化学反应如下:

$$5CH_2O_{(s)}+4NO_3^-\longrightarrow 2N_2+5HCO_3^-+2H_2O+H^+$$

$$2CH_2O_{(s)}+SO_4^{2-}+2H^+_{(aq)}\longrightarrow 2H_2S_{(aq)}+2CO_{2(aq)}+2H_2O$$

$$Me^{2+}+H_2S_{(aq)}\longrightarrow MeS(s)+2H^+$$

这里 CH_2O 代表有机碳的一种简单形式，Me^{2+} 代表 2 价金属阳离子。有机碳的来源主要是一些容易利用的材料，如木屑、城市堆肥等。

从反应式可以看出，微生物作为中介，不仅可以有效地去除硫酸盐，也可以提高对金属离子的去除率。

6.3.2　技术分析(Technique Analysis)

1. 反应材料

选择的材料不应有过小的粒径，以防止地下水流有过长的水力停留时间；也不应由不同粒径的颗粒组成，以防止堵塞粒间空隙。

(1)反应材料的分类

反应材料的选择是 PRB 设计和研究的重要内容。PRB 中的反应材料要适合地下环境，也就是反应材料和污染物反应时，不会发生有害化学反应或产生副产品。为了降低 PRB 的费用，反应材料应该在反应中不易溶解或消耗。

PRB 处理污染地下水使用的反应材料，最常见的是零价铁，其他还有活性炭、沸石、石灰石、离子交换树脂、铁的氧化物和氢氧化物、磷酸盐以及有机材料(城市堆肥、木屑)等。零价铁能用于地下水中金属、氯代有机物等的去除。其主要来源是廉价的工业废料。矿物材料作为反应材料，如沸石、石灰石、磷灰石等，具有资源丰富、价格低廉、污染少等优点。矿物材料的表面吸附作用、孔道过滤作用、离子交换作用和金属矿物微溶性的化学活性都是主要的作用机理。

就反应材料来讲，其大体上可以分成两类：一类材料可以和污染物发生化学反应，从而分解污染物使其转化为对人体和环境无害或危害较轻的组分(接触脱卤反应、去氮反应、氧化反应)；另一类材料通过将污染组分从溶液中转移到固体颗粒表面。

(2)选择要求

为确保 PRB 系统的有效，选择的反应材料应具有以下特性：

① 当污染地下水流经 PRB 时，污染组分与反应材料之间应有一定的物理、化学或生物反应性，从而确保其流经系统时，污染组分全部被清除；

② 对污染物吸附降解能力强、活性保持时间长；

③ 在水力和矿化作用下保持稳定；

④ 与污染物及地下水反应时无有毒有害的副反应产物产生，反应材料不应产生二次污染；

⑤ 在地下水环境下及发生反应时具有较强的抗腐蚀性；

⑥ 变形小；

⑦ 粒度均匀，易于施工安装；

⑧ 其渗透系数是含水层渗透系数的 2 倍以上甚至更多，以保证墙体安装后不会影响当地的水文地质条件；

⑨ 处理区的反应材料应能大量获得，以确保处理系统能长期有效地发挥功用。对反应材料的总体要求可概括成有效、经济和安全。

(3)常用的反应材料

① 零价铁

由于铁能降解许多有机物质,如氯化烃、丙烷、芳香烃、铬、镍、硫酸盐、硝酸盐、磷酸盐等,并且是一种便宜和可重复使用的反应介质,所以 PRB 目前使用最多的是粒状零价铁。铁同污染物质之间的反应速度取决于铁颗粒的比表面积,比表面积越大,反应越快。通常铁用来处理的污染物是有机卤化物。

② 有机物质

许多廉价的物质如有机物质,像树叶、泥煤、淤泥、粪肥、锯屑、木材废料等都可以作为反应介质,这些有机物常生成微生物从而使得反应环境呈酸性,在实际的使用中当中可以加入石灰石来中和,或者还可以加入石英砂作为骨架物质来保持其渗透性。

③ 碱性材料

一些学者研究用碱性材料如含水石灰、硫酸亚铁、磷酸盐和其他物质来去除 U、As 和 Mo 的过程,并用这些碱性物质作为反应介质对一些离子进行了室内试验,结果表明用碱性材料作为 PRB 的反应材料是可行有效的。

④ 沸石

铝硅酸盐晶体矿物能够吸附溶液中存在的金属离子和放射性元素。一些学者研究证明用沸石处理重金属离子有较好的处理效果,可用作 PRB 的反应介质。

⑤ 金属氧化物

各种形式的氧化物(氢氧化铁)和氧化铝(矾土)用来修复治理地下水已经有了很多的研究,污染通常是通过沉淀、氧化或者二者结合的方式进行处理。

2. 技术结构及安装

PRB 是一种原位被动修复技术,一般安装在地下含水层中,垂直于地下水流方向。当地下水流在自身水力梯度作用下通过 PRB 时,污染物与墙体材料发生化学反应而被去除,从而达到环境修复的目的。PRB 一旦安装完毕,除某些情况下需要更换墙体反应材料外,几乎不需要其他运行和维护费用。

(1)反应结构

PRB 由反应单元和隔水漏斗两部分组成,其中反应单元用来放置反应介质(如铁屑)。例如当被有机氯化物污染的地下水流经反应单元时,有机氯化物与反应介质接触,被降解为无毒的去卤化有机化合物和无机氯化物。

PRB 可安装成连续性反应单元(continuous reactive barrier)(图 6-15(a))、隔水漏斗-导水门(funnel-and-gate)系统(图 6-15(b))。在隔水漏斗-导水门中,反应单元为反应墙的一部分,隔水漏斗嵌入隔水层中,以防止污染的地下水通过渗流进入下游未污染区。隔水漏斗是由封闭的片桩或泥浆墙组成,用来引导或汇集地下水,使其流向渗透性反应单元,这种结构有时能更好地截获羽状体。例如,当污染物分布不规则时,隔水漏斗-导水门系统能更好地将进入反应单元的污染物浓度均质化。

根据不同的水文地质条件,隔水漏斗可选用不同的形状也可采用将隔水漏斗-导水门与沉箱(cassion)联合布置(图 6-15(c)),它适用于污染羽状体较宽和地表水流速较大的地方,尤以反应单元或导水门的尺寸受安装条件限制时,以确保污染物有足够的停留时间。另外,也可以以图 6-15(d)的方式布置,它应用于污染物浓度较大的地方,而这种连续装填的反应介质可确保污染物被彻底降解。

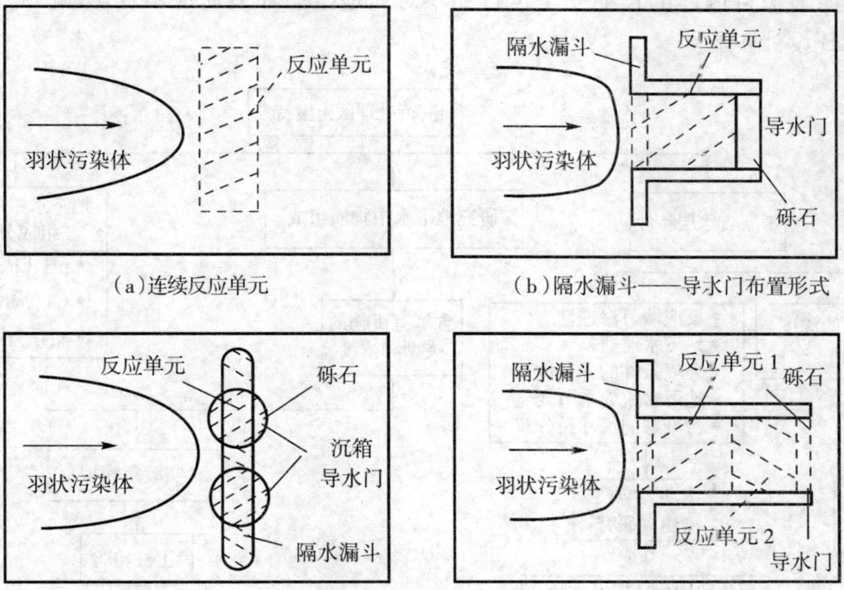

(a)连续反应单元　　(b)隔水漏斗——导水门布置形式

(c)隔水漏水与导水门联合布置　　(d)连续装填反应单元

图 6-15　PRB 反应结构示意图

PRB 常用的有以下两种基本结构：

① 隔水漏斗-导水门式结构。此种结构适用于埋藏浅的大型的地下水污染羽状体，地下水通过比较小的渗透反应门，优点是反应介质的装填量减少，缺点是干扰了天然地下水的流场。

② 连续反应单元的结构。用于地下水污染的羽状体较小时，墙体垂直于污染羽状体的迁移途径，横切整个羽状体的宽度和深度，优点是对天然地下水流场干扰小，易于设计。无论上述那一种类型，关键是要找到合适的去污物质，因为去污物质必须做到去污达标、不产生次生污染、处理成本低廉，否则不可能大量推广和投入商业运作。

(2)设计

① 设计关键问题

PRB 的结构设计要注意以下关键问题：

其一，PRB 嵌进隔水层或弱透水层中，以防止地下水通过工程墙底部运移，能完全捕获地下水的污染带；

其二，能确保地下水在反应材料中有足够的水力停留时间。

② 设计综合考虑

PRB 修复效果受到多种因素的影响，如污染物类型、地下水流速及其他水文地质条件等。设计施工应考虑以下几个方面：

首先，PRB 的渗透系数应该大于含水层的渗透系数，保证墙体的安装不会影响现场的水文条件；

其次，根据污染物类型，选择适合的墙体材料和墙体厚度，保证修复效果；

再次,安装量测设施,对墙体发生的物理、化学反应情况进行监控;

最后,能够保持墙体的长期安全运行和不对当地生态环境造成不良影响。

③ PRB设计步骤

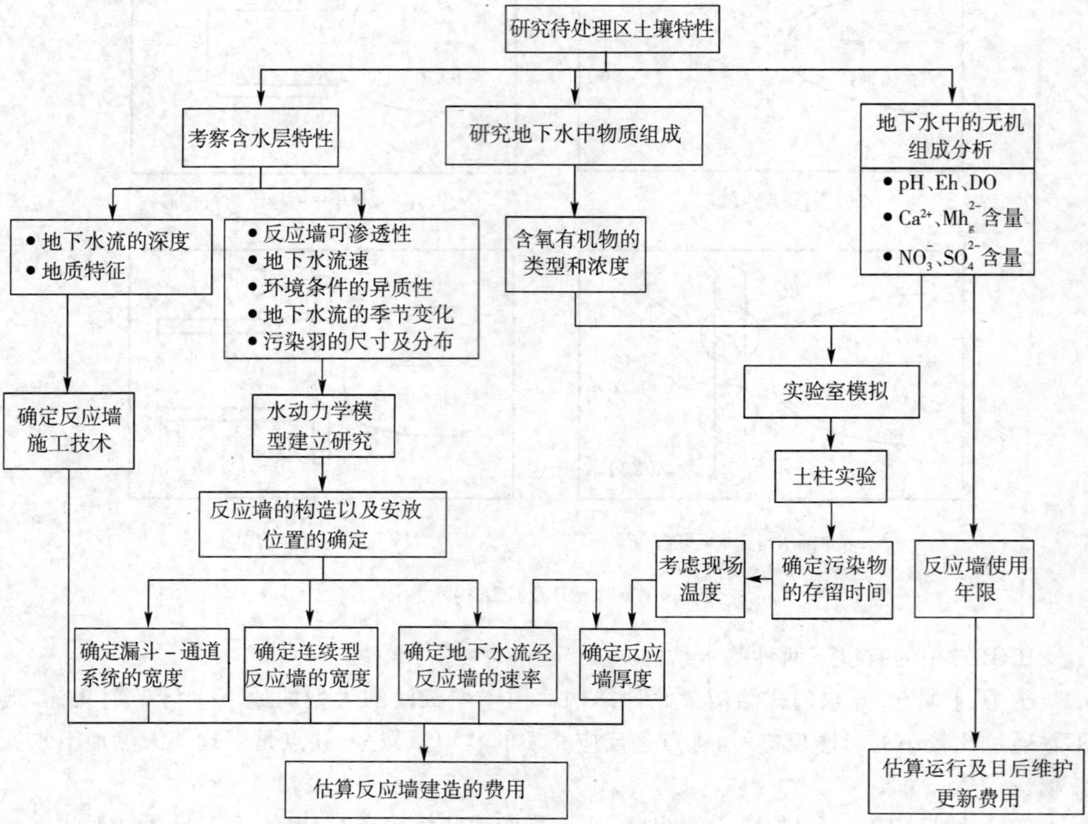

图6-16 PRB设计步骤

(3)安装方法

安装反应渗透墙时,应考虑地下水处理带的深度、含水介质特征、建造成本和与反应物的相容性。过去在工业和民用建筑中所用建造防渗墙的技术,大多适于建造反应渗透墙,称为传统方法,本书只作简单讨论,重点介绍反应渗透墙与防渗墙技术结合的方法。目前,所有的安装方法仅适用于松散沉积物地区。

① 开口地沟

建造反应墙最直接的方法是将地沟挖掘到适当的深度,然后用反应物回填。用挖土机可以使地沟在松散沉积物中的挖掘深度大于30m。然而,对于大多数地区而言,如果挖掘深度远低于地下水位,地沟的墙会坍塌。因此,作为一种方案,有人提出在挖掘前,使用可密封的板桩来支护墙。该技术使得沟的挖掘深度可以达到地下水位以下较深处。土的侧压要求在开挖地沟过程中,支撑柱建于平行板桩之间。这种支撑作为障碍物造成开挖工作的难度。回填后,板桩即被移走。

地沟挖掘技术的主要缺点是如果地沟经过被污染的地区,被挖掘出的物质可能需要转移至有害废物处置场,这将增加修复成本。

② 聚合物泥浆修建的地沟

与修建防渗泥浆墙相似的技术被用于修建深的排水沟和渗透性帷幕，但在修建 PRB 的过程中，可生物降解的聚合物与反应物组成的泥浆代替了膨润土。聚合物泥浆在修建过程中支撑地沟的墙，但是当施工完成后，应尽可能多地去除聚合物。剩余的聚合物发生降解，使得地沟内充满反应物。原则上，这种方法适用于深度超过 30m 的情况。对挖掘出的物质进行处理将导致成本增加。反应物与聚合物溶解、聚合物生物降解和产物应在化学上相容。

③ 土壤混合

土壤混合最早用于使挖掘过程稳定，最近又用于修建防渗墙，主要有两种方法：一种方法是在高压下将泥浆灌入；另一种方法是使用大口径的搅拌机，反应物通过中空的管杆注入。可用于深度超过 30m 的井，且实际上不会移走很多土，这是该法的突出优点。缺点是难以保证反应物充分混合，而且反应物和灌浆系统在物理性质上如何相容，是关键技术问题，这是因为灌浆系统一般是为黏性流体设计的，可能不适合具有不同物理性质的、常为粒状的添加剂。

④ 漏斗-门系统

在修建连续反应墙时的局限性与反应和反应物的性质以及安装方法有关，如由于反应物替换成本过高，反应墙难以甚至不可能被移走，并由于反应物成本高，连续墙难以与传统的修复方法竞争。通过阶段性添加营养物或改变地球化学条件等方法来进行有效维护，对于连续反应墙是行不通的。

漏斗-门系统的防渗部分可通过几种途径来修复，其中包括泥浆墙和可密封的板桩。板桩在许多场合下都有优势，因为安装过程中不会产生大量需要处理的土。反应部分——“门”可以具有不同的几何形状和维度，可以含有多个处理区，每个区设计程处理特定的污染物。

对处理区进行划分可以对处理过程给予更多的控制，还可以克服连续墙安装的一些局限性。设计时主要考虑的因素是被污染的水在反应物中的滞留时间。因此要使效果好，设计时需要了解：地下水达到目标浓度需要经过的滞留时间；天然地下水的流速。在此基础上选择漏斗与门的宽度比，以确定地下水流经门的速度。了解地下水经过门时的流速，就可以确定地下水在反应区内流动的距离，从而求得地下水的滞留时间。漏斗与门的宽度比增加，可以减少必须移走的土壤物质的含量。然而，漏斗与门的宽度比增加，会增加地下水流经门时的流速，反过来增加了地下水在反应区流动的距离。

(4)现场操作中存在的实际问题，见表 6-4 所列。

表 6-4　反应渗透墙技术现场操作中的实际问题

实际问题	说　明
物理性沉积	地下水中细小土壤颗沉积于渗透性反应墙，减少孔隙体积，降低渗透性反应墙的透水性
化学性沉积	碳酸钙、碳酸镁、氧化铁、氢氧化铁及其他无机盐类，在介质材料表面形成沉淀，遮蔽介质材料的可反应位置，降低渗透性反应墙渗透率及处理效率

(续表)

实际问题	说　明
生物性沉积	微生物在渗透性反应墙内生长,造成渗透性反应墙阻塞,遮蔽介质的可反应位置,降低处理效率
水力问题	1. 导引系统无法完全将受污染地下水导入至处理单元; 2. 经导引的地下水在渗透性反应墙上游端产生累积现象

3. 技术优势及存在问题

(1)技术优势

当污染物沿地下水水流方向进入反应渗透墙处理系统,在具有较低渗透性的化学活性物质的作用下,发生沉淀反应、吸附反应、催化还原反应或催化氧化反应,使污染物转化为低活性的物质或降解为无毒的成分。因此,与传统的地下水处理技术相比较,该技术是一无须外加动力的被动系统。特别是,该处理系统的运转在地下进行,不占地面空间,比原来的泵取地下水的地面处理技术要经济、便捷。由于其在原地直接处理,无须储存、运输及清理工作,可以节省开支。实践表明,采用该技术的运转费用相当低廉,是一项值得研究和推广的用于土壤及地下水污染修复的创新技术。

(2)存在问题

PRB技术也存在一定的局限性。

① PRB技术修复机理研究还不够

如很多研究都着眼于如何在理想条件下,利用活性物质处理污染物,然后探讨进一步推广的可能性,基本不涉及吸附机制的研究。吸附并不是简单的过程,深入研究吸附机理对于正确评价污染物原位修复处理非常关键。如吸附是通过络合作用发生的,那么被吸附的污染物将非常稳定,不易再活化,但如果只是简单的静电吸附,则当环境条件改变时,被吸附的污染物就可能活化,重新污染地下水。PRB的氧化还原和生物降解去除的研究中也存在同样的问题。

② PRB技术应用范围还应扩展

虽然 Fe^0 墙已经由处理传统的重金属离子、PCE以及TCE扩展到处理N、P等营养元素和TCA等其他氯代有机物,但其处理对象还可进一步扩展,如石油烃类污染物也可尝试采用 Fe^0 墙处理。另外,PRB技术还可与其他地下水治理技术相结合,形成一套综合的地下水处理系统。如在生物通气法、生物冲淋法等治理地点,建造一圈反应墙,这样不但可以有效继续降解生物通气法等未降解的污染物,而且防止了这些未降解的污染物迁移扩散对周围其他地区的污染。

6.3.3 应用实例(Applied Case)

PRB可以去除地下水中有机物、重金属等物质。在北美和欧洲等国,已进行了大量该技术的工程研究和商业应用,建造安装了超过120座透水性反应墙。

美国北卡罗来纳州伊丽莎白城东南5km处受到铬(VI)和TCE的严重污染,现场土层的铬(VI)质量比达到14 500mg/kg。1996 年 6 月,仅用 6h 就安装完成了一个长 46m,深 7.3m,厚度为 0.6m 的连续地下渗滤墙。该反应渗透墙采用 450t 铁屑作为墙体材料,成功修复了被污染地下水。地下水通过反应渗透墙后,铬质量浓度由上游的 10mg/L 降为 0.01mg/L,TCE 质量浓度由 6mg/L 降为 0.005mg/L,低于规定的最大浓度水平。该系统到现在 9 年多的时间内运行状况良好。该反应渗透墙建造成本为 50 万美元,与抽水处理系统相当,但几乎不需要运行费用。据估算,运行 20 年,能比采用抽水-处理系统节省 400 万美元的维护和运行成本。

美国科罗拉多州 Lowry 空军基地污染点,TCE 污染严重。采用铁屑作为活性材料,构建由两个 4.3m 的障碍墙和一个 1.5m 深、厚度为 3.0m 反应室组成的隔水漏斗-导水门处理系统。经该系统处理后,地下水采样分析表明,TCE 在反应墙表面前 0.6m 内就已完全降解,修复达到预期目标。

利用 PRB 技术对石油烃污染地下水进行修复,取得了显著的效果。研究发现,铁粉或铁粒可以对石油烃进行还原,且铁氧化后形成的氧化铁能吸附石油烃。反应结果使地下水的 pH 值升高,在厌氧环境中引起 $Fe(OH)_2$ 和 $FeCO_3$ 沉淀;在富氧环境中,会形成 $Fe(OH)_3$ 和 $FeCO_3$ 沉淀。生成沉淀对于降低 Fe 的次生污染十分有益,但是由于沉淀和吸附作用,可能在金属表面形成一层反应保护膜,阻碍反应的进一步进行。这一点已经引起研究人员的注意,并对此进行了改进。1997 年 12 月,在澳大利亚东南部一个企业发生了石油溶剂油的泄漏事件,约3 000L 石油溶剂油渗漏到企业附近的土壤中。被污染的地下水是采用隔水漏斗-导水门式渗透反应结构来处理的,主要的污染物是溶解甲苯、乙苯、二甲苯和 C6～C36 的烷烃。经过 10 个月的处理操作后,发现隔水漏斗-导水门式渗透反应结构处理溶解相石油烃是非常有效的。单环芳烃,其处理效率为 63%～96%。C6～C9,C10～C14,C15～C28 烃类的平均去除效率分别是 69.2%,77.6%,79.5%,而最低的去除效率是 C29～C36 烃的平均去除效率,也达到了 54%。

在加拿大一个工业地点,由于存储硫化物精矿,导致了地下水的重金属污染。在污染羽状体流向上安装了小规模的灰泥硫酸盐还原 PRB,使用硫酸盐还原细菌,促进以可溶性金属硫化物形式存在的重金属沉淀出来。运行 21 个月后,Cu,Cd,Co,Ni,Zn 的质量浓度分别从3 630μg/L,15.3μg/L,5.3μg/L,131μg/L 和2 410μg/L 降到 10.5μg/L 0.2μg/L,1.1μg/L,33.0μg/L 和 136μg/L。Schipper 等用含有 30%(V/V)的锯屑组成的 PRB 去除 NO_3-N,浓度由入流的 5～16mg/L 降到出流的 2mg/L 以下。Benner 等用 PRB 处理矿山酸性排水,在安装 1a 后,在硫酸盐还原菌的作用下,SO_4^{2-} 的质量浓度从2 400～3 800 mg/L 降到 1 100～1 900mg/L。

6.4 其他修复技术(Other Techniques)

6.4.1 物理处理技术(Physical Technique)

地下水污染的物理处理技术主要有以下三种方法:

1. 屏蔽法

该法是在地下建立各种物理屏障,将受污染水体圈闭起来,以防止污染物进一步扩散蔓延。常用的灰浆帷幕法是用压力向地下灌注灰浆,在受污染水体周围形成一道帷幕,从而将受污染水体圈闭起来。其他的物理屏障法还有泥浆阻水墙、振动桩阻水墙、板桩阻水墙、块状置换、膜和合成材料帷幕圈闭法等,原理都与灰浆帷幕法相似。总的来说,物理屏蔽法只有在处理小范围的剧毒、难降解污染物时才可考虑作为一种永久性的封闭方法,多数情况它只是在地下水污染治理的初期,被用作一种临时的控制方法。

2. 被动收集法

该法是在地下水流的下游挖一条足够深的道,在沟内布置收集系统,将水面漂浮的污染物质(如油类污染物等)收集起来,或将所有受污染地下水集起来以便处理的一种方法。被动收集法一般在处理轻质污染物(如油类等)时比较有效,在美国处理地下水油污染时得到过广泛的应用。

3. 水动力控制法

水动力控制法是利用井群系统,通过抽水或向含水层注水,人为改变地下水的水力梯度,从而将受污染水体与清洁水体分隔开来。根据井群系统布置方式的不同,水动力控制法又可分为上游分水岭法和下游分水岭法。上游分水岭法是在受污染水体的上游布置一排注水井,通过注水井向含水层注入清水,使得在该注水井处形成一地下分水岭,从而阻止上游清洁水体向下补给已被污染水体;同时,在下游布置一排抽水井将受污染水体抽出处理。而下游分水岭法则是在受污染水体下游布置一排注水井注水,在下游形成一分水岭以阻止污染羽流向下游扩散,同时在上游布置一排抽水井,抽出清洁水并送到下游注入。同样,水动力控制法一般也用作一种临时性的控制方法,在地下水污染治理的初期用于防止污染物的扩散蔓延。

6.4.2 气提处理技术(Air Stripping Technique)

1. 概述

气提(Air Stripping)处理技术是一种利用加压空气通过受污染地下水或地表水,将有害物质加以移除的方法。导入的空气使得污染物质由液态转变为气态(挥发),随后一起被后续处理设备收集并清洁。气提处理技术通常用于处理受污染的地下水。气提处理技术使用一种称作“气提设备”(Air Stripper)的装置,强制空气通过受污染的水体。气提设备通常包含一个充满物质(Packing Material,以塑胶、不锈钢或者陶瓷制成)的处理槽。受污染水体由泵打入处理槽中,并且均匀喷洒于填充物质上。喷洒的水滴形成细水流,往下流过填充物质的空隙,同时处理槽底部以风扇将空气由上往下导入。

当空气通过细小水流时,水中的污染物质会挥发出来,空气和污染物质继续往处理槽上部移动,最后由空气污染控制设备收集并净化。细小水流在填充物质中分散的越均匀,空气越能通过较多的水流,并且将更多的有害物质挥发出来。细小水流到达处理槽底部后收集检测,确认是否被处理干净。若污染物质浓度仍然较高,污染水体可重复打入同一处理槽或另一处理槽,或者使用不同的处理方法另行处理。提气设备的尺寸与结构变化颇大,某些设计是将强制空气横向流过处理槽而非由下往上,换言之,这些设计只能依赖细小水流通过槽内空气的同时,将污染物质挥发出来。通常,气提设备必须依照该污染场址有害物质种类和数量特别设计。

气提处理技术使用上相当安全。气提设备可被送至污染场址,受污染水体须转运至处理场。由于受污染水体进行清洁时存在于处理槽中，干净水体不会被污染。气提后产生的污染空气必须加以净化，并监测是否符合 EPA 标准。气提处理后的干净水可回送至现场。

2. 影响因子

气提处理技术的影响因子主要有四个方面：

(1)污染水量；

(2)有害物质种类与数量；

(3)水体可被泵送的速率；

(4)使用的气提设备数量。

一般而言，依场址情况的不同，净化时间或许将会耗时数年。

3. 优缺点

气提处理技术最适用于含有易挥发污染物质（如染料与溶剂）的受污染水体，若设计适当的话，处理此类污染物质的去除效率可达 99%。气提处理技术不能去除金属、多氯联苯(PCBs)或其他无法挥发的污染物质。气提设备很容易在现场组装并且维护方便，此技术已使用于处理数百个污染场址。

6.4.3　地下水除铁锰技术(Vyredox Technique)

1. 概述

Vyredox 法是利用向抽水井周围的含水层注入氧气来形成高压氧化还原电位和高的 pH 值，使铁锰离子在该条件下被氧化而淀析出来。

Vyredox 法已成功地在世界许多国家的水源地运行，我国曾于 20 世纪 80 年代初引进这种方法，在吉林、黑龙江、武汉等地有过小规模运行，但一直没有正式长期运行的报道。

Grombatch P. 认为 Vyredox 法具有保护自然的现代哲学观。它顺应而又巧妙地利用了自然规律来取代地面的人工除铁锰工艺设备，从而创造了一个优化的人工—自然协调发展的地质环境系统。这与近年来国内有关学者提出的地质环境工程、地下水环境工程等概念有着极为一致的思维方式。

2. 技术优势及存在问题

Vyredox 法在除铁的同时，也除掉了水中 H_2S、NH^{4+} 等还原性组分，因此能有效防止或减轻滤水管的堵塞和 H_2S 对井管的强烈腐蚀。然而 Vyredox 法不能降低水体的 pH 值，对由于地下水 pH 值较低引起的井管腐蚀无能为力。在地下水现场调节水体 pH 值是比较困难的，也未见有针对于此的文献报道。

3. 原理

Vyredox 法的原理如图 6-17 所示。

向井中注入富含氧的水中不含铁锰离子，因而 Fe^{2+} 在距抽水井较远处即可被较低的氧化还原电位氧化为 Fe^{3+} 而沉淀下来。在抽水和注水循环过程中，地下水中的微生物也会繁殖起来，相应的微生物死亡量也会增大，死亡微生物遗体提供了大量有机碳，又可促使一种能氧化分解锰的微生物生长，故沉淀去除锰的作用一般发生在抽水井附近的高 Eh 值区域。显然该方法形成的物理、化学及生物条件是先除去污染含水层中的铁离子，然后再去除锰离子。

从地下抽出的污染地下水并不能直接用于回灌，而是经过专门处理之后才能输给注水井。净化含水层时一般都设有多个抽水井,而每个抽水井的四周又被多个注水井包围起来,抽水井和注水井的总数量应由水文地质条件和污染物的浓度来确定。所有抽水井和注水井都用管道系统联结在一起,并与曝气装置和氧气输入装置相接。抽出的地下水先在地表进行净化,将所含的污染物去除并收集起来,然后再曝气并输入氧气,经过上述过程处理后才输向注水井进行回灌。

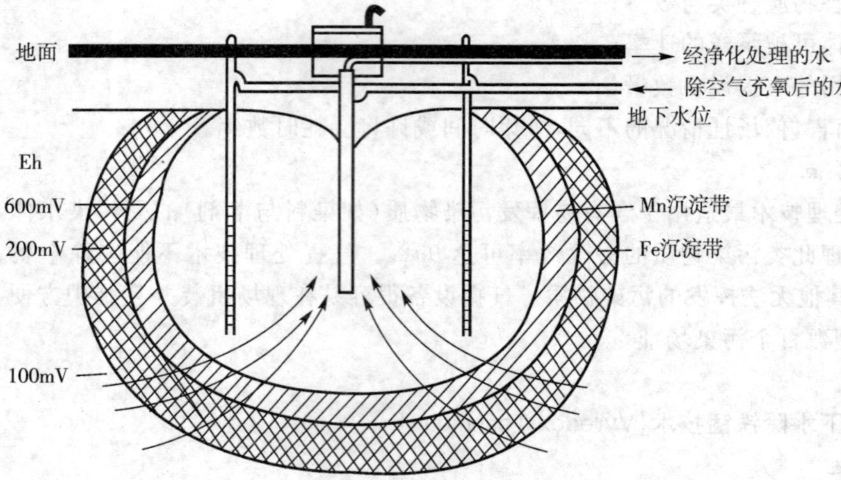

图 6-17 高氧化还原电位条件下去除铁锰原理示意图

用 Vyredox 法净化含水层运转周期短、见效快,1976 年在芬兰研究成功后已逐渐在欧洲一些国家推广,但适用性受水文地质条件和地球化学条件的限制。

6.4.4 臭氧处理技术(Ozone Technique)

向含水层中输入臭氧可以形成分解石油微生物的生长环境,减少溶解有机碳(DOC)的含量,同时又可促使氰的分解。联邦德国卡尔斯诺市曾用此法清理被石油污染的含水层,用四眼深井抽水时在井底安装臭氧混合装置,使抽到地表的地下水与臭氧均匀混合,然后再把抽出的地下水通过设在污染带周围的注水井回灌到地下。地下水位在注水井下部被抬高而形成一道水墙,阻止了污染地下水向污染带范围之外的扩散和运动。用此方法成功地清除了含水层中的石油和氰。

6.4.5 除砷技术(As Desposal Technique)

联邦德国曾用高锰酸钾作为氧化剂来清除污染含水层中的砷污染源,那是考劳根地区一个锌矿矿渣堆积场,地下水中砷的本底 0.01mg/L,受污染后 As^{3+} 的浓度为 1mg/L,As^{5+} 的浓度 0.1mg/L,某些局部位置砷的最高浓度可达 56mg/L,由于 As^{5+} 与 Ca^{2+} 和一些亚离子形成的化合物溶解性很小,因而在氧化条件下所产生的大量的 As^{5+} 的化合物就会从地下水中沉淀出来。在六个月的净化过程中,通过 17 眼注入井将 29t 的高锰酸钾投入含水层中,第二年地下水中砷含量已降低至 0.06mg/L,然而以后又升至 0.4mg/L,这也说明含水层的净化只是暂时性的,最根本的措施还是要首先清除污染源和上部被污染的土壤层。

6.4.6 原位热脱附技术(In situ thermal desorption)

近年来,由于二次污染的问题,国内逐步转向原位修复,其中原位热脱附技术得到了关注。

原位热脱附技术是石油污染土壤原位修复中的一项重要技术,主要用于处理一些比较难开展异位环境修复的区域,例如,深层土壤以及建筑物下面的污染修复。原位热脱附技术是将污染土壤加热至目标污染物的沸点以上,通过控制系统温度和物料停留时间有选择地促使污染物气化挥发,使目标污染物与土壤颗粒分离、去除。热脱附过程可以使土壤中的有机化合物发生挥发和裂解等物理化学变化。当污染物转化为气态之后,其流动性将大大提高,挥发出来的气态产物可通过收集和捕获后进行净化处理。

热脱附技术的优点:特别适合重污染的土壤区域,包括高浓度、非水相的、游离的以及源头的有机污染物。该项技术的缺点或者不足之处在于:做规模大的项目可能造成一次性投资过高,对电力或燃气的负荷也很大,需要大量的时间和费用。

6.6.7 应用实例(Applied Case)

污染场地土壤治理项目。项目所在地面积为 4.6 万 m^2,污染场地治理前与治理过程中如图 6-18 所示,尾气与废水处理设施如图 6-19 所示。

图 6-18 污染场地治理前与治理过程中

图 6-19 尾气与废水处理设施

所在区域地质主要为交错层理的粘土层。地下水位在 1m 左右，污染物主要为苯、氯苯，其中污染物氯苯最高浓度达 1160mg/kg，污染深度达－18m，污染面积约 1.8 万 m^2。污染土壤量约 28 万 m^3，其中地下水中苯的最高浓度达 11mg/L，氯苯浓度达 150mg/L。场地后期规划为居住用地，土壤的修复目标苯为 0.15mg/kg，氯苯为 2.0mg/kg；地下水的修复目标苯为 0.1mg/L，项目治理资金 2.58 亿元，工期 550 天，采用原位电流加热热脱附修复的方式。电流加热也称电阻加热，是指利用土壤和地下水的天然导电属性，通过向污染区域内施加电流，使土壤和地下水自身发热，促使污染物挥发，并通过抽提系统去除污染物的一种修复技术，如图 6－20 所示。

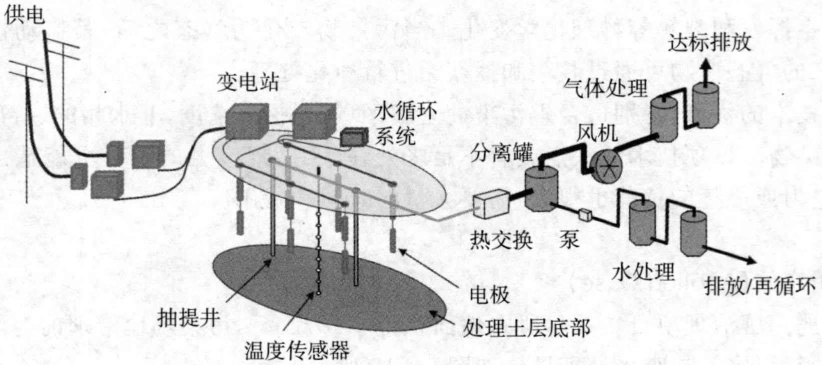

图 6－20　原位电流加热技术系统示意图

整个场地加热 301 天，土壤中苯和氯苯均低于修复目标值，地下水监测结果苯浓度低于 0.1mg/L，氯苯低于 0.6mg/L，达到修复目标。运行过程中，场地温度和地下水浓度随时间的变化如图 6－21 所示，修复效果如图 6－22 所示。

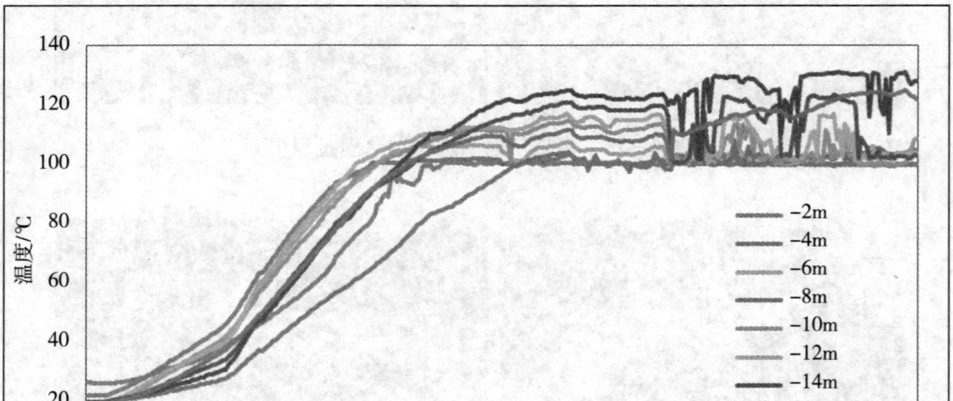

图 6－21　温度一时间曲线

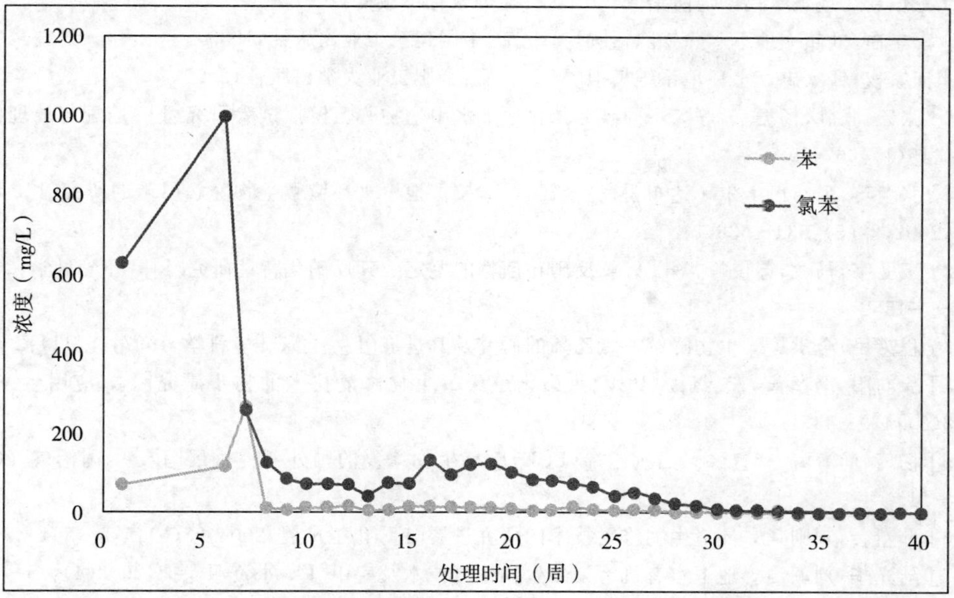

图 6-22　地下水井中苯、氯苯浓度一时间曲线

思考题(Questions)

1. 简述地下水污染修复的发展趋势。

2. 什么是地下水抽出-处理技术？地下水抽出-处理技术的修复过程和反应原理？如何设计地下水污染修复抽出-处理技术？

3. 什么是生物修复？同物理、化学方法比较有什么优缺点？

4. 生物修复受哪些因素影响？

5. 地下水的生物修复有哪些方法？

6. 怎样对石油污染的海洋进行生物修复？

7. 什么是反应渗透墙技术？其反应原理是什么？反应渗透墙技术优势及存在问题？

8. 简述地下水污染的物理处理技术和气提处理技术。

9. 如何在氧化还原条件下去除铁锰？如何利用臭氧处理被污染的含水层？

参考文献(References)

[1] 刘永娟，韩宝平，王小英．地下水四氯化碳污染现状与治理技术研究进展[J]．水资源保护，2005，21(2)：5－8

[2] 罗泽娇，王焰新．地下水脱氮技术研究进展[J]．环境保护，2004(4)：22－26

[3] 张翠云，张胜，李政红，等．利用氮同位素技术识别石家庄市地下水硝酸盐污染源[J]．地球科学进展，2004，19(2)：183－191

[4] 周爱国，蔡鹤生，刘存富．硝酸盐中^{15}N和^{18}O测试新技术及其在地下水氮污染防治研究中的进展[J]．地质科技情报，2001，20(4)：95－108

[5] 张红梅，速宝玉．土壤及地下水污染研究进展[J]．灌溉排水学报，2004，23(3)：70－74

[6] 王丽，王金生，杨志峰，等．不流动水对包气带溶质运移的影响研究进展[J]．水利学报，2001(12)：6873

[7] 王焰新．地下水污染与防治[M]. 北京:高等教育出版社,2007

[8] 李圭白,刘超．地下水除铁除锰[M]. 北京:中国建筑工业出版社,1989

[9] 汪家权,钱家忠．水环境系统模拟[M]. 合肥:合肥工业大学出版社,2005

[10] 张云,张胜,杨振京,等．不同碳源强化地下水中生物脱氮模拟试验研究[J]. 地理与地理信息科学,2003,19(1):66-69

[11] 张兰英,阿布巴卡尔·达布雷,林学钰,等．模拟地下水环境微生物降解甲苯的研究[J]. 环境科学学报,2002,22(5):634-636

[12] 王弘宇,马放,苏俊峰,等．好氧反硝化菌株的鉴定及其反硝化特性研究[J]．环境科学,2007,28(7):1548-1552

[13] 程惠民,金洪钧．生物降解三氯乙烯的研究及其进展[J]. 上海环境科学,1997,16(11):20-23

[14] 徐向阳,冯孝善．五氯酚(PCP)污染土壤厌氧生物修复技术的初步研究[J]. 应用生态学报,2001,12(3):439-442

[15] 杨琦,尚海涛,李惠娣．四氯乙烯(PCE)厌氧生物修复的国外研究进展[J]. 中国沼气,2006,24(2):16-21

[16] 邢新会,刘则华．环境生物修复技术的研究进展[J]. 化工进展,2004,23(6):579-564

[17] 陆光华,刘颖洁．地下水有机污染的生物修复技术及应用[J]. 水资源保护,2003(4):15-19

[18] 钟佐燊．地下水有机污染控制及就地恢复技术研究进展(二)[J]. 水文地质工程地质,2004(4):26-31

[19] 李玮,陈家军,郑冰,等．轻质油污染土壤及地下水的生物修复强化技术[J]. 安全与环境学报,2004,4(5):47-51

[20] 隋红,姜斌,黄国强,等．生物通风修复含石油污染物土壤过程[J]. 化工学报,2004,55(9):1488-1491

[21] 李金惠,聂永丰,马海斌,等．油污染土壤气体抽排去污模型及影响因素[J]. 环境科学,2002,23(1):92-96

[22] 丁克强,骆永明,孙铁珩,等．通气对石油污染土壤生物修复的影响[J]. 土壤,2001(4):185-189

[23] 隋红,李鑫钢,黄国强,等．土壤有机污染的原位修复技术[J]. 环境污染治理技术与设备,2003,4(8):41-45

[24] 张英,姜斌,黄国强,等．空气喷射处理饱和土壤和地下水中有机污染物[J]. 环境污染治理技术与设备,2003,4(4):70-7

[25] 张胜,张云,张凤娥,等．地下水 NO_3^- 污染的原位微生态修复技术试验研究[J]. 农业环境科学学报,2004,23(6):1223-1227

[26] 亢宇,鲁安怀,周平,等．北京六里屯垃圾填埋场天然粘土对有机污染物的吸附结果与讨论[J]. 中国非金属矿工业导刊,2003(2):42-45

[27] 李万山,高斌,冯建坊,等．HDTMA 改性粘土对模拟地下水中苯系物的吸附[J]. 中国环境科学,1999,19(3):211-214

[28] 马宏瑞,蔡勇,朱艳萍,等．石油烃污染地下水吸附——降解联合修复方法的研究[J]. 农业环境科学学报,2006,25(2):359-363

[29] 姜昌亮,孙铁珩,李培军,等．石油污染土壤长料堆式异位生物修复技术研究[J]. 应用生态学报,2001,12(2):282-279

[30] 丁克强,孙铁珩,李培军,等．真菌对石油污染土壤的降解研究[J]. 微生物学杂志,1999,19(4):25-26

[31] 孙铁珩,宋玉芳,许华夏．植物法生物修复 PAHs 和矿物油污染土壤的调控研究[J]. 应用生态学报,1999,10(2):225-229

[32] 邵涛,陈健,陈敏．预制床技术在油泥(砂)处理中的应用[J]. 环境工程学报,2007,1(10):132

-135

[33] 李培军,郭书海,孙铁珩,等．不同类型原油污染土壤生物修复技术研究[J]．应用生态学报,2002,13(11):1455-1458

[34] 董悦安,沈照理,钟佐桑．农田区地下水氮污染和氮转化的实验研究[J]．北京师范大学学报,2001,37(2):199-204

[35] 刘海春,沈东升,龙焰．生物反应器填埋场场内脱氮机理小试研究[J]．环境科学学报,2006,26(3):472-476

[36] 曹敬华,郑西来,潘明霞,等．萃取膜生物反应器去除地下水硝酸盐[J]．西安建筑科技大学学报,2006,38(4):574-579

[37] 刘玲,徐文彬,甘树福．PRB 技术在地下水污染修复中的研究进展[J]．水资源保护,2006,22(6):76-80

[38] 马文超,赵光宇,阎鸿．五种 PRB 反应材料处理地下水污染效果对比[J]．中国环境管理,2006,2(6):29-30

[39] 移根旺．可渗透反应障(PRB)在大宝山矿山污染治理中的应用研究．中山大学,2006 年 6 月:15-20

[40] 刘兆昌,张兰生,聂永丰．地下水系统的污染与控制[M]．北京:中国环境科学出版社,1991

[41] 郑安平,田静．臭氧氧化地下水中石油类污染物的试验研究[J]．污染防治技术,1998,11(1):1-6

[42] 翟斌．PRB 在地下水污染修复中的应用[J]．中国环保产业,2005(2):33-35

[43] 周启星,林海芳．污染土壤及地下水修复的 PRB 技术及展望[J]．环境污染治理技术与设备,2001,10(2):48-53

[44] Borden,R C et al. Geochemical indicators of intrinsic bioremediation[J]. Ground Water,1995,33(2):180-189

[45] US Environmental Protection Agency. Cleaning up the nation's waste sites: markets and technology trends[M]. Washington DC:National Service Center for Environmental Publications,2004

[46] US Environmental Protection Agency. Groundwater remedies selected at superfund sites[M]. Washington DC:National Service Center for Environmental Publications,2002

[47] Arturo A K,Paul V R Martin J B. Effect of aperture variations on the dispersion ofcontaminants [J]. Water Resources Research,1999,35(1):5563

[48] Don H K,Wiedemeier T H and Hansen J E. Intrinsic bioremediation of fuel contamination in groundwater at a field site[J]. Journal of Hazardous Materials,1996,49(2-3):197-204

[49] Borden R C,Gomez C A,Becker M T. Geochemical indicators of intrinsic bioremediation [J]. Ground Water, 1995,33(2):180-189

[50] John Krakowski. Hazardous waste Microbubbles and electron beams are part of growing arsenal to treat contaminated soils[J]. Pollution Engineering,1994,26(8):52

[51] Chiang C Y. Aerobic biodegradation of benzene toluene and xylene in a sandy aquifer data analysis and computer modeling[J]. Ground Water, 1989,27(6):823-834

[52] Munalata J M. Long-term biodegradation of trichloroethylene influenced by bioaugmentation and dissolved oxygen in aquifer microcosms[J]. Environ Sci Tech,1997,31(3):786-791

[53] Tschantz M F, Bowman J P, Donaldson T L, et al. Methanotrophic TCE biodegradation in a multi2stage bioreactor[J]. Environ Sci Tech, 1995,29(8):2073-2082

[54] Strandberg G W,Donaldson T L,Farr L L,et al. Degradation of trichloroethylene and trans-1,2-dichloroethylene by a methanotrophic consortrium in a dixed-film,packed-bed bioreactor[J]. Environ Sci Tech, 1989,23(6):1982-1989

[55] Wei-hong ZHONG, Jian-meng CHEN, Zheng LU, et al. Aerobic degradation of methyl tert-butyl ether by a Proteobacteria strain in a closed culture system[J]. Journal of Environmental Sciences, 2007, 19(1): 18 - 22

[56] Hamid R K H, Kohzo K, Fumio. Denitrification activity of the bacterium pseudomonas sp. ASM—2—3 isolated from the Ariake Sea Tideland[J]. Journal of bioscience and bioengineering, 2004, 97(1): 39 - 44

[57] Daniel H, Dominik J, Katharina H, et al. Petroleum hydrocarbon mineralization in anaerobic laboratory aquifer columns[J]. Journal of Contaminant Hydrology, 1998, 32(1): 41 - 61

[58] Mikesell M D, Boyd S A. Enhancement of PCP degradation in soil through induced anaerobisis and bioaugementation with anaerobic sewage sludge[J]. Environ Sci Technol, 1988, 22(12): 1411 - 1414

[59] Jeffrey A C, Halla B, Gary D H, et al. Enhance in situ bioremediation of BTEX contaminated groundwater by combined injection of nitrate and sulfate[J]. Environ Sci Tech, 2001, 35(3): 1663 - 1670

[60] Richard M, Gersberg, et al. Variability in BTEX biodegradation under denitrifying condition[J]. Wat Res, 1995, 29(2): 545 - 550

[61] Michael C, Marley, et al. Field and numerical analysis of in-situ air sparging: a case study[J]. Groundwater Monitoring Review, 1992(2): 137

[62] Hoeppel R E, Hinchee R E, Arthur M F. Bioventing soil contaminated with petroleum hydrocarbons[J]. Ind Microbioll, 1991, 8: 141 - 146

[63] Bachman J, Kanan S M, Patterson H. Monitoring laboratory bioventing using synchronous scan fluorescene spectroscopy: analysis of the vapor phase[J]. Enviromental Pollution, 2001, 113(2): 155 - 162

[64] Diele F, Notarnicola F, Sgura. Uniform air velocity field for a bioventing system design: some numerical results[J]. International Journal of Engineering Science, 2002, 40(11): 1199 - 1210

[65] Benner M L, Stanford S M, Lee L S, et al. Field and numerical analysis of in-situ air sparging: a case study[J]. Journal of Hazardous Materials, 2000, 72: 217 - 236

[66] Reddy K R, Adams J A System effects on benzene removal from saturated soils and ground water using air sparging[J]. Journal of Environmental Engineering, 1998, 124(3): 288 - 299

[67] Brown, J F. Polychlorinated biphenyl dechlorination in aquatic sediments[J]. Science, 1987(236): 709 - 712

[68] Brown, J F. Environmental dechlorination of PCBs[J]. Environ. Toxicol Chem., 1987(6): 579 - 593

[69] U. S. EPA. Groundwater Cleanup: Overview of Operation Experience at 28 Sites. Office of Solid Waste and Emergency Response, EPA—542—R—99—006(1999b)

[70] Cantrell K J, Kaplan D I. Retention of zero, valentiron colloids by sand columns: application to chemical barrier formation[J]. J Environ Eng, 1997, 123(5): 499 - 505

[71] Cantrell K J, Kaplan D I, Gilmore T J. Injection of colloidal Fe^0 particles in sand with shear thinning fluids[J]. J Environ Eng, 1997, 123(8): 786 - 791

[72] Baker M J, Blowes D W, Ptacek C J. Laboratory development of permeable reactive mixtures for the removal of phosphorous from onsite wastewater disposal system[J]. Environ Sci Tech, 1998(32): 2308 - 2316

[73] Guerin T F, H Oruer S, M Cgovem T, et al. An Application of permeable reactive barrier technology to Petroleum hydrocarbon contaminated groundwater[J]. Water Research, 2002, (36): 15 - 24

[74] David W B, Carol J P, Shawn G B, et al. Treatment of inorganic contaminants using permeable reactive barriers[J]. Journal of Contaminant Hydrology, 2000, (45): 123 - 137

[75] Ralph D L, Rick G M, David W B, et al. A permeable reactive barriers for treatment of heavy metals[J]. Ground Water, 2002, 40(1): 59 - 66

[76] Schipperl, Vojvodic-Vukovic M. Nitrateremoval from ground water using adenitrification wallamended with sawdust: fieldtrail[J]. J Environ Qual, 1998(27): 664 - 668

[77] Benner S G, Herbertr B J, Blowes D W, et al. Geo chemistry and microbiology of a permeable reactive barrier for acidmine drainage[J]. Environ Sci Tech, 1999, (33): 2793 - 2799

[78] US EPA. Long term performance of permeable reactive barriers using zero-valent iron: an evaluation at two site. EPA/600/S - 02/001, 2002

[79] Jaunky P, Schmalle H W, Blacque O, et al. Iron(0) and ruthenium(0) Complexes with tridentate phosphonite ligands and their potential for Ketene formation from methyl iodide. CO and a base[J]. Journal of O rganometallic Chemistry, 2005(690): 1429 - 1455

[80] Cantrell K J, Kaplan D I, Wietsma T W. Zero valent iron for the insitu remediation of selected metals in groundwater[J]. Journal of Hazardous Materials, 1995(42): 201 - 212

[81] Seyfried C F. Olthoff R, Underground removal of iron and manganese[J]. Water Supply, 1985 (3): 117 - 142

[82] Grombatch P. Groundwater treatment in situ in the aquifer[J]. Water Supply, 1985, 39(1): 13 - 18

[83] Tang C Y, Azuma K, Iwami Y, et al. Nitrate behavior in the groundwater of a headwater wetland, Chiba, Japan[J]. Hydrological Prosesses, 2004(18): 3159 - 3168

附录 专业英语词汇与术语

B

包气带 Zone of aeration

半挥发有机物 (S-VOCs) Semi-Volatile organic compounds

比表面 Specific surface

边界附近井 Well near boundaries

薄膜水 Pellicular water

不透水层 Impervious formation

补给井 Rechargewell

饱和带 Zone of saturation

饱和度 Saturation or degree of saturation

边界条件 Boundary conditions

表面张力 Surface tension

不完整井 Partially penetratng well

补给边界 Recharge boundary

标准曲线 Type curve

C

测压管 Piezometer

层流 Laminar

承压水流 Confined flow

承压水水井 Well in a confined aquifer

抽水井 Pumping well

初始厚度 Initial thickness

测压管水头 (测管水头) Piezometric head

承压水 Confined water

承压含水层 Confined aquifer

抽水试验 Pumping test

初始条件 Initial conditions

迟后疏干 Delayed yield

D

地下水污染 Groundwater contamination

单宽流量 Discharge per unit width

弹性贮存 Elastic storage

导水系数 Transmissibility or coefficient of transmissibility

Darcy 定律适用范围 Range of validity of Darcy's law

等水头线 Groundwater contour

等效渗透系数 Equivalent hydraulic conductivity

地下水动力学 Dynamics of groundwater

地下水分水岭(地下分水岭) Groundwater divide

地面沉降 Land subsidence

定水头边界 Boundary of constant head

叠加原理 Principle of superposition

对流一弥散方程 Advection-dispersion equation

地下水防污性能 Vulnerability of groundwater

单位涌水量 Specific discharge of a well

弹性模量 Modulus of elasticity

Darcy 定律 Darcy's law

等势线 Equipotential

等效导水系数 Equivalent transmissibility

地下水 Groundwater

地下水资源 Groundwater resources

地下水面 Water table

电导率 Electric conductivity

定流量抽水 Pumping at constant rate

动力粘滞系数 Dynamic viscosity

多孔介质 Porous medium

F

反应性渗透墙 (PRB) Permeable reactive barrier
非饱和带 Unsaturated zone
非达西流 Non-Darcy flow
非稳定流 Unsteady flow
Fick 定律 Fick's law
非饱和流动 Unsaturated flow
非均质 Inhomogeneity
非牛顿液体 Non-Newtonian fluid
分子扩散 Molecular diffusion
非点源 Non-point sources of pollution

G

各向同性 Isotropy
各向异性 Anisotropy
给水度 Specific yield
隔水边界 Impervious boundary
骨架 Matrix
各向同性介质 Isotropic medium
各向异性介质 Anisotropic medium
隔水层 Aquiclude or water resisting layer
隔水底板 Impervious base
固体骨架 Solid matrix

H

挥发性有机物 (VOCs) Volatile organic compounds
海岸含水层 Coastal aquifer
含水层厚度 Thickness of aquifer
横向弥散度 Transversal dispersivity
汇 Sink
海水入侵 Sea water intrusion or sea water encroachment
含水层 Aquifer
含水率 Water content or moisture content
横向弥散系数 Coefficient of transversal dispersion
恢复试验 Recovery

J

机械弥散 Mechanical dispersion
解的唯一性 Uniqueness of the solution
解的稳定性 Stability of the solution
降深 Drawdown
基准面 Datum plane or datum level
解的存在性 Existance of the solution
解析解 Analytic solution
基函数 Basis function

K

孔隙 Pores
孔隙水头 Pore hydraulic head
扩散系数 Diffusivity
孔隙度 Porosity
孔隙降深 Pore flow drawdown
扩散 Diffuse

L

Laplace 方程 Laplace equation
裂隙 Fissure
流体力学 Fluid dynamics
连续方程 Continuity equation
临界雷诺数 Critical Reynolds number
流量 Discharge

流网　Flow nets
流速水头　Velocity
裂隙介质　Fractured media
流线　Streamline
裸井　Uncased hole
流函数　Stream function

M

毛管水　Capillary water
毛管压强　Capillary pressure
毛管上升　Capillary rise
弥散现象　Phenomena of dispersion
毛管压力　Capillary pressure
毛管水头　Capillary head
弥散　Dispersion
弥散度　Dispersivity

N

能量守恒与转化定律　Equation of energy conservation
逆问题　Inverse problem
Newton 液体　Newtonian fluid
粘滞性 Viscosity
逆变换　Inverse transformation
Neumann 边界　Neumann condition

P

排水　Drainage
平均流速　Average velocity
配线法　Type curve method
Peclet 数　Peclt number
排出孔隙度 Drainage porosity
匹配点　Match point

Q

潜水　Phreatic water
潜水含水层　Phreatic aquifer or water table aquifer
潜水井　Well in a phreatic aquifer
潜水面　Phreatic surface
确定性模型　Deterministic model
起始水力坡度　Threshold hydraulic gradient

R

人工补给　Artificial recharge
容水度　Specific water capacity or specific water storativity
弱透水层　Semipervious
容量　Specific weight
Reynolds 数　Reynolds nimber
入渗补给　Accretion
人类起源的　Anthropogenic

S

三维流　Three dimensional flow
渗流　Seepage flow
渗透系数　Coefficient of permeability or hydraulic conducticity
砂槽模型　Sand box model
渗透速度　Seepage veloicty or specific discharge
渗透系数张量　Tenser of hydraulic conductivity

识别模型　Model identification
数值法　Numerical method
数学模型　Mathematical model
水力半径　Hydraulic radius
水均衡　Water balance
水位降深　Drawdown
示踪剂　Tracer
数值解　Numerical solution
水动力弥散　Hydrodynaic dispersion
水力坡度　Hydraulic gradient
水头恢复　Recovery of water levels
渗透阻力　Resistance to flow

T

天然衰减　Natural attenuation
田间持水量　Field capacity
泰斯公式　Theis' equation
填砾井　Gravel-packed well
透水性　Permeability
停滞点　Stagnation point

W

完整井　Fully penetrating well
稳定的　Stable
紊流　Turbulent flow
无压水流　Unconfind flow
位置水头　Potential head
稳定流　Steady flow
无限含水层　Infinite aquifer
误差函数　Error function

X

吸着水　Hygroscopic water
线性插值法　Linear interpolation
下过滤管的井　Screened well
线性方程　Linear equation
显式方法　Explict method
相对渗透率　Retative permeability

Y

压强　Pressure
压缩系数　Compressibility
应力　Stress
有限差分法　Finite difference method
有效孔隙度　Effective porosity
越流　Leakage
压缩性　Compressibility
岩块贮水率　Specific storativity
涌水量　Discharge
有限元法　Finite element method
源　Source
越流含水层　Leaky aquifer

Z

张量　Tensor
滞后　Hysteresis
注水井　Injection well
自流井　Artesian well or flowing well
质量守恒定律　Mass conservation law
纵向弥散度　Longitudinal dispersivity
贮水率　Specific storativity
重力排水　Gravity drainage